“十二五”职业教育国家规划教材
经全国职业教育教材审定委员会审定
国家示范院校教改成果教材
国家级精品资源共享课配套教材

建筑制图习题集

第3版

编　著　刘志麟　刘丰贤　谭婧婧　姜爱玲
　　　　杨志刚　申淑荣　葛雪华　氾宣波
　　　　孙　刚　秦风硕　于全发　王桂利
主　审　黄春蕾

机械工业出版社

本书为“十二五”职业教育国家规划教材，经全国职业教育教材审定委员会审定。本书是根据教育部《新世纪高职高专教育人才培养模式和教学内容体系改革与建设项目计划》和国家制图标准编写的，与同期出版的刘志麟编著的《建筑制图》（第3版）配套使用，也可与同类土木建筑制图、建筑工程制图等教材配套使用。

习题采取由浅到深、读画结合、反复练习、循序渐进的方法，从简单的基本形体投影图入手，逐步过渡到建筑形体的投影图、房屋建筑施工图，贯彻从空间到平面、从平面到空间、读图与画图相结合的原则，加强了专业识图、徒手绘图、手工仪器绘图、AutoCAD绘图这四项基本技能的训练。

本书主要有以下30单元：制图标准，几何作图，徒手画图，投影基本知识，形体的三面投影，根据两面投影补画第三投影，补画投影图中所缺的图线，完成基本立体被截切后的三面投影，求作两立体的相贯线，建筑形体的投影，常用曲面的投影，展开图，标高投影，剖面图，断面图，轴测投影，透视图，阴影，房屋测绘，建筑施工图，装饰施工图，结构施工图，钢结构详图，给水排水施工图，采暖施工图，电气施工图，综合布线施工图，AutoCAD绘图，公路桥隧与涵洞工程图，水利工程图。

本书可作为高等职业技术院校、高等专科学校、职工大学、业余大学、夜大学、函授大学、成人教育学院等大专层次建筑工程及相关专业制图课程的配套习题集，同时可供广大自学者及工程技术人员参考使用。

图书在版编目（CIP）数据

建筑制图习题集/刘志麟等编著. —3版. —北京：机械工业出版社，2015.12（2024.6重印）

“十二五”职业教育国家规划教材 经全国职业教育教材审定委员会审定 国家示范院校教改成果教材 国家级精品资源共享课配套教材

ISBN 978-7-111-52144-0

Ⅰ.①建… Ⅱ.①刘… Ⅲ.①建筑制图-高等职业教育-习题集 Ⅳ.①TU204-44

中国版本图书馆CIP数据核字（2015）第270788号

机械工业出版社（北京市百万庄大街22号 邮政编码100037）
策划编辑：赵志鹏 责任编辑：赵志鹏 于伟蓉
责任校对：陈延翔 封面设计：鞠 杨
责任印制：常天培
固安县铭成印刷有限公司印刷
2024年6月第3版第6次印刷
260mm×184mm·14.75印张·1插页·359千字
标准书号：ISBN 978-7-111-52144-0
定价：37.00 元

第3版前言

本书是根据教育部《新世纪高职高专教育人才培养模式和教学内容体系改革与建设项目计划》和国家制图标准编写的，与同期出版的刘志麟编著的《建筑制图》（第3版）配套使用，也可与同类土木建筑制图、建筑工程制图等教材配套使用。本书努力贯彻以下几点：

1. 贯彻“教学基本要求”，基础理论课以应用为目的，以必需、够用为度，以讲清概念、强化应用为重点。加强了专业识图，特别是平法梁与柱、基础配筋图和钢结构中构件详图识读，徒手绘图，手工仪器绘图，AutoCAD绘图这四项基本技能的训练。

2. 融资料性、知识性、实践性与先进性于一体。本书把制图国家标准中的有关规定和画法贯穿于习题和作业中，以便学生学习和掌握。制图习题和作业都要求做到：表达完整，内容正确，作图准确，尺寸齐全，图线分明，字体端正，布图匀称，图面整洁。率先在基础知识部分引入专业内容，使学生“见多识广”，提前识读专业图样。同时学生在学习过程中通过选用的工程实例图及相应读图绘图提示，能很快培养专业识图和绘图能力。

3. 注重素质教育。本书的编写注重引导学生改变呆板的学习方式，积极利用学生的生活经验，引导学生观察、实践、收集资料，主动探索，突出创新精神和实践能力，实现学习方式的多样化，拓展学生的学习空间。

4. 在内容编排上，采取由浅到深、读画结合、反复练习、循序渐进的方法，从简单的基本形体投影图入手，逐步过渡到建筑形体的投影图、房屋建筑施工图，贯彻从空间到平面、从平面到空间、读图与画图相结合的原则。

5. 在编写过程中还吸取了各院校出版的同类型教材的成果，又根据教学实际，在结构体系、习题、作业编排等方面进行了求新、求实、求活的探索，活页式设计更方便读者使用。

本书可作为高等职业技术院校、高等专科学校、职工大学、业余大学、夜大学、函授大学、成人教育学院等大专层次建筑工程及相关专业制图课程的配套习题集，同时可供广大自学者及工程技术人员参考使用。

参加本书修订的有：日照职业技术学院刘志麟、谭婧婧、姜爱玲、杨志刚、孙刚、申淑荣、葛雪华、范宣波；日照市河山中心校刘丰贤；山东外国语职业学院秦风硕；山东水利职业学院于全发；日照市城乡建设勘察测绘院有限公司王桂利。重庆建筑工程职业学院黄春蕾审阅了全书，并提出许多宝贵的意见。在修订过程中，承蒙有关设计单位提供资料，还借鉴了兄弟院校许多老师的成果，在此一并致谢。

由于编著者的业务水平和教学经验有限，缺点和错误在所难免，敬请读者提出宝贵意见。

编著者

目　　录

1. 制图标准——绘图仪器使用练习（1－1）	班级		姓名		日期	

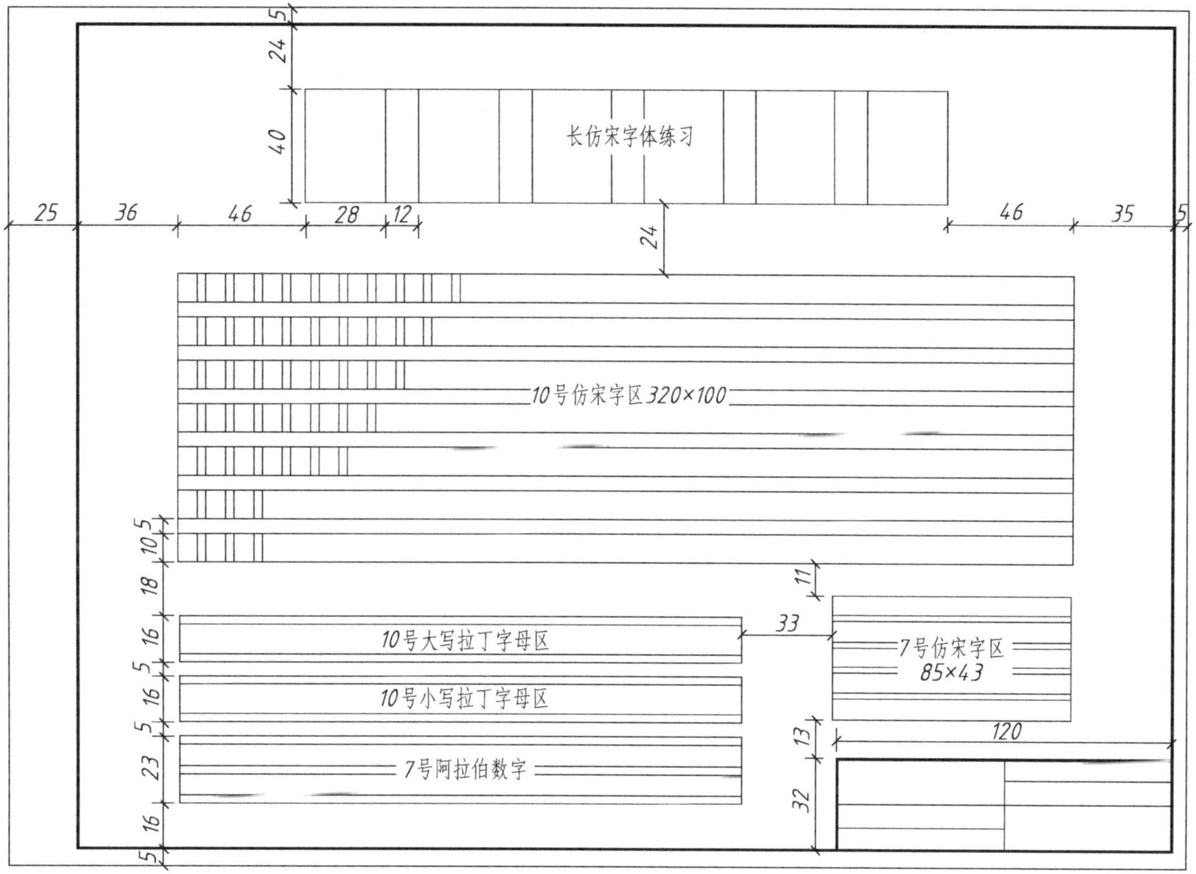

作业要求：在 A3 图纸上用 2H 或 H 铅笔及绘图仪器进行打字格练习，字格图面布置按上面示意图，标题栏参照教材中作业标题栏，所有图线均不加深。

1. 制图标准——线型练习（1－2）	班级		姓名		日期	

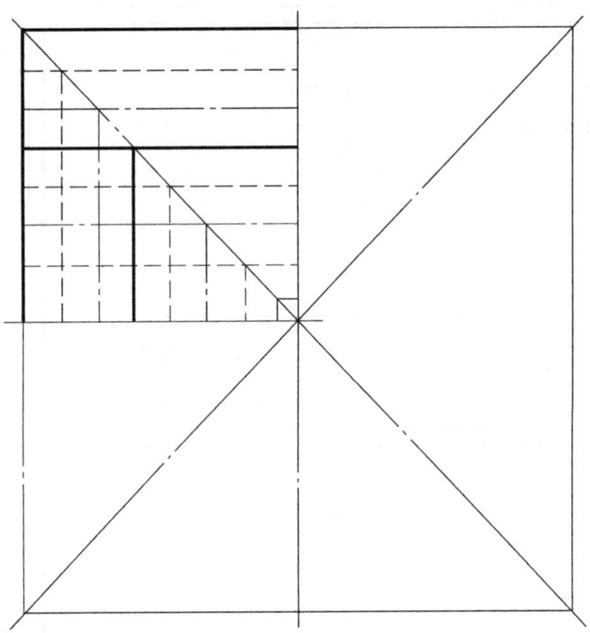

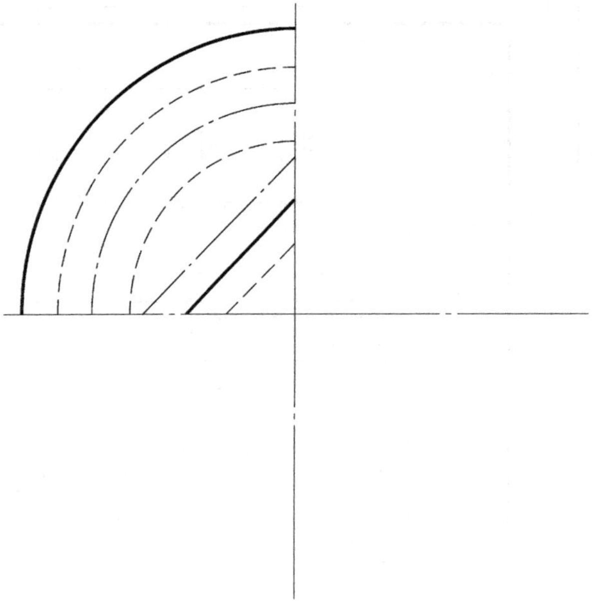

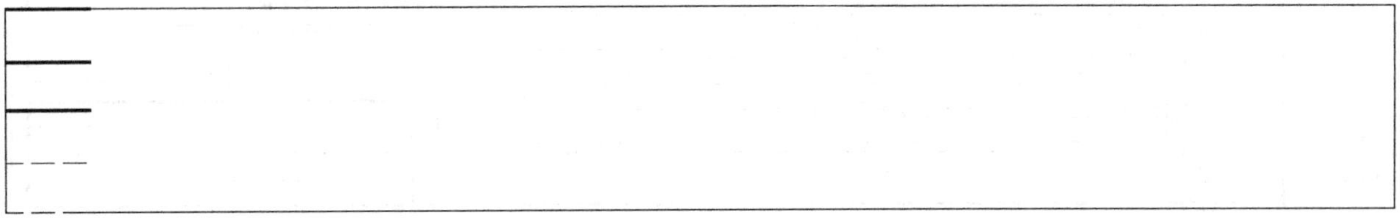

作业要求：画图线时注意线的粗细、虚实等，并应多次练习，直至熟练。

1. 制图标准——字体练习（1-3）	班级		姓名		日期	

建筑制图民用房屋东南西北方向平立剖面设计说明基

础墙柱梁挡板楼梯框架承重结构门窗阳台雨篷勒脚散

坡洞沟槽材料钢筋水泥砂石混凝土砖木灰浆给排水暖

作业要求：书写时注意要领，充满方格，笔端做锋，竖直横平。

1. 制图标准——字体练习（1－4）	班级		姓名		日期	

建筑屋面油毡防水层绿豆砂保护找平隔热挂瓦顺水椽检查顶棚吊顶

水口斗管沟盖檐泛水坡度线圈梁隔断墙预埋件砖砌平拱过梁伸缩缝

石楼地消防梯安全板门框百页亮子铁栅铰链钩玻璃马赛克刨花木丝

作业要求：此表可复印，以便多次练习，掌握书写长仿宋字的要领。

1. 制图标准——字体练习（1-5）	班级		姓名		日期	

ABCDEFGHIJKLMNOPQRSTUVWXYZ

abcdefghijklmnopqrstuvwxyz

1234567890

作业要求：数字和字母的书写在图样中占很大比重，先使用此种字格练习，直至熟练掌握。

1. 制图标准——比例练习（1-6）	班级		姓名		日期	

作业要求：分别以1∶20、1∶50、1∶100的比例抄绘上图图样，尺寸从图中量取，注意线型和比例。

1. 制图标准——尺寸标注练习（1－7）	班级		姓名		日期	

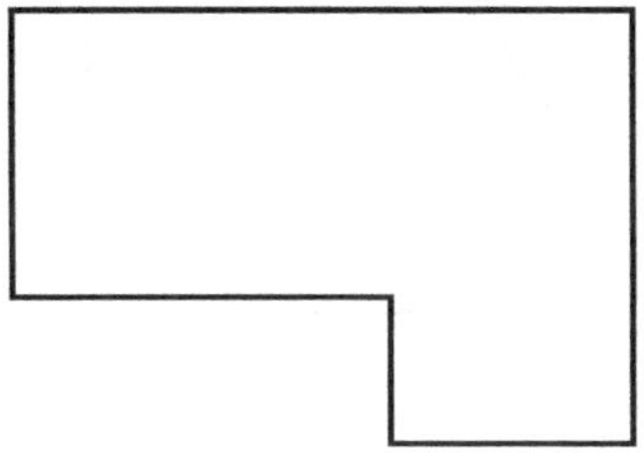

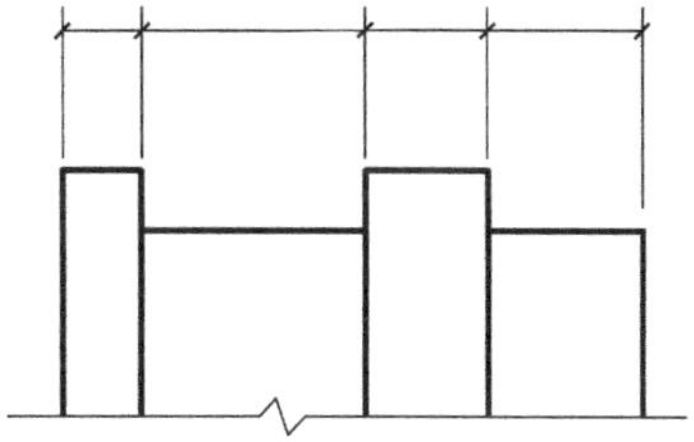

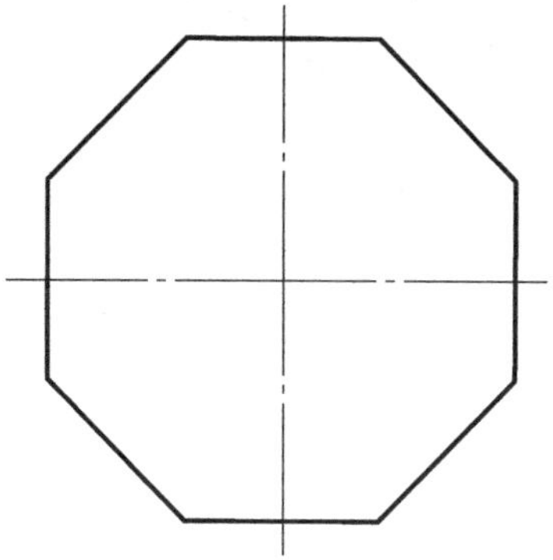

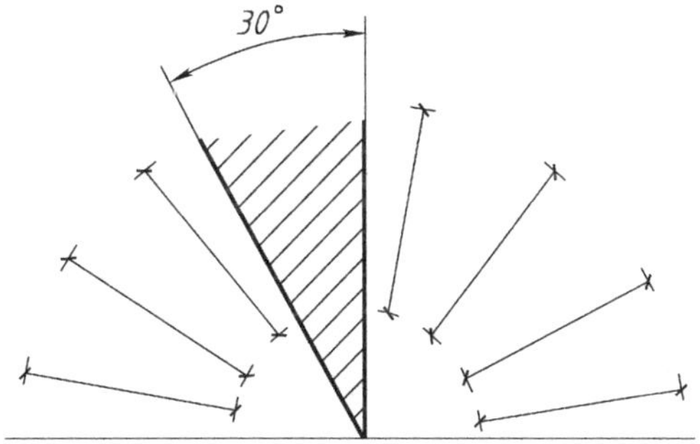

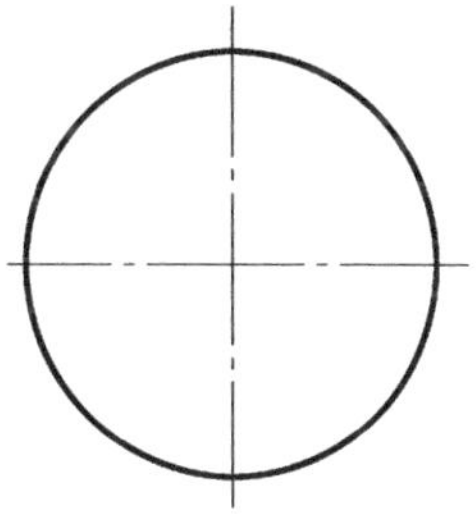

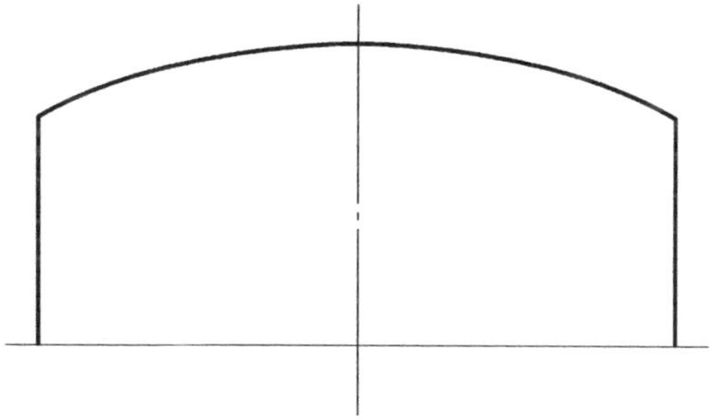

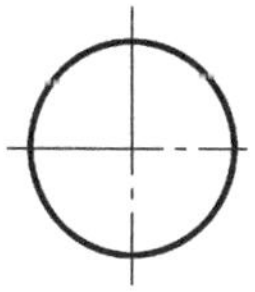

作业要求：标注各图的尺寸（尺寸数值在图中量取），严格按照制图标准规定标注，注意尺寸标注的四要素。

1. 制图标准——尺寸标注练习（1－8）	班级		姓名		日期	

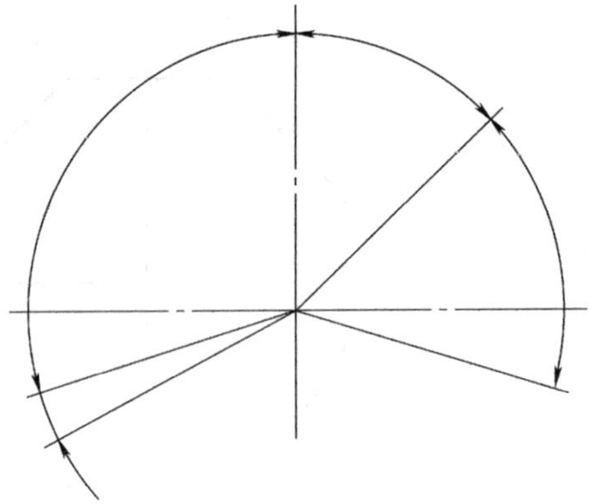

作业要求：直接在图中量取角度，按制图标准规定标注。

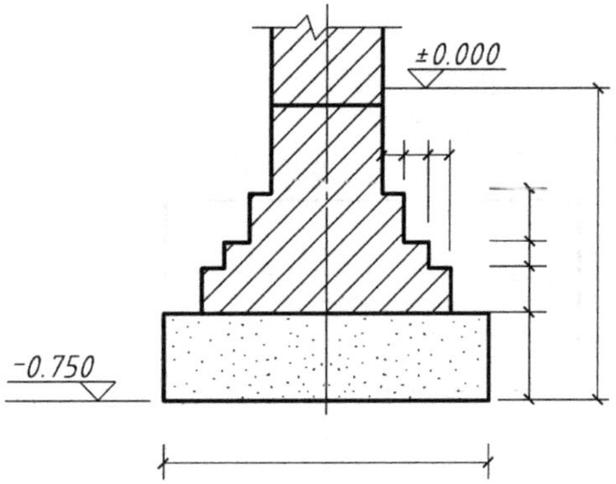

作业要求：按制图标准规定，补全图中尺寸（按 1∶20 的比例量取）

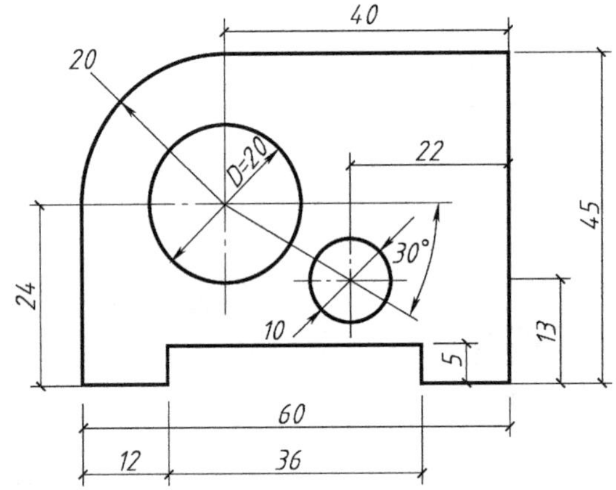

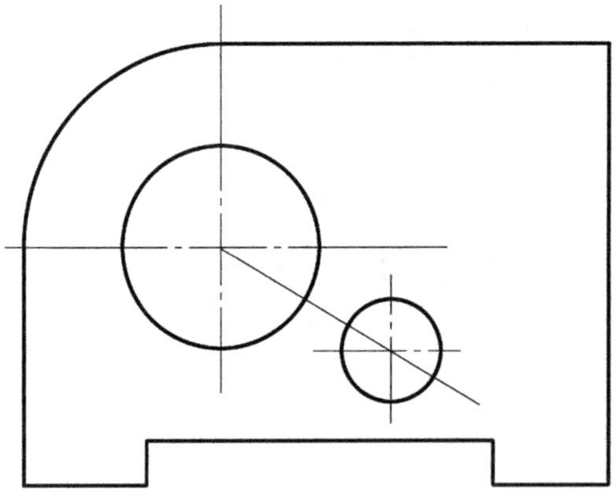

作业要求：检查图中尺寸标注的错误，在右图中正确标注尺寸。

1. 制图标准——抄绘建筑材料图例（1－9）	班级		姓名		日期	

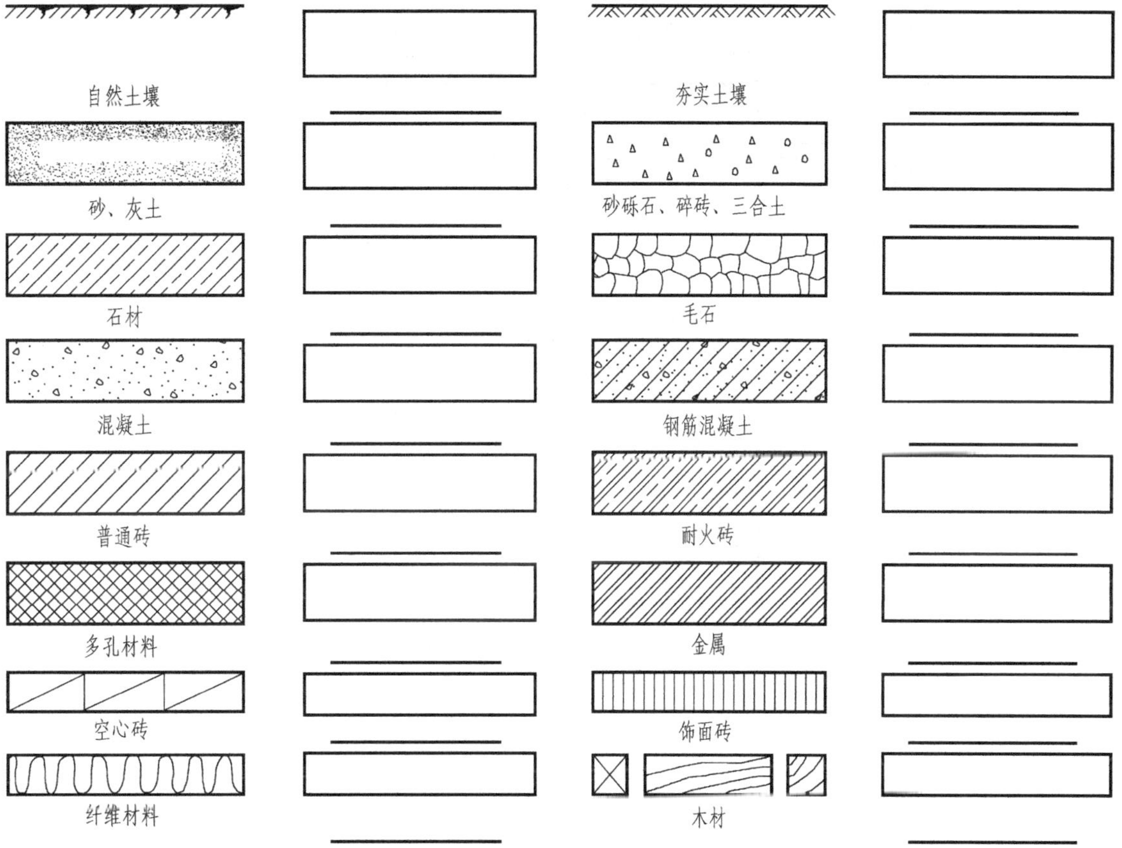

作业要求：依左侧图样抄绘图例于右侧相应空格内，并练习用长仿宋字书写图例名称。
课余时间多参阅专业书籍和相应图样，熟悉建筑材料图例。

1. 制图标准——抄绘建筑图样（1－10）	班级		姓名		日期	

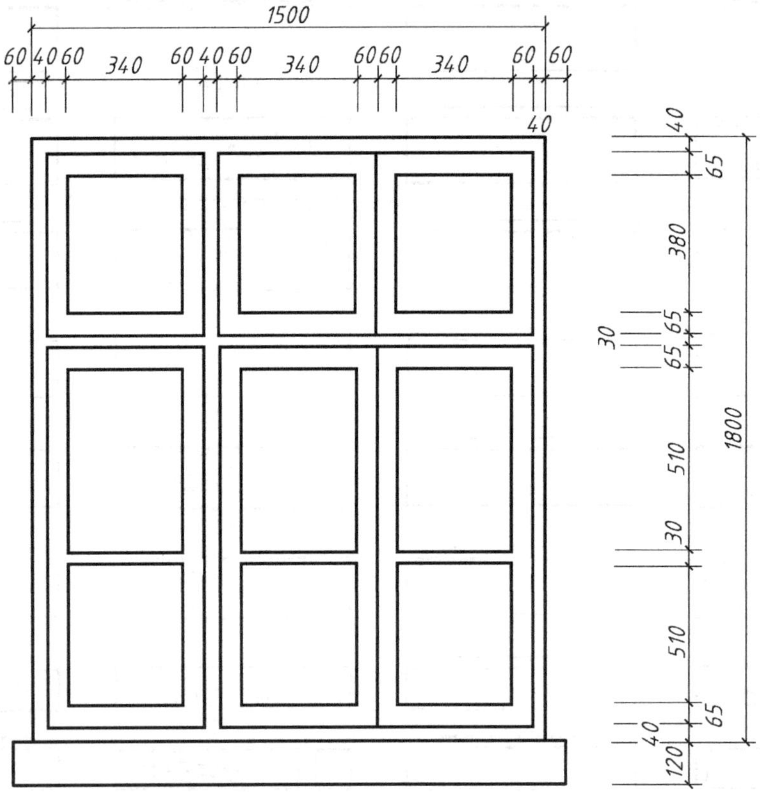

窗立面图

作业要求：分析窗立面图各部分尺寸，在 A3 图纸上用铅笔抄绘，自定比例，注意线型分明、布图匀称、尺寸标注正确、字体端正、图面整洁。

1. 制图标准——抄绘建筑图样（1－11）	班级		姓名		日期	

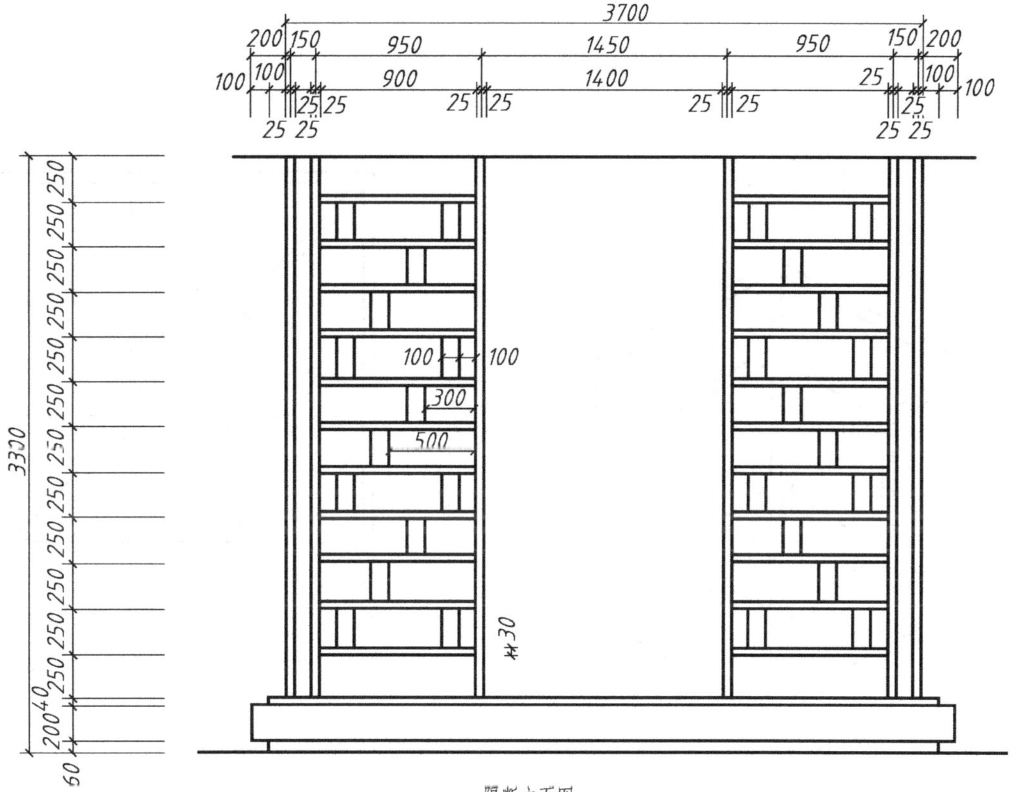

隔断立面图

作业要求：在 A3 图纸上用铅笔抄绘隔断立面图，自定比例，注意图样分隔线的均匀和尺寸标注的正确布局。

1. 制图标准——抄绘建筑图样（1-12）	班级		姓名		日期	

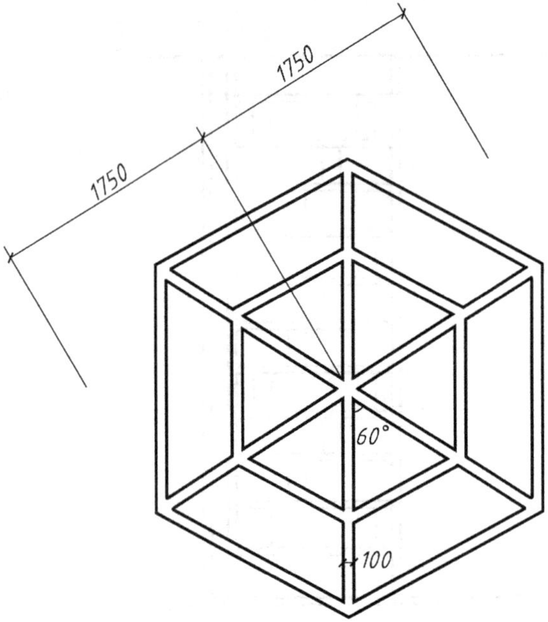

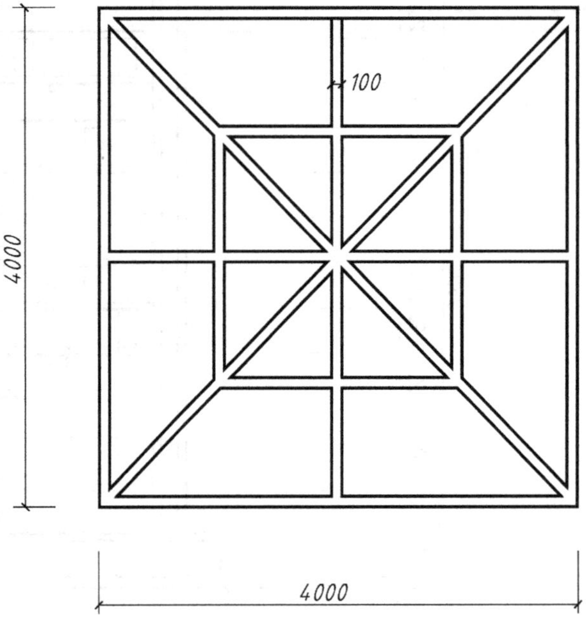

采光窗平面图

作业要求：在A3图纸上用铅笔抄绘图样，自定比例；注意采光窗扇的均匀分格及线段的光滑连接，布图均匀，图面整洁。

1. 制图标准——抄绘建筑图样（1－13）

班级		姓名		日期	

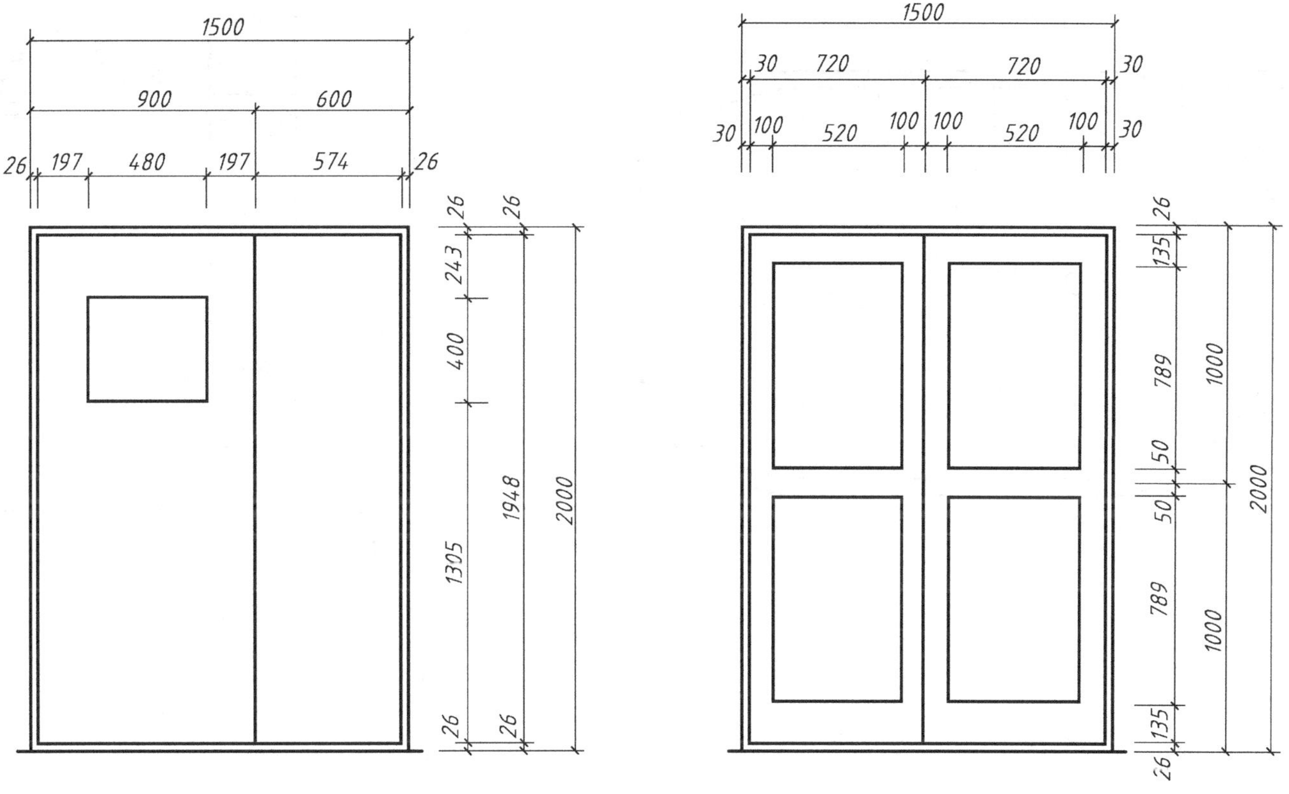

密封门立面图

作业要求：在A3图纸上用铅笔抄绘图样；注意布图匀称，线型正确，尺寸标注齐全，图面整洁；自定比例，用长仿宋字书写图名。

1. 制图标准——抄绘建筑图样（1－14）	班级		姓名		日期	

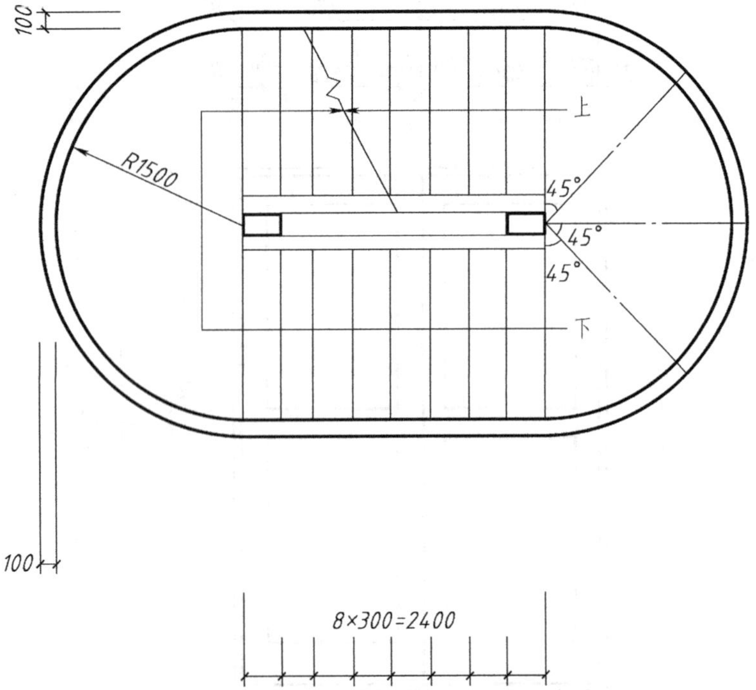

楼梯平面图

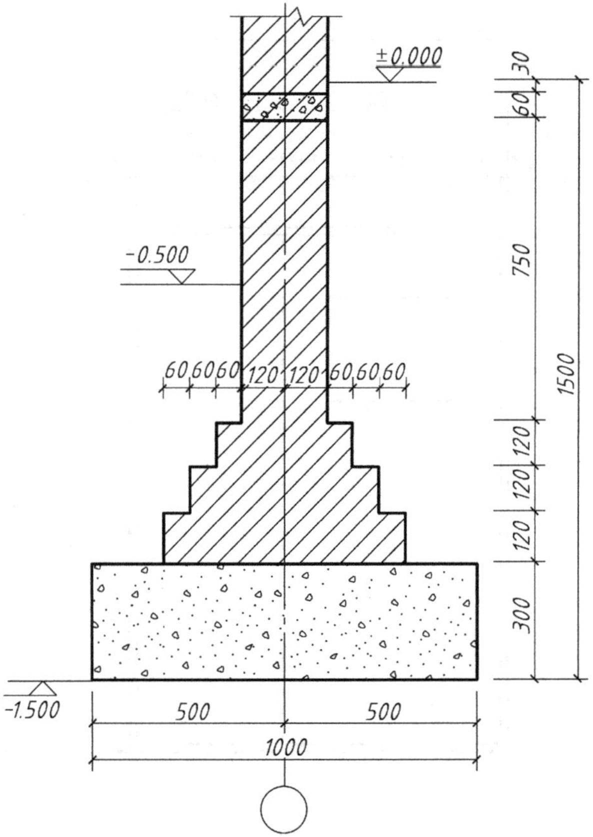

基础详图

作业要求：在A3图纸上用铅笔抄绘图样，自定比例；注意线型分明，布图匀称，尺寸标注齐全，图面整洁，图例正确。

1. 制图标准——抄绘建筑图样（1－15）	班级		姓名		日期	

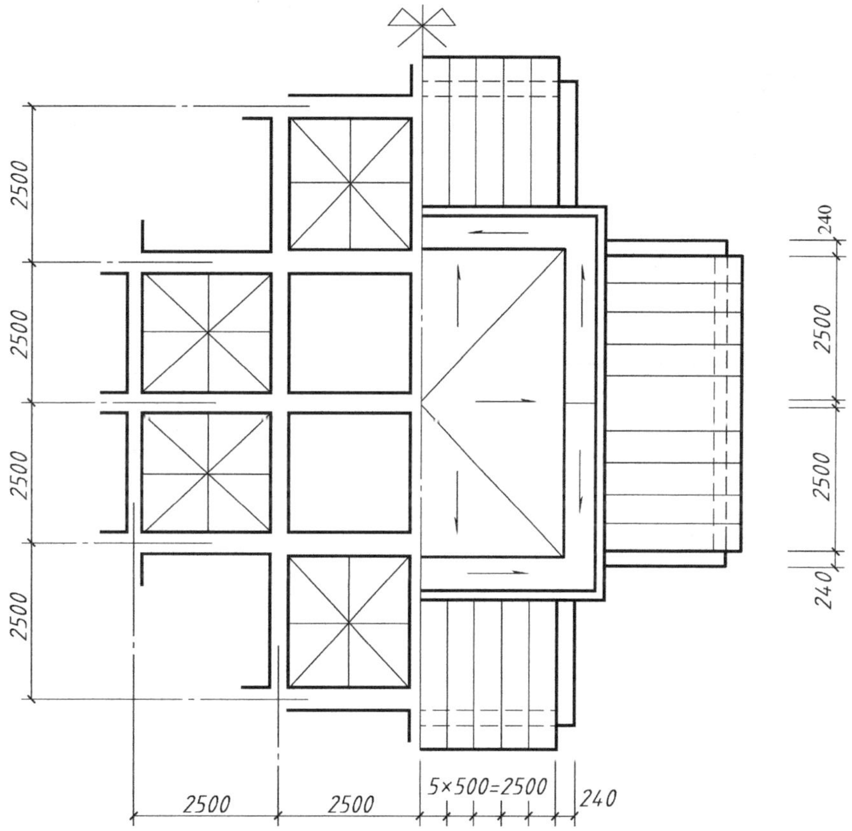

屋面平面图

作业要求：在 A3 图纸上抄绘图样，自定比例；注意线型分明，布图匀称，尺寸标注齐全，图面整洁。

2. 几何作图——圆内接多边形（2－1）

班级		姓名		日期	

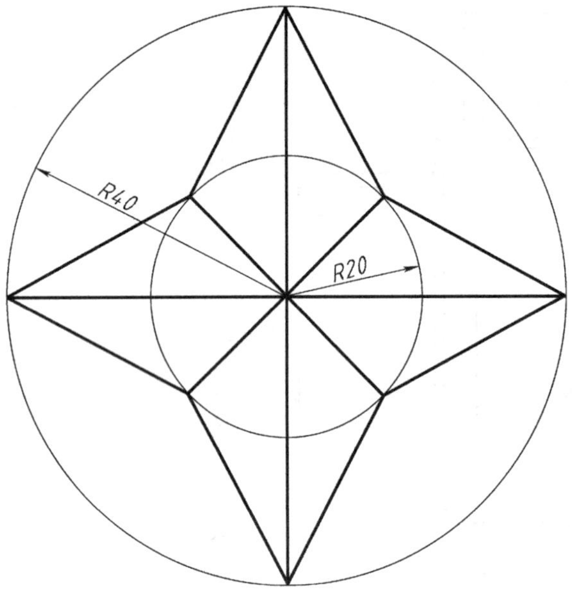

四星

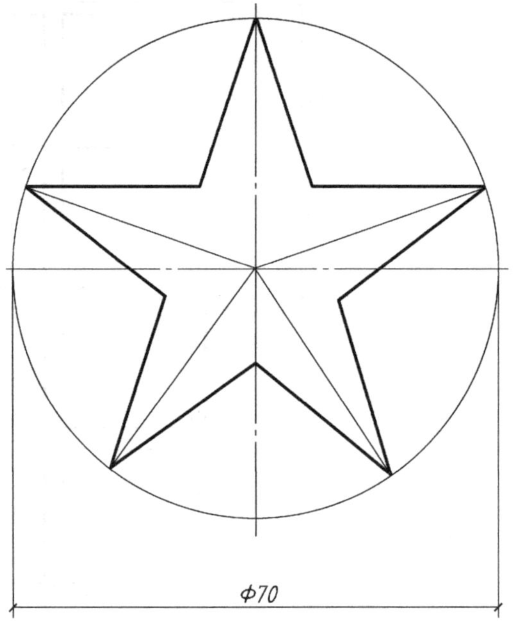

五星

作业要求：在 A3 图纸上抄绘图样，自定比例；注意线型分明，布图匀称，尺寸标注齐全，图面整洁，圆弧与直线光滑连接。

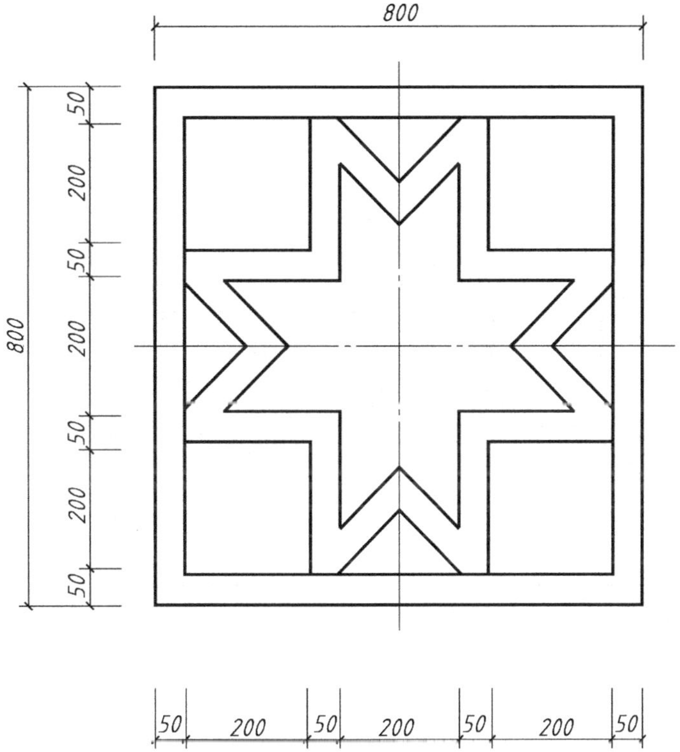

花饰(一)

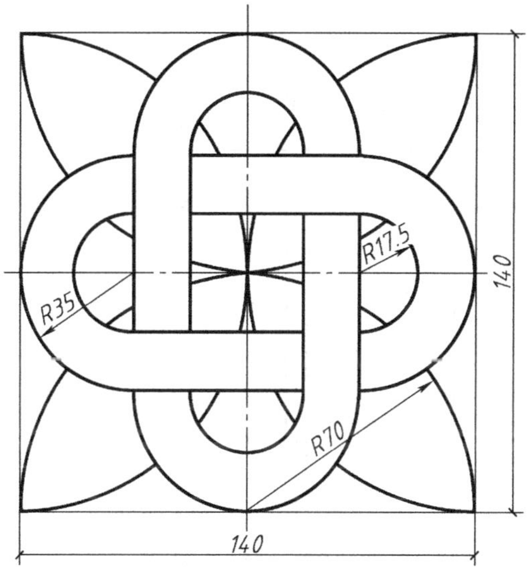

花饰(二)

作业要求：在A3图纸上抄绘图样，自定比例；注意线型分明，布图匀称，尺寸标注齐全，图面整洁，圆弧与直线光滑连接。

2. 几何作图——工字钢、拱门（2－3）	班级		姓名		日期	

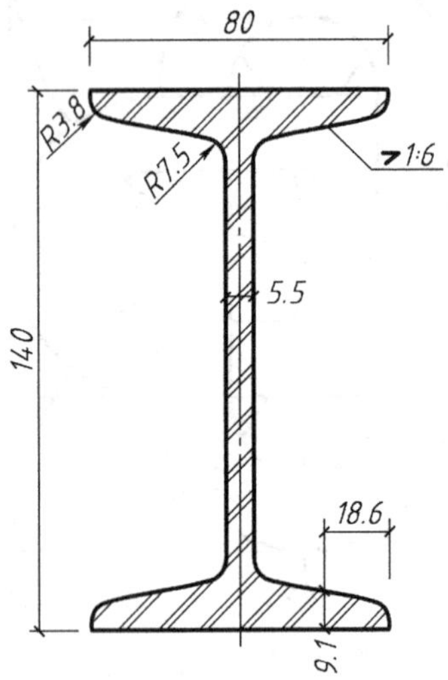

工字钢 1:2

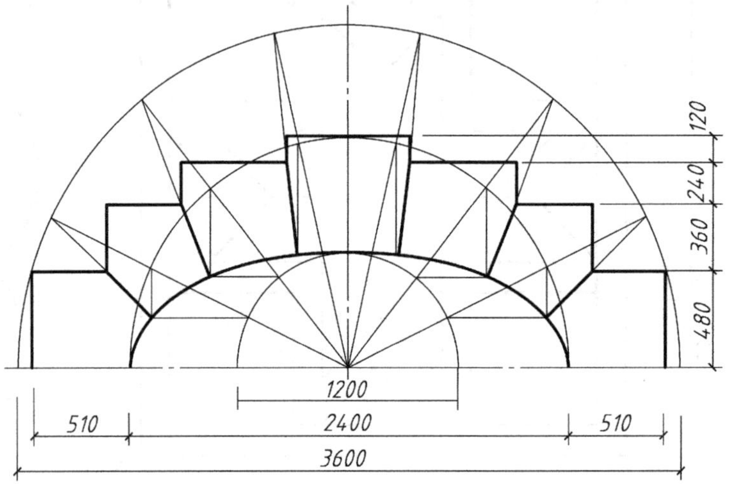

拱门 1:30

作业要求：在 A3 图纸上抄绘图样，自定比例；注意线型分明，布图匀称，尺寸标注齐全，图面整洁，圆弧与直线光滑连接。

2. 几何作图——水坝断面、楼梯扶手断面（2－4）	班级		姓名		日期	

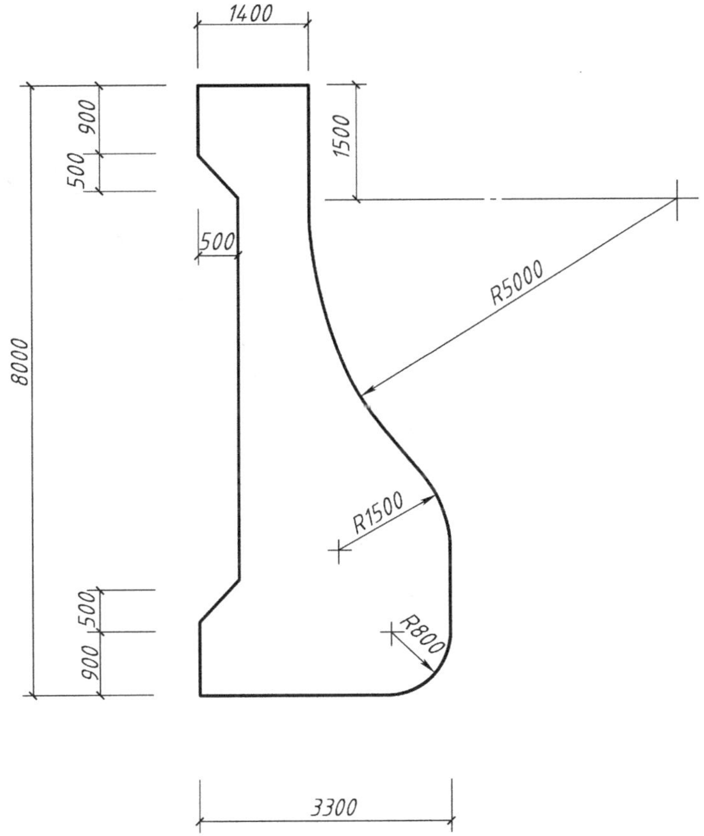

水坝

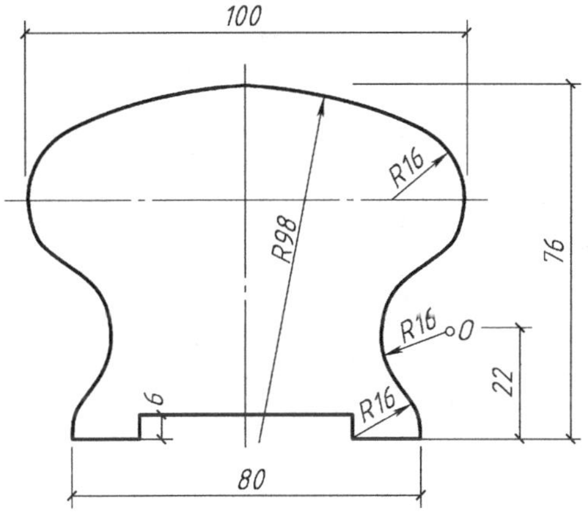

扶手

作业要求：在 A3 图纸上抄绘图样，自定比例；注意线型分明，布图匀称，尺寸标注齐全，图面整洁，圆弧与直线光滑连接。

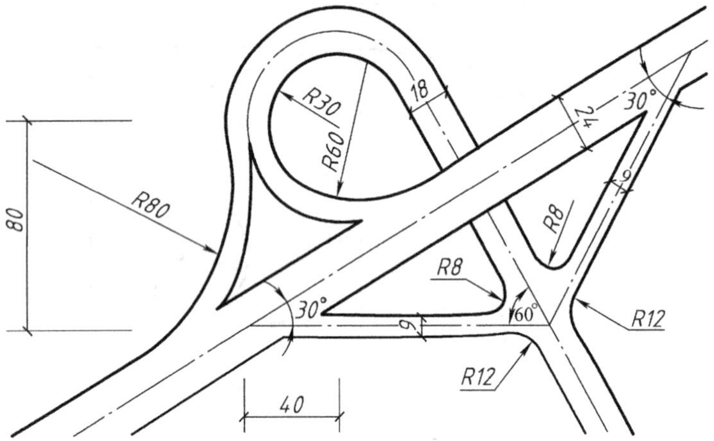

立交桥(单位：m)

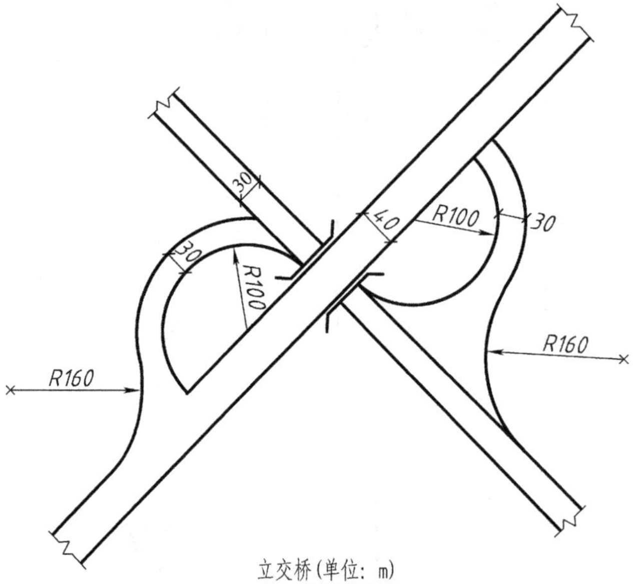

立交桥(单位：m)

作业要求：在 A3 图纸上抄绘图样，自定比例；注意线型分明，布图匀称，尺寸标注齐全，图面整洁，圆弧与直线光滑连接。

3. 徒手画图——线型练习（3－1）	班级		姓名		日期	

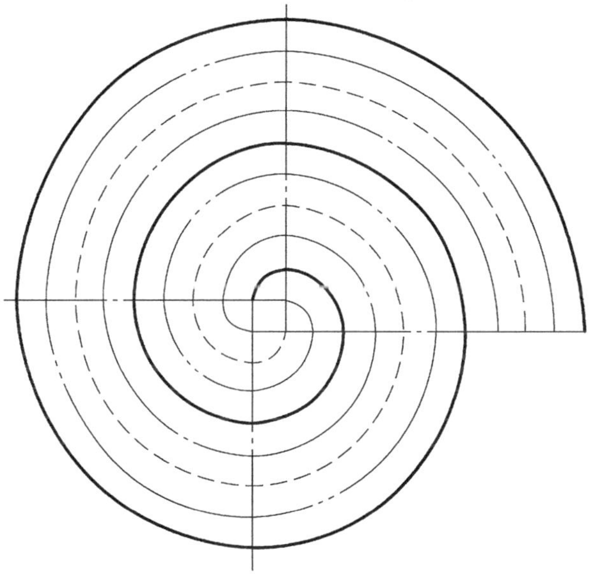

作业要求：线型分明、分隔均匀，符合比例，图线大致光滑连接。

3. 徒手画图——抛物线画法（3－2）	班级		姓名		日期	

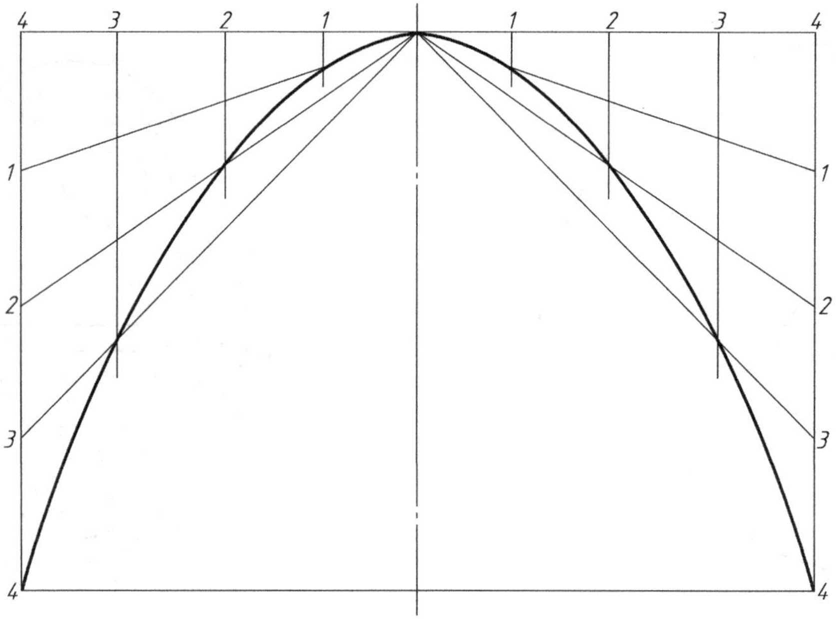

作业要求：线型分明、分隔均匀，符合比例，图线大致光滑连接。

3. 徒手画图——同心法画椭圆（3-3）	班级		姓名		日期	

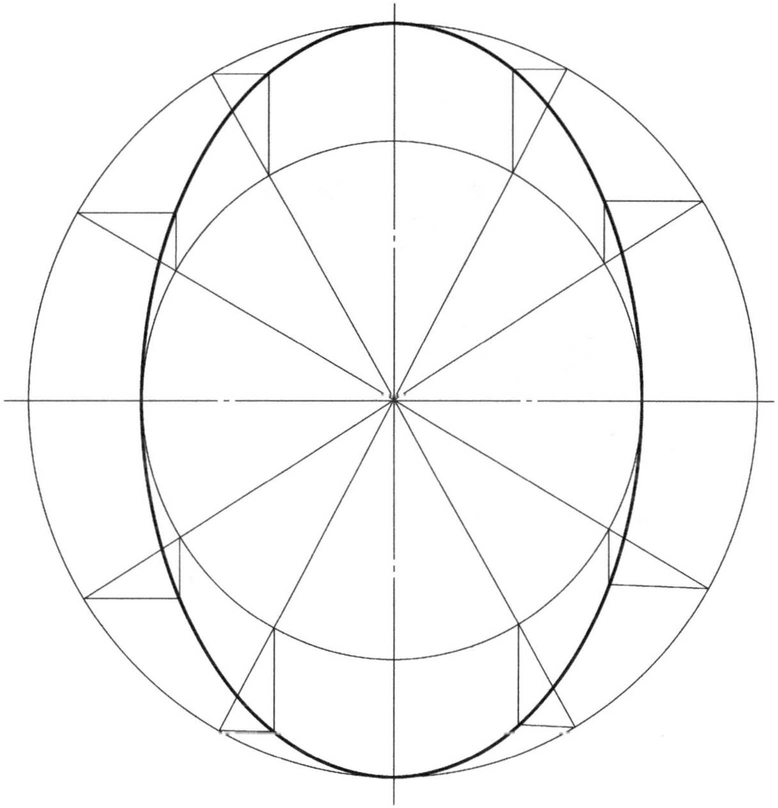

作业要求：线型分明、分隔均匀，符合比例，图线大致光滑连接。

3. 徒手画图——楼梯（3-4）	班级		姓名		日期	

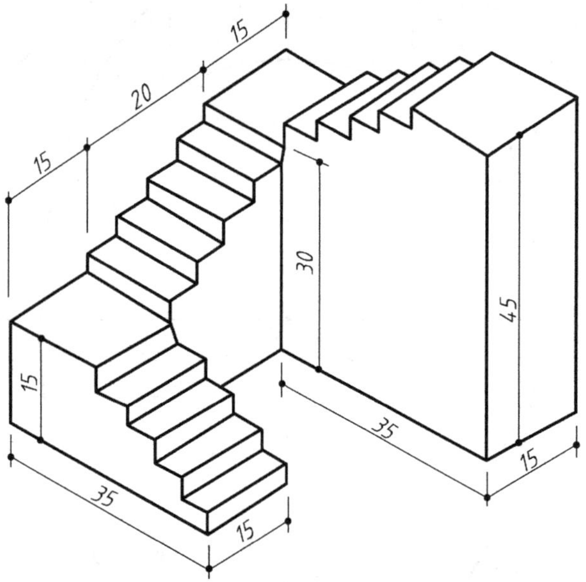

楼梯宽15，平台15×15，踏步高3、宽5(单位：cm)

作业要求：线条基本平直、粗细分明、长短大致符合比例，注意平行线的画法，尺寸标注符合制图标准。

3. 徒手画图——房屋轴测图（3-5）	班级		姓名		日期	

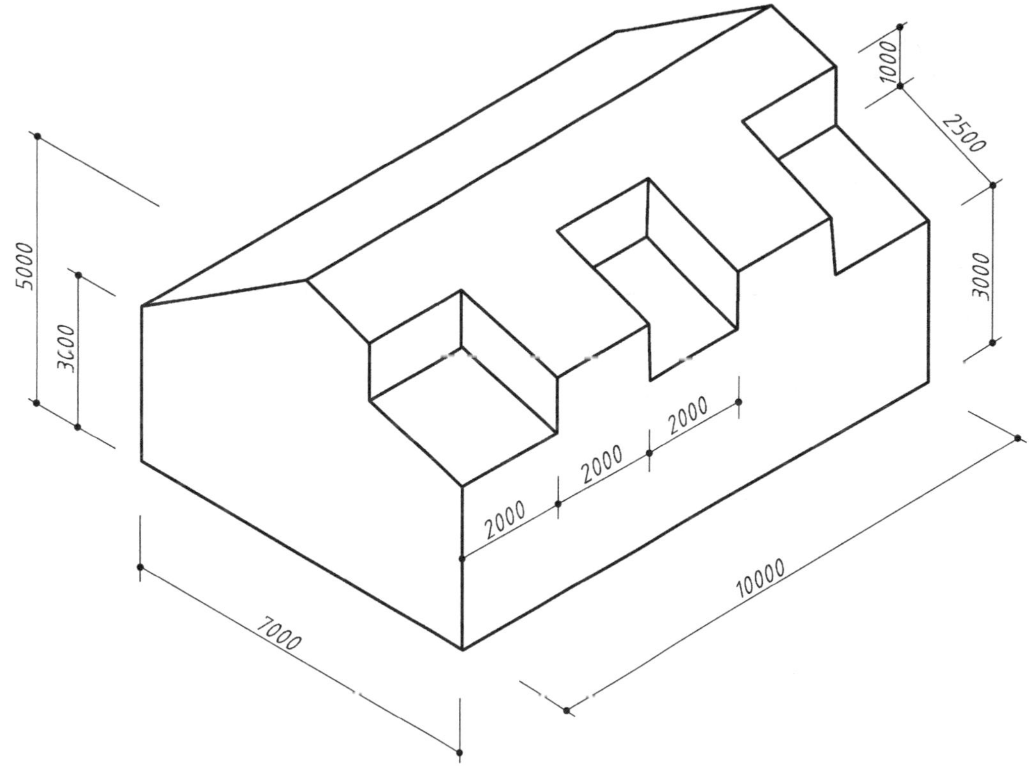

作业要求：线条基本平直、粗细分明、长短大致符合比例，注意平行线的画法，尺寸标注符合制图标准。

3. 徒手画图——房屋两面投影图（3-6）	班级		姓名		日期	

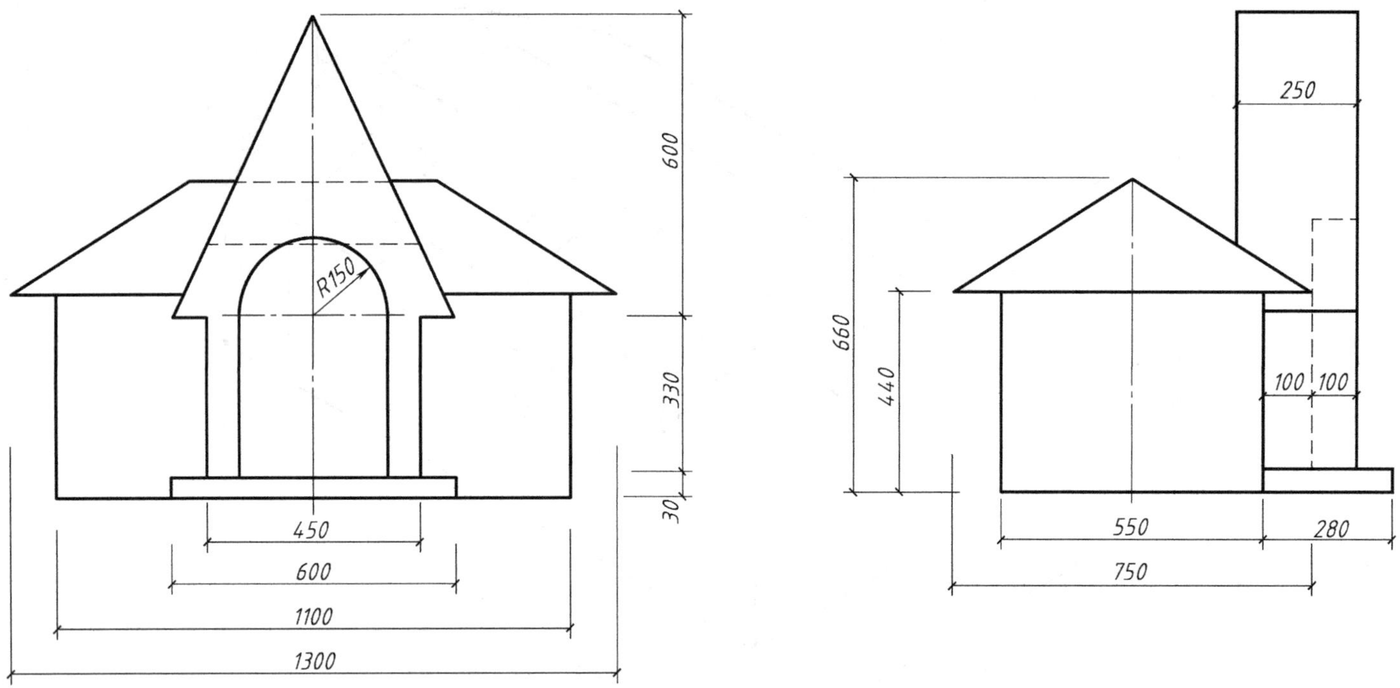

作业要求：线条基本平直、粗细分明、长短大致符合比例，注意平行线的画法，尺寸标注符合制图标准。

3. 徒手画图——院落灯饰平、立面图（3-7）

班级		姓名		日期	

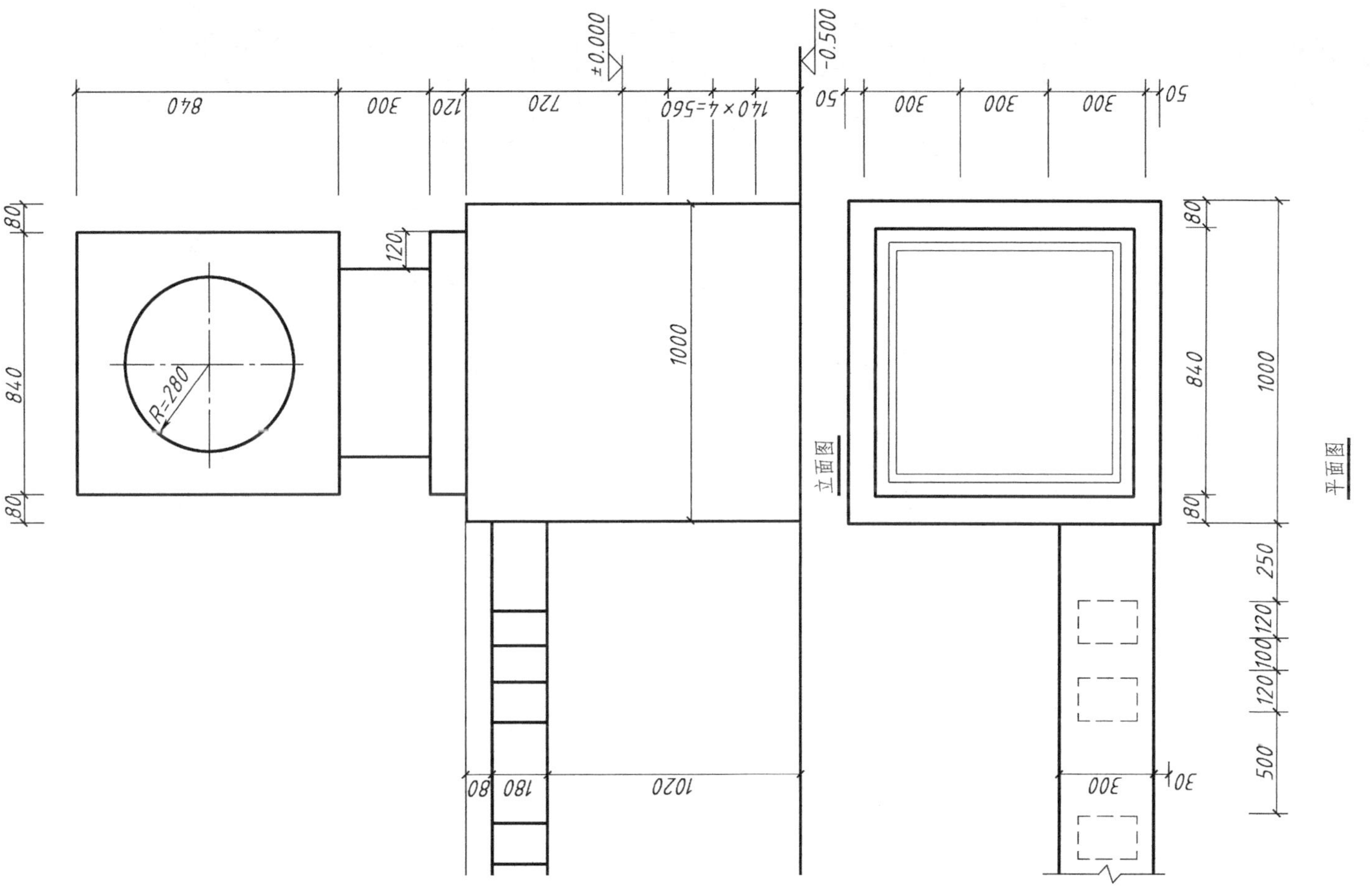

作业要求：线条基本平直、粗细分明、长短大致符合比例，注意平行线的画法，尺寸标注符合制图标准。

4. 投影基本知识——识读三面投影图（4－1）	班级		姓名		日期	

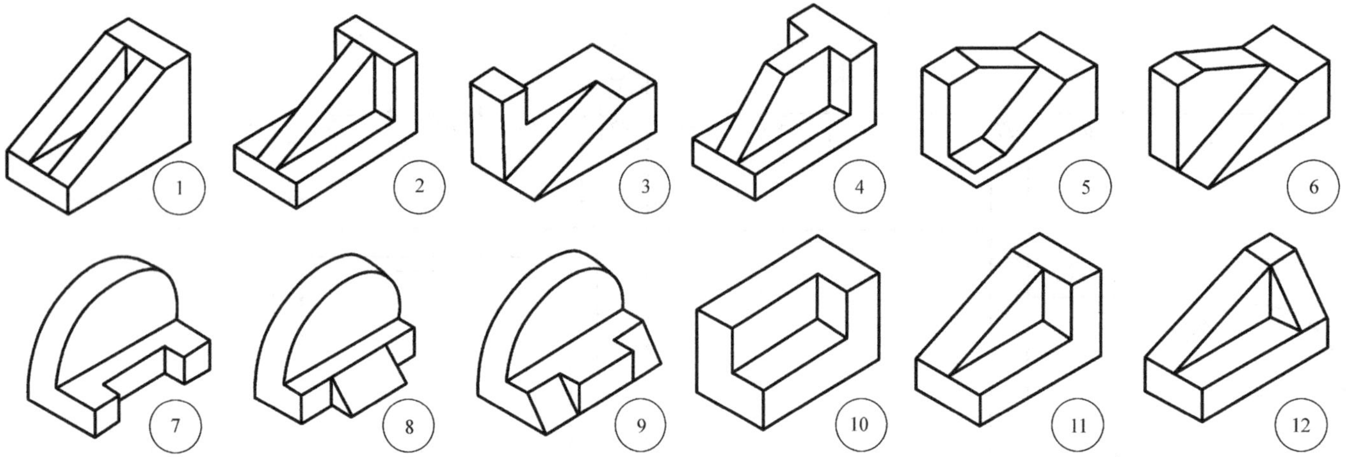

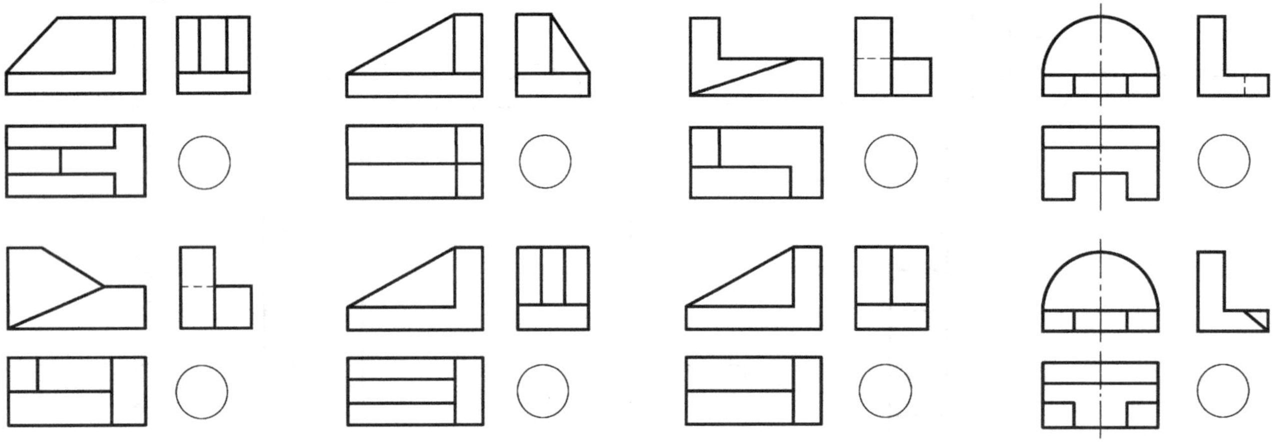

作业要求：根据立体图找出对应的三面投影图，将相应图号填在圆圈内。

4. 投影基本知识——点、线、面的投影（4-2）	班级		姓名		日期	

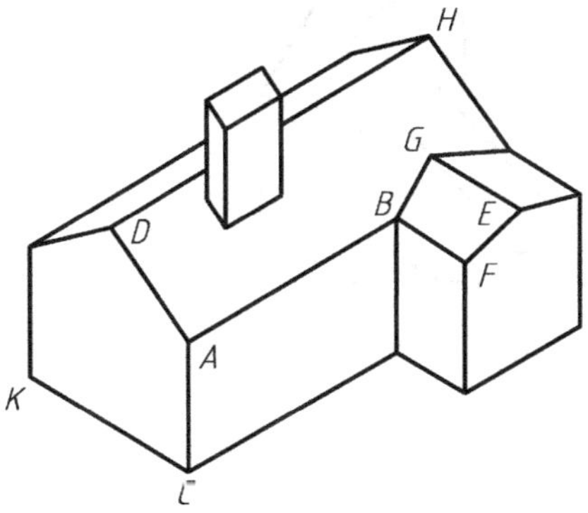

a) 立体图

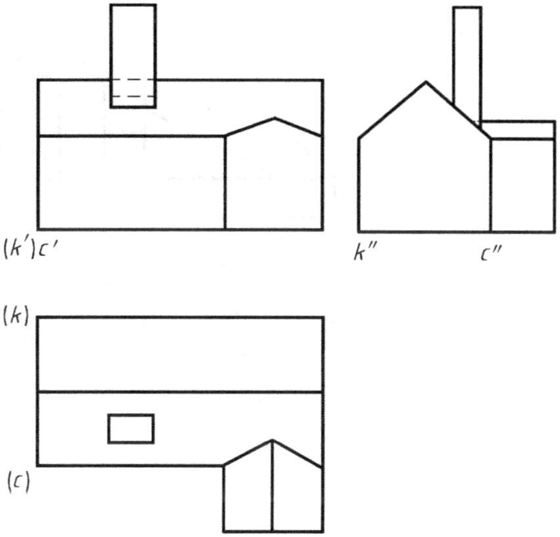

b) 投影图

A 点在 B 点（　　　　）方
A 点在 D 点（　　　　）方
A 点在 G 点（　　　　）方
G 点在 F 点（　　　　）方
E 点在 C 点（　　　　）方
D 点在 B 点（　　　　）方

直线	空间位置	反映实长的面	投影积聚的面
CK	正垂线	H、W	V
AB			
BF			
EF			
BG			
AC			
AD			
DH			

作业要求：分析立体图中点、线、面的空间关系，将各点标注到投影图中，并回答表格中问题。

4. 投影基本知识——点、线、面的投影（4－3）

班级　　　　姓名　　　　日期

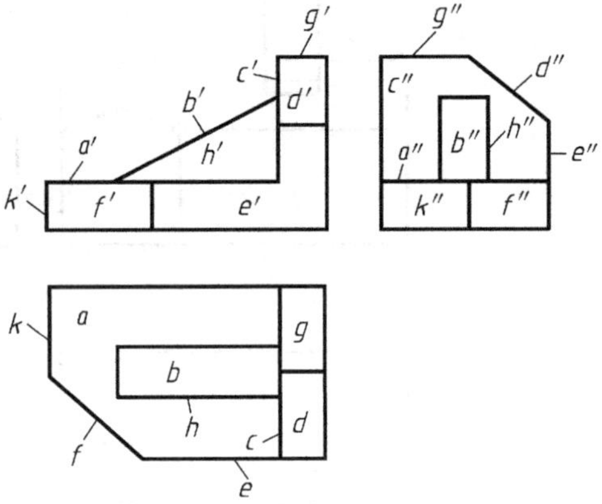

a) 投影图

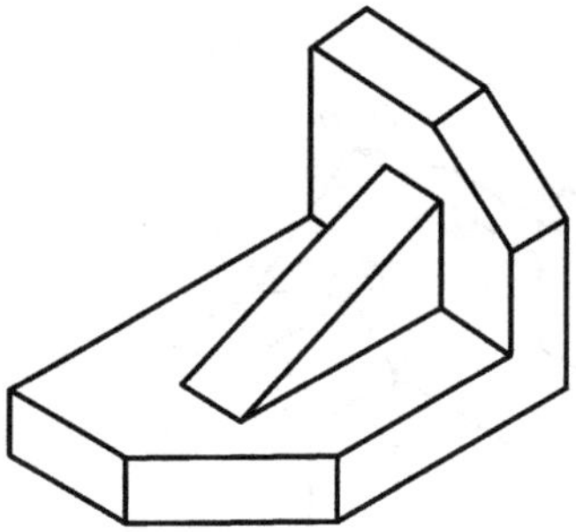

b) 立体图

平面	H 投影	V 投影	W 投影	空间位置
A				
B				
C				
D				
E				
F				
G				
H				
K				

作业要求：对照立体图分析投影图，读出平面的空间位置和投影特性并填入表中，同时将每个平面标注在立体图中。

4. 投影基本知识——平面投影（4－4）

班级		姓名		日期	

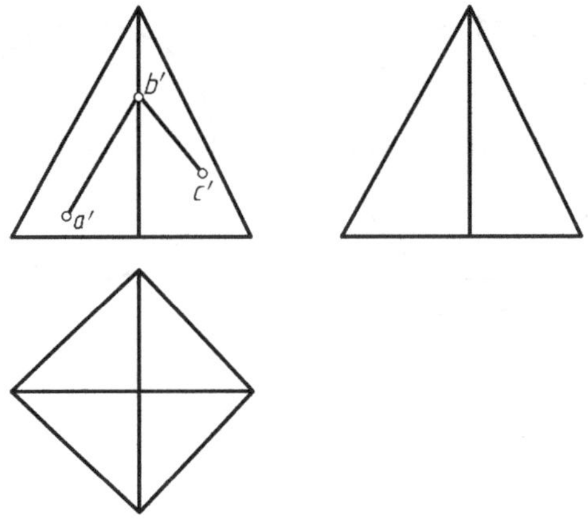

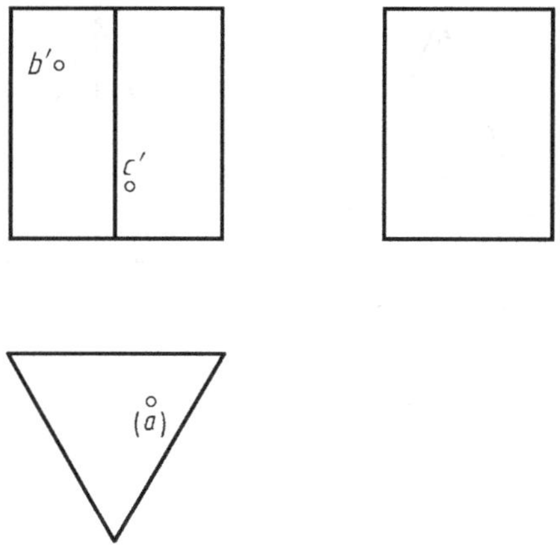

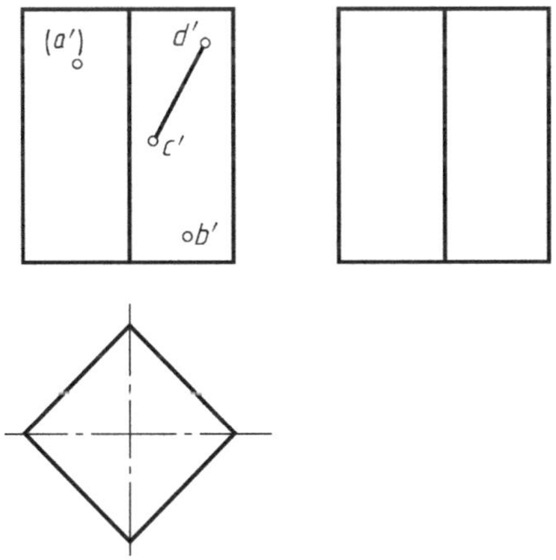

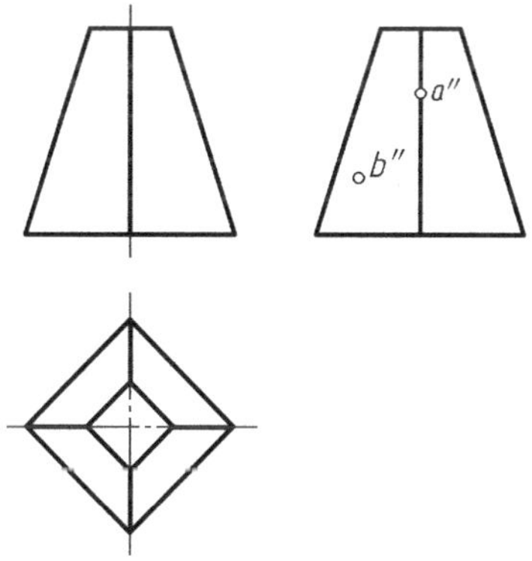

作业要求：读三面投影图，想象形体的空间形状，并补全形体表面上各点、线的三面投影。注意用辅助素线或纬圆作图。

4. 投影基本知识——曲面的投影（4－5）	班级		姓名		日期	

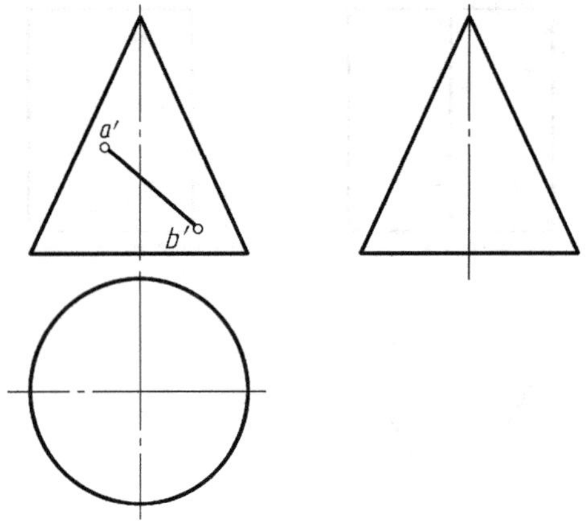

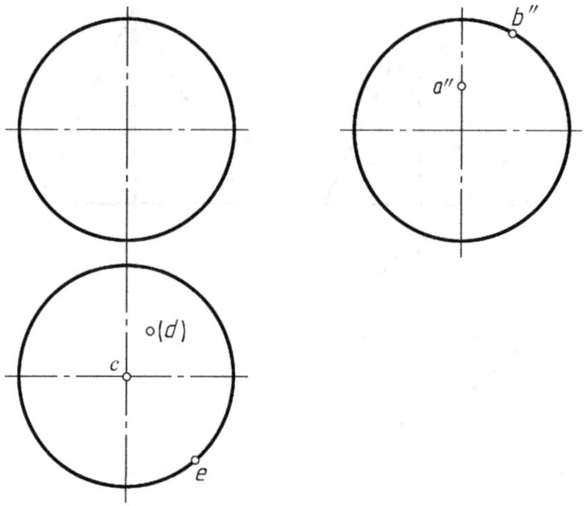

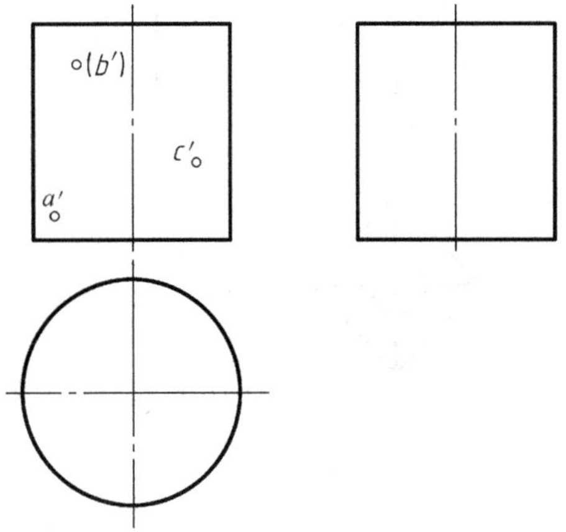

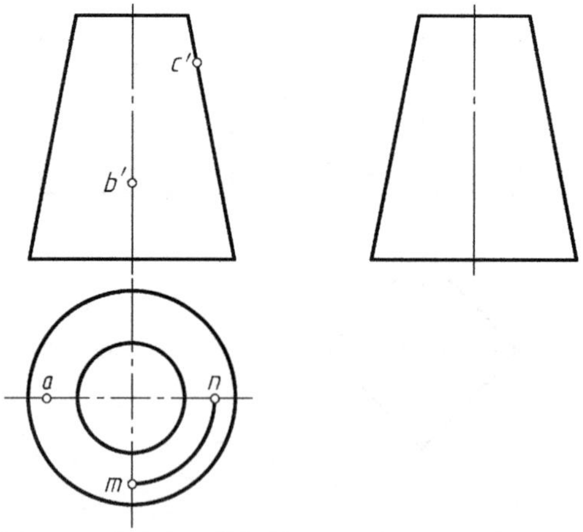

作业要求：读曲面投影，想象形体的空间形状，并补全形体表面上点、线的三面投影。注意用辅助素线或纬圆作图。

4. 投影基本知识——平面体的投影（4－6）	班级		姓名		日期	

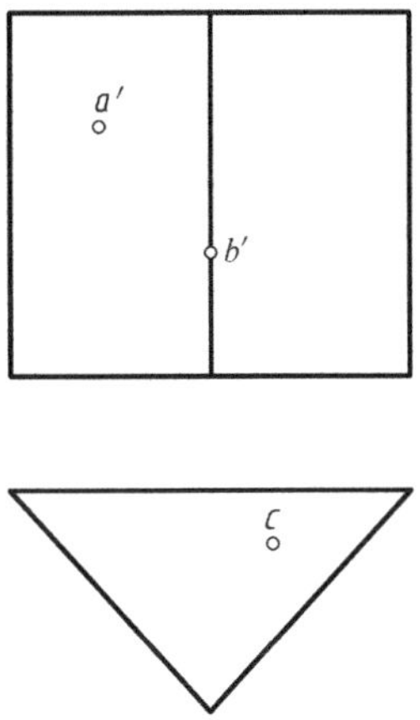

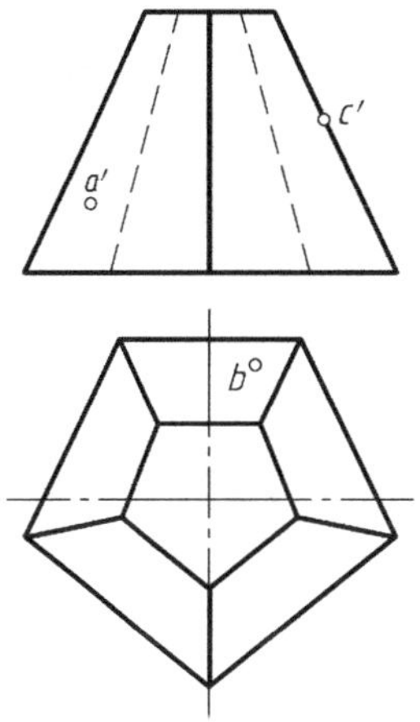

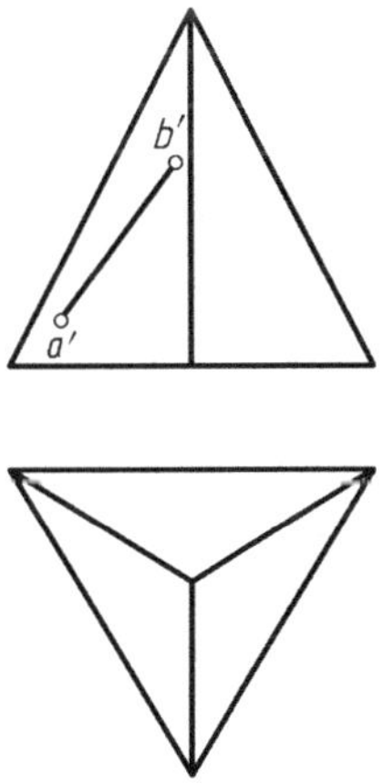

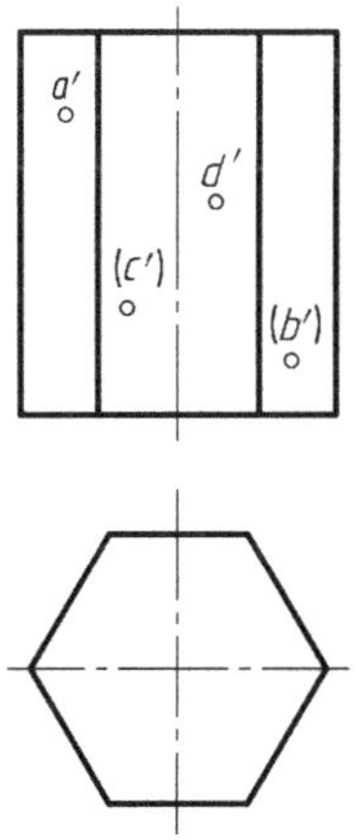

作业要求：读平面投影，想象形体的空间形状，并画出平面立体的侧面投影及平面体表面上点的三面投影。

5. 形体的三面投影（5－1）	班级		姓名		日期	

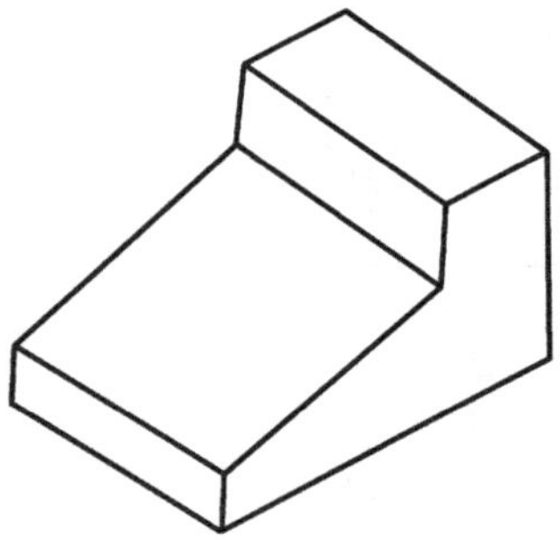

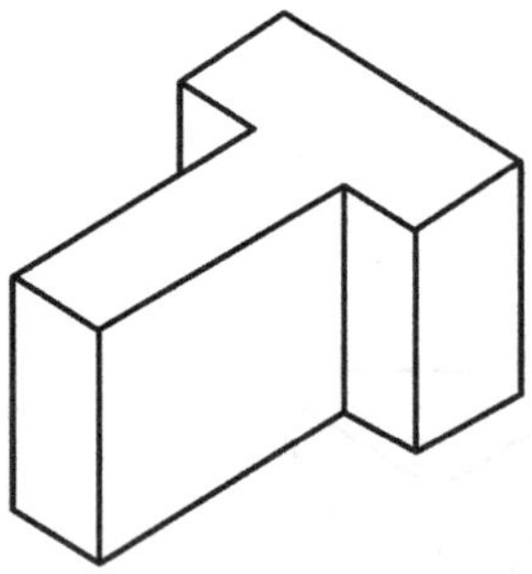

作业要求：根据立体图，徒手画出形体的三面投影图。注意投影原理中“长对正、高平齐、宽相等”关系，草图同样要求线条大致平直、粗细分明、长短大致符合比例，尺寸可用目测。

5. 形体的三面投影（5－2）	班级		姓名		日期	

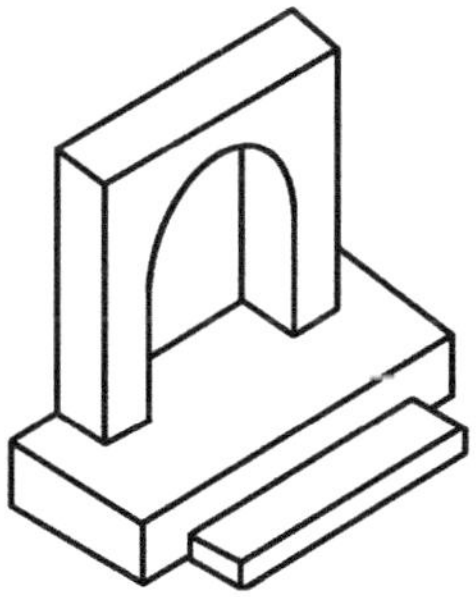

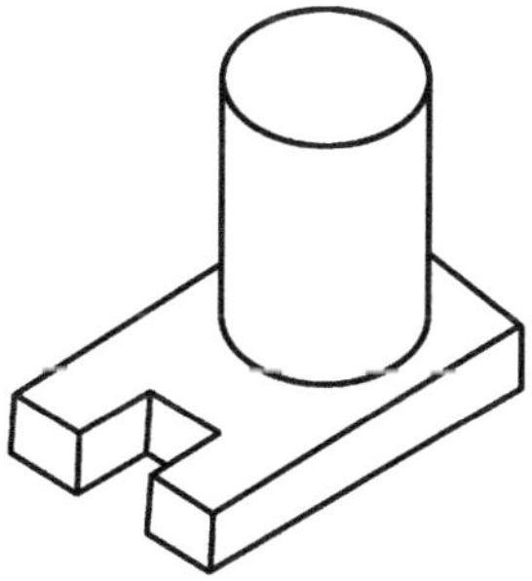

作业要求：根据立体图，徒手画出形体的三面投影图。注意投影原理中“长对正、高平齐、宽相等”关系，草图同样要求线条大致平直、粗细分明、长短大致符合比例，尺寸可用目测。

5. 形体的三面投影（5－3）	班级		姓名		日期	

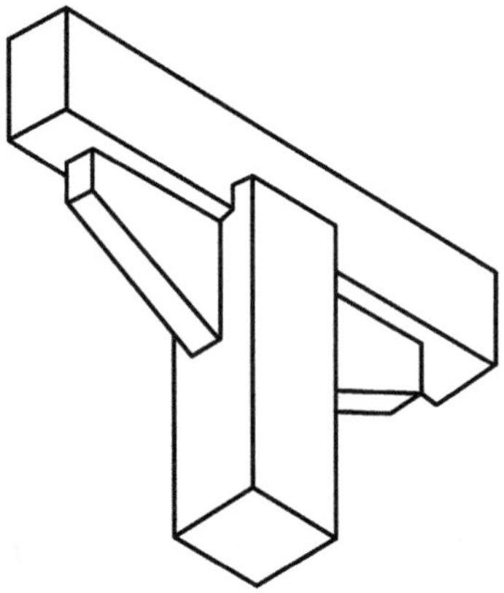

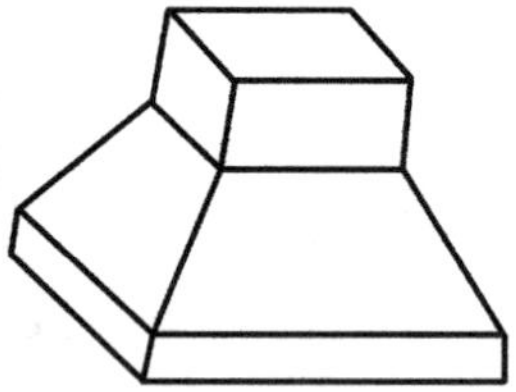

作业要求：根据立体图，徒手画出形体的三面投影图。注意投影原理中“长对正、高平齐、宽相等”关系，草图同样要求线条大致平直、粗细分明、长短大致符合比例，尺寸可用目测。

5. 形体的三面投影（5－4）	班级		姓名		日期	

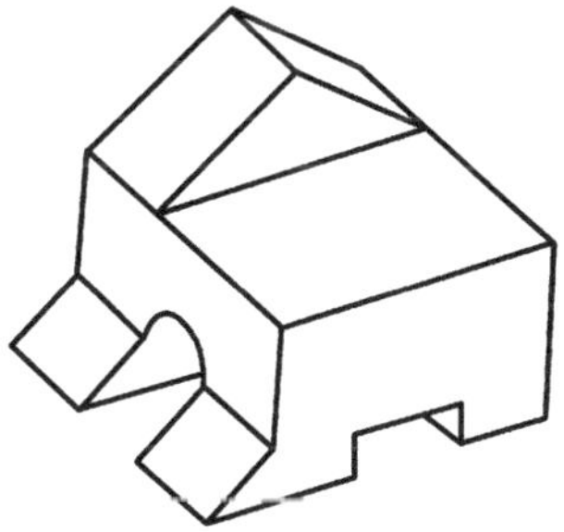

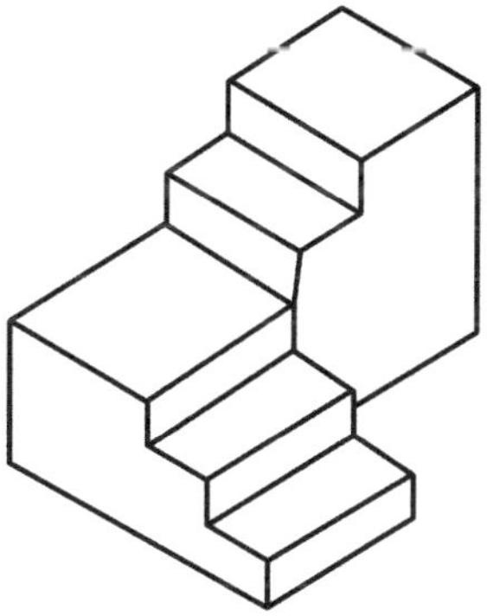

作业要求：根据立体图，徒手画出形体的三面投影图。注意投影原理中“长对正、高平齐、宽相等”关系，草图同样要求线条大致平直、粗细分明、长短大致符合比例，尺寸可用目测。

5. 形体的三面投影（5－5）	班级		姓名		日期	

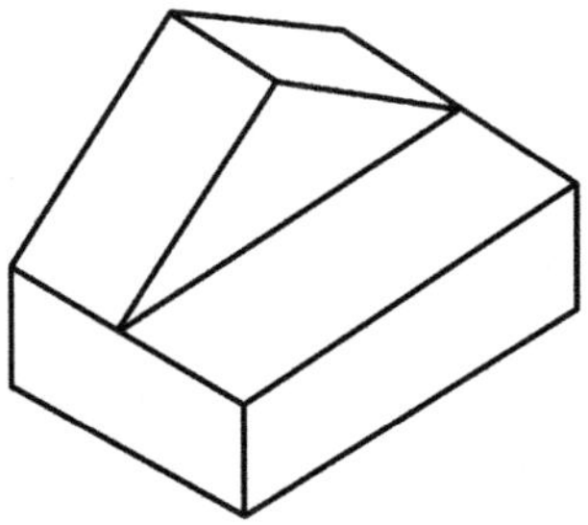

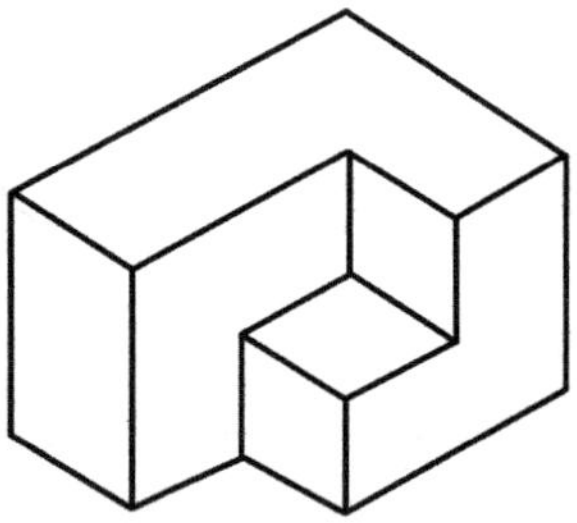

作业要求：根据立体图，徒手画出形体的三面投影图。注意投影原理中“长对正、高平齐、宽相等”关系，草图同样要求线条大致平直、粗细分明、长短大致符合比例，尺寸可用目测。

5. 形体的三面投影（5－6）

班级		姓名		日期	

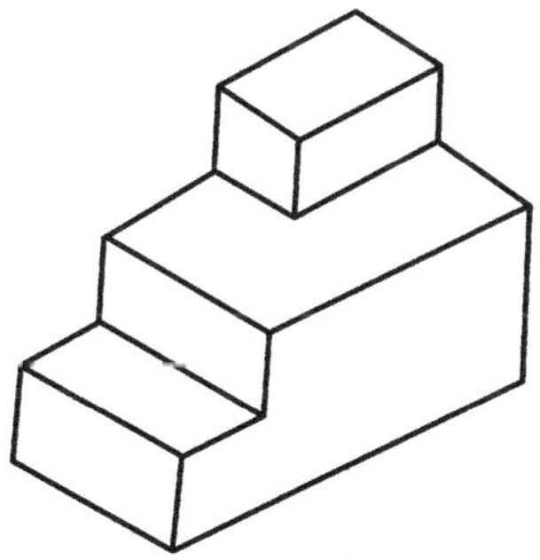

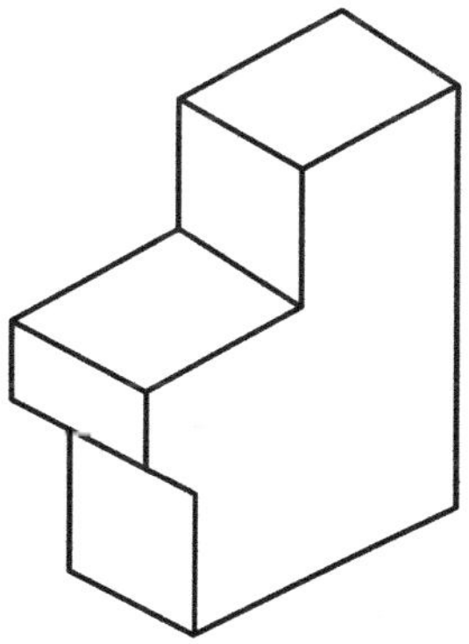

作业要求：根据立体图，徒手画出形体的三面投影图。注意投影原理中“长对正、高平齐、宽相等”关系，草图同样要求线条大致平直、粗细分明、长短大致符合比例，尺寸可用目测。

6. 根据两面投影补画第三投影（6－1）	班级		姓名		日期	

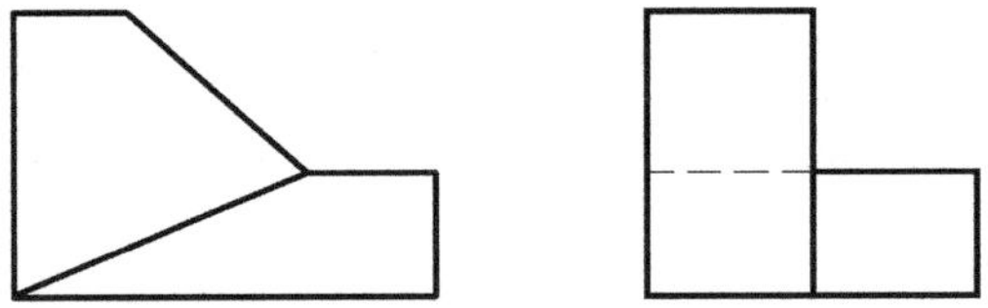

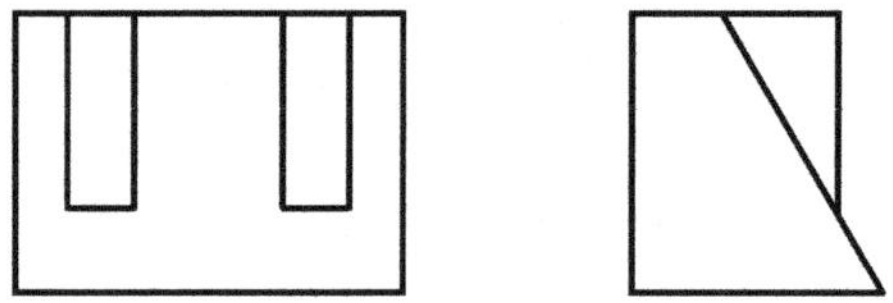

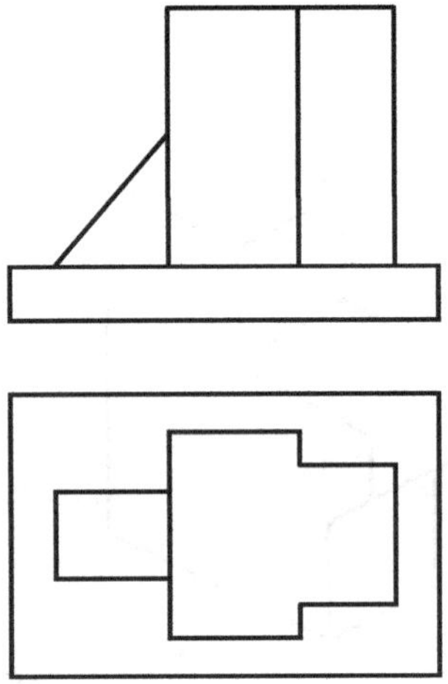

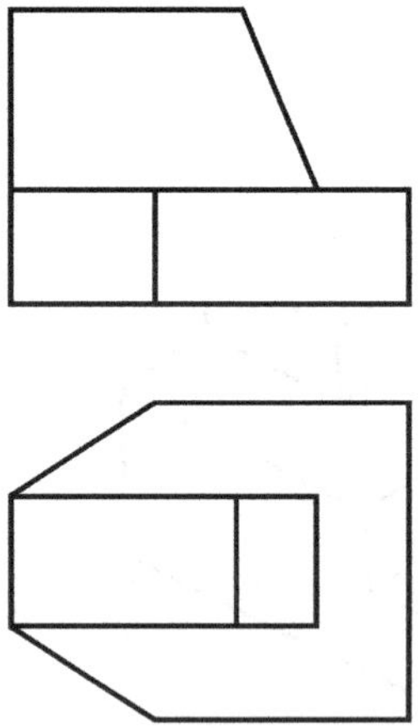

作业要求：分析两面投影，想象形体的空间形状，遵循“三等”关系作投影图。

6. 根据两面投影补画第三投影（6－2）	班级		姓名		日期	

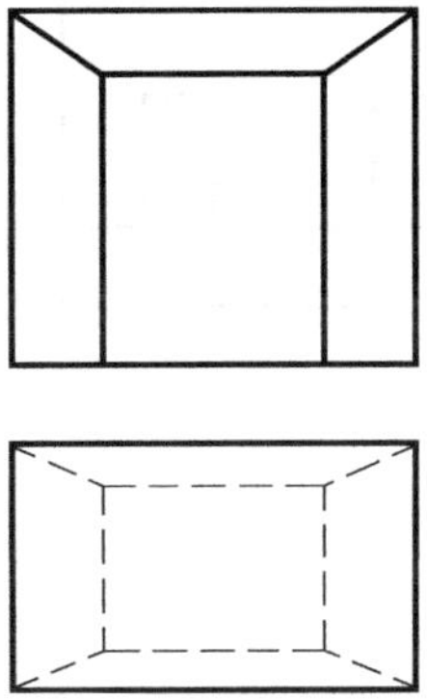

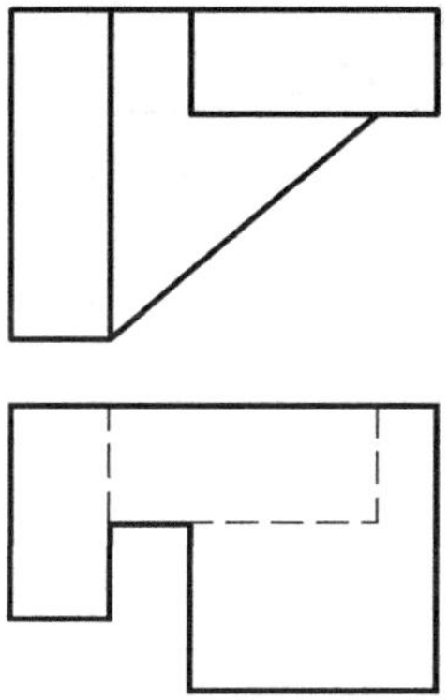

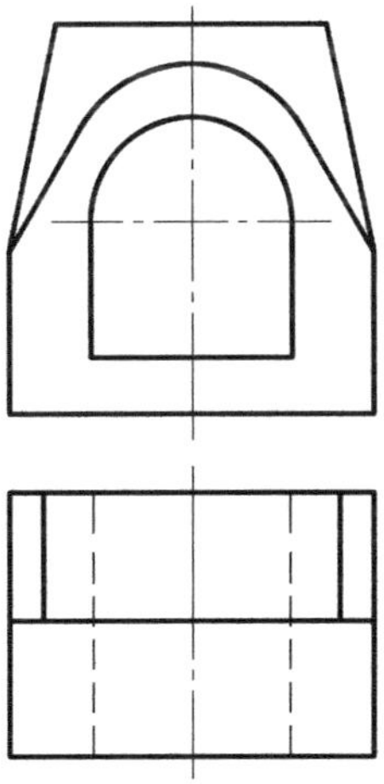

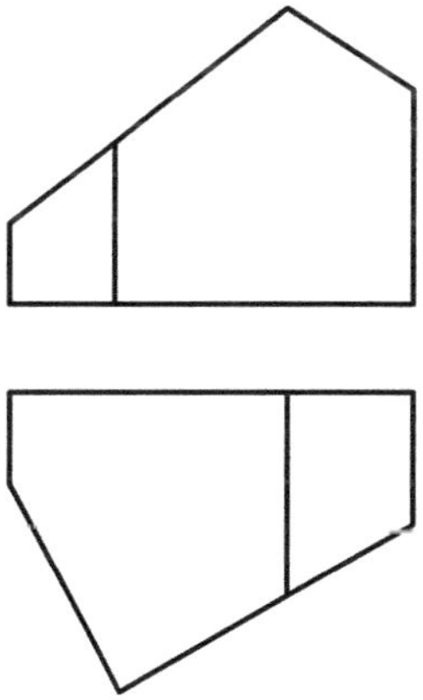

作业要求：分析两面投影，想象形体的空间形状，遵循“三等”关系作投影图。

6. 根据两面投影补画第三投影（6－3）

班级		姓名		日期	

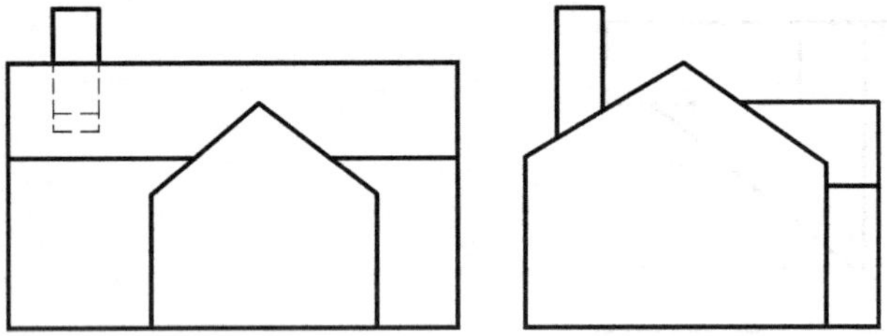

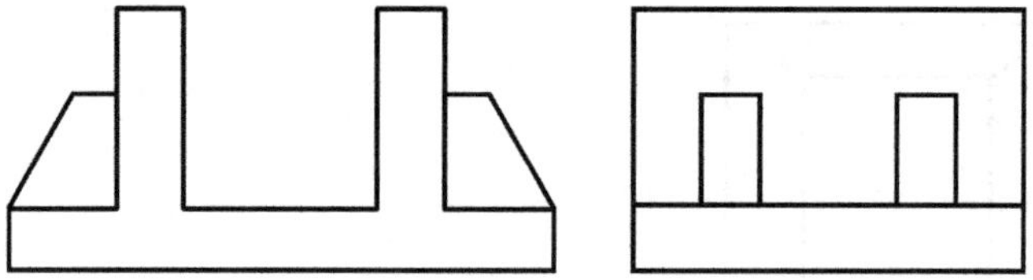

作业要求：分析两面投影，想象形体的空间形状，遵循“三等”关系作投影图。

6. 根据两面投影补画第三投影（6－4）	班级		姓名		日期	

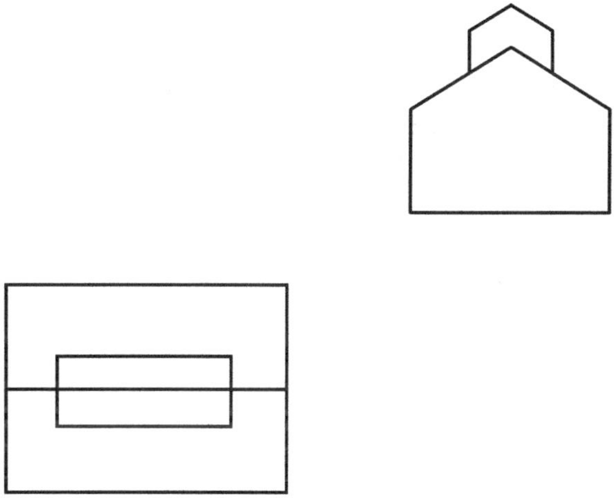

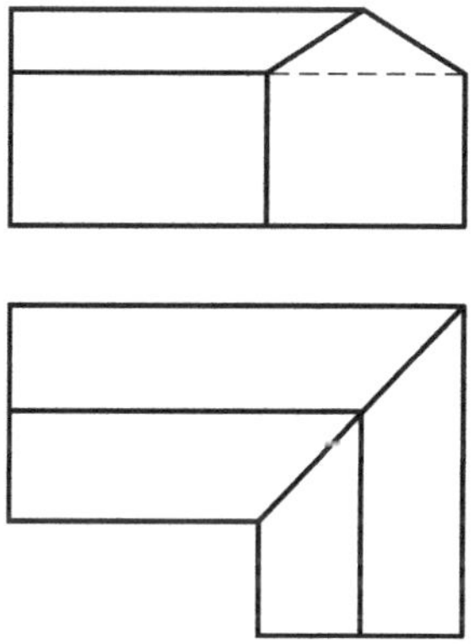

作业要求：分析两面投影，想象形体的空间形状，遵循“三等”关系作投影图。

6. 根据两面投影补画第三投影（6－5）	班级		姓名		日期	

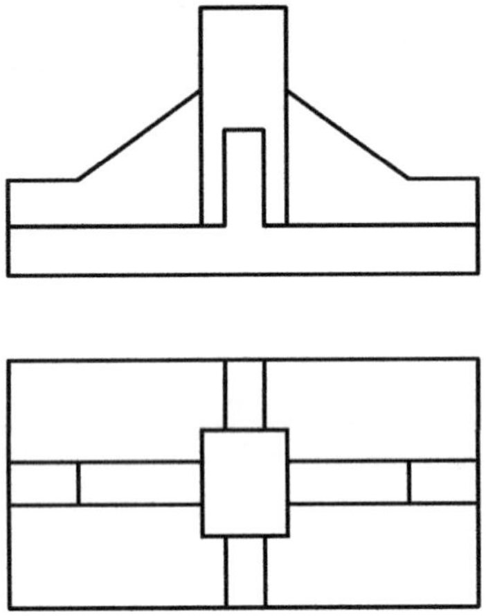

作业要求：分析两面投影，想象形体的空间形状，遵循“三等”关系作投影图。

6. 根据两面投影补画第三投影（6－6）

班级		姓名		日期	

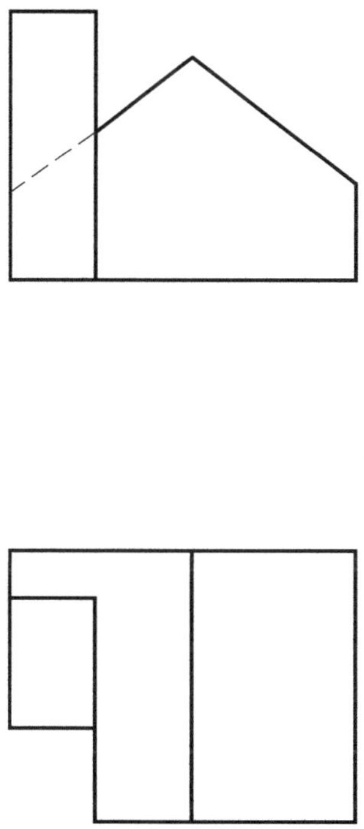

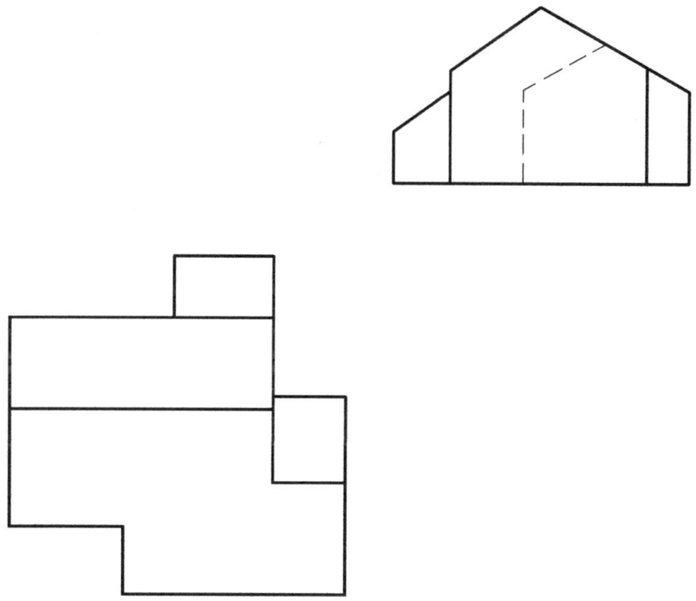

作业要求：分析两面投影，想象形体的空间形状，遵循“三等”关系作投影图。

6. 根据两面投影补画第三投影（6－7）	班级		姓名		日期	

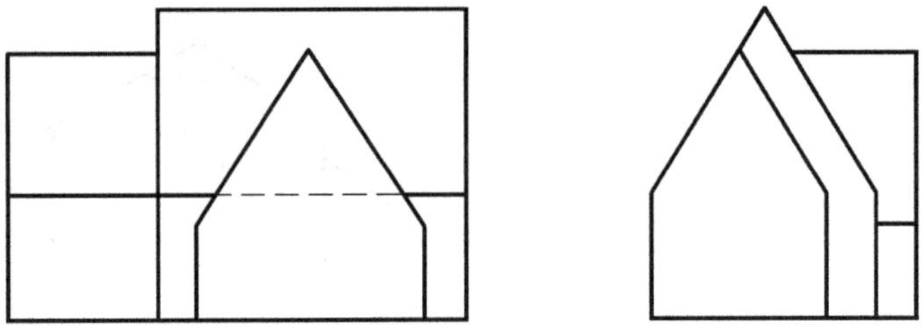

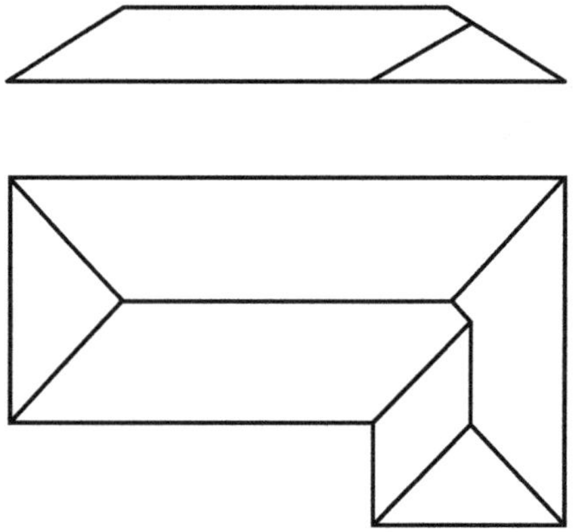

作业要求：分析两面投影，想象形体的空间形状，遵循“三等”关系作投影图。

6. 根据两面投影补画第三投影（6－8）	班级		姓名		日期	

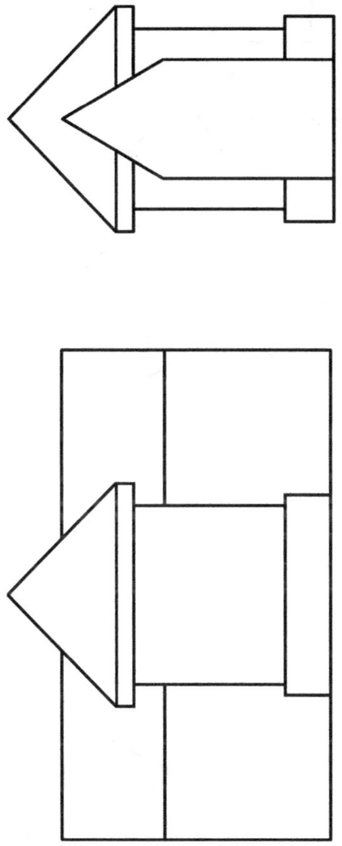

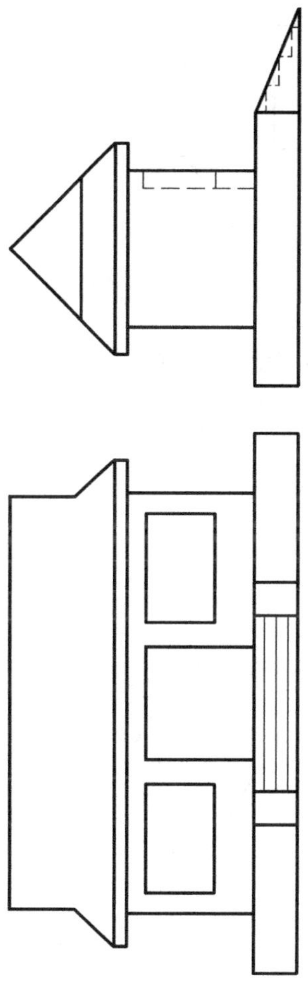

作业要求：分析两面投影，想象形体的空间形状，遵循“三等”关系作投影图。

7. 补画投影图中所缺的图线（7－1）	班级		姓名		日期	

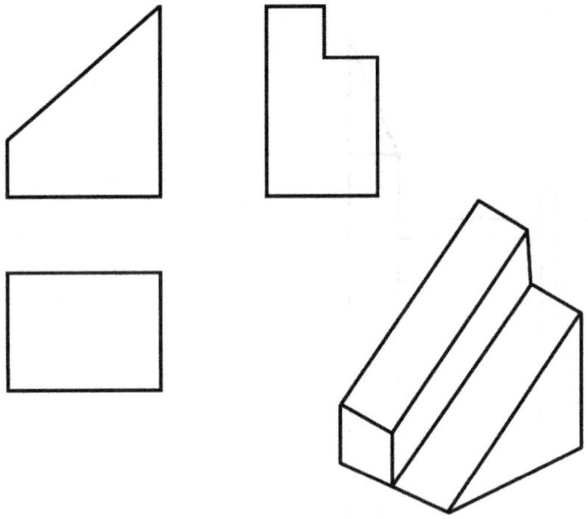

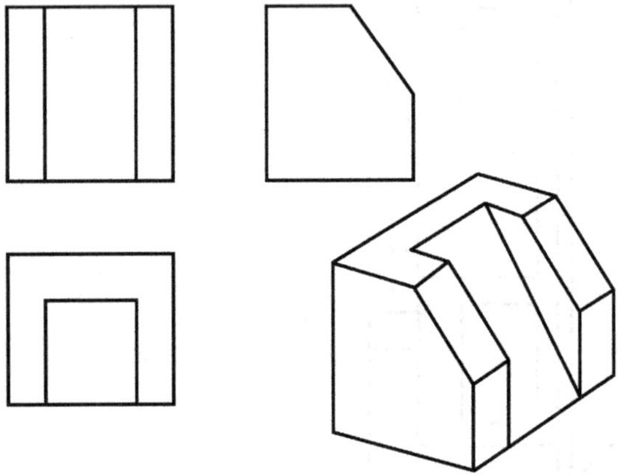

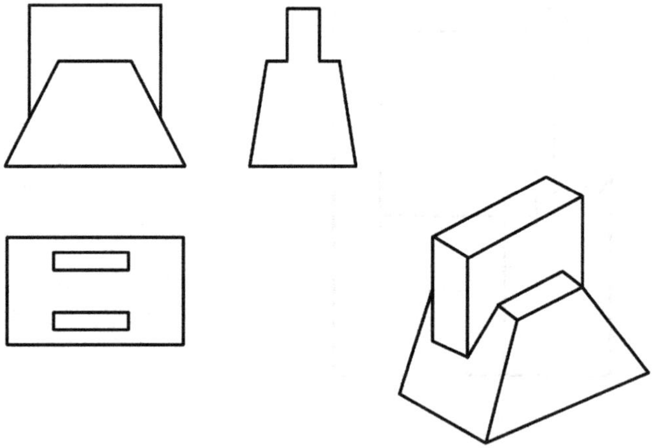

作业要求：对照立体图，遵循正投影原理的“三等”关系补全投影图中的图线。

7. 补画投影图中所缺的图线（7－2）

班级		姓名		日期	

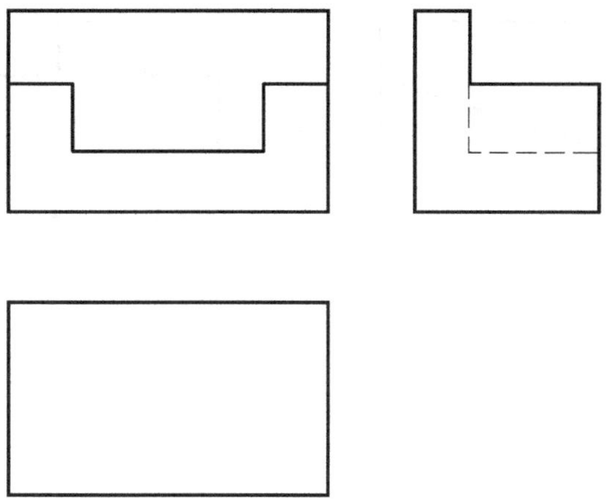

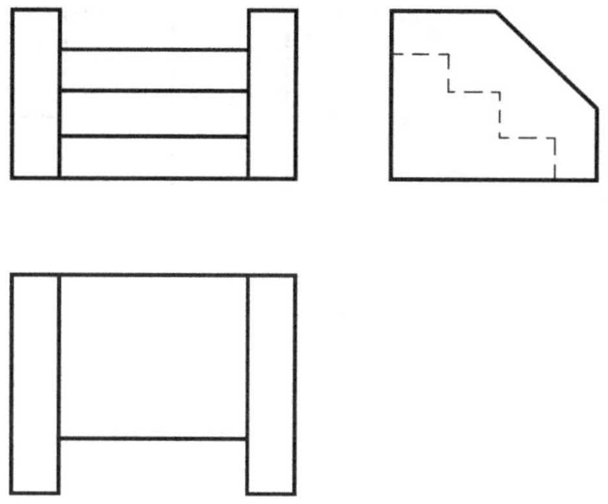

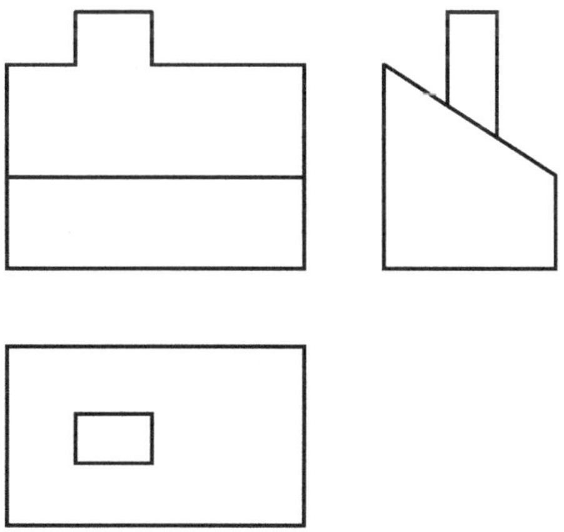

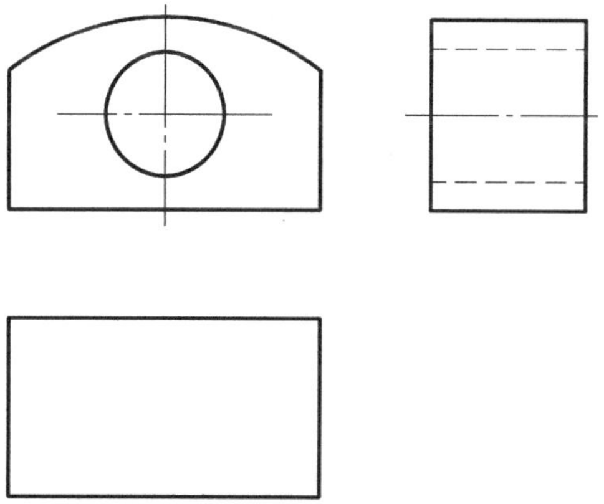

作业要求：分析三面投影图，想象形体的空间形状，画出立体草图，再依据“三等”关系补全投影图中的图线。

7. 补画投影图中所缺的图线（7－3）	班级		姓名		日期	

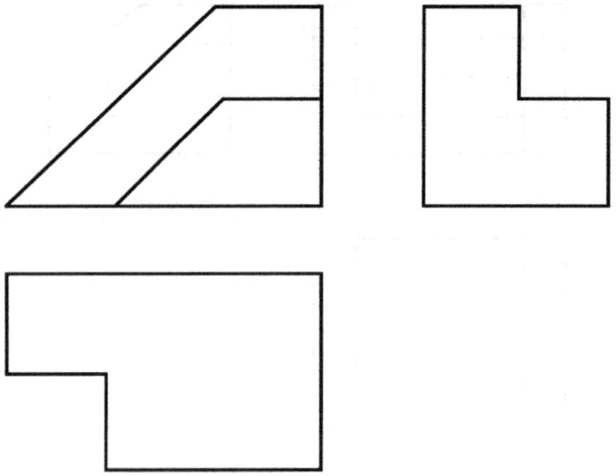

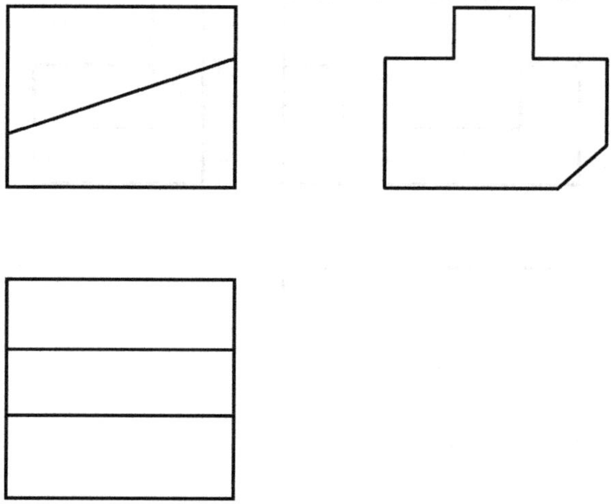

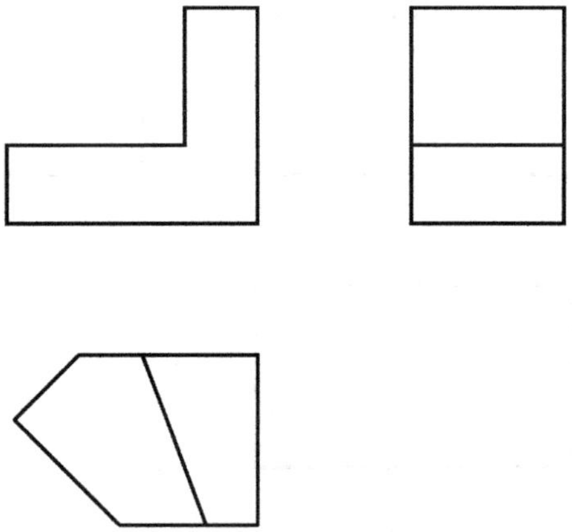

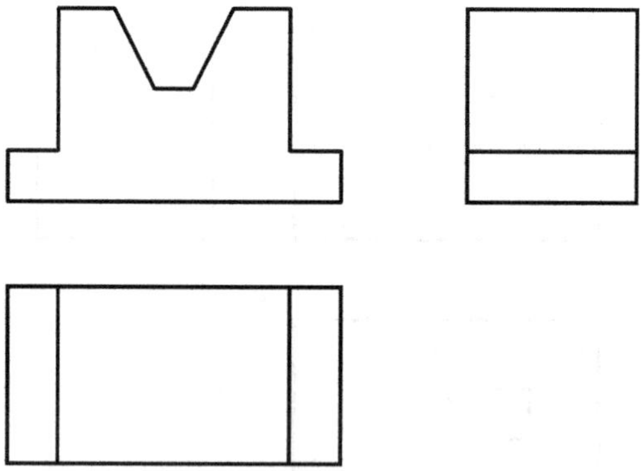

作业要求：分析三面投影图，想象形体的空间形状，画出立体草图，再依据“三等”关系补全投影图中的图线。

7. 补画投影图中所缺的图线（7－4）

班级		姓名		日期	

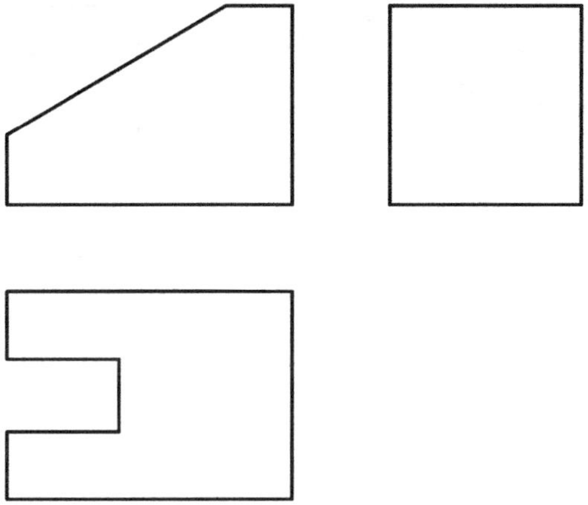

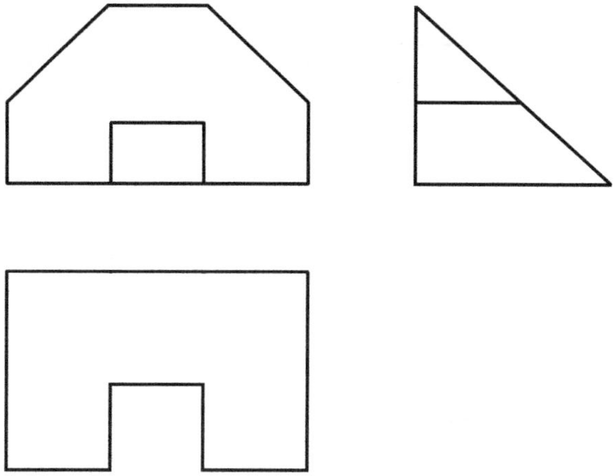

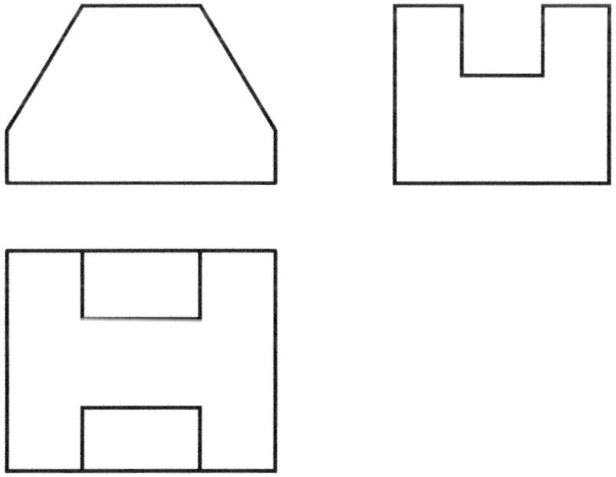

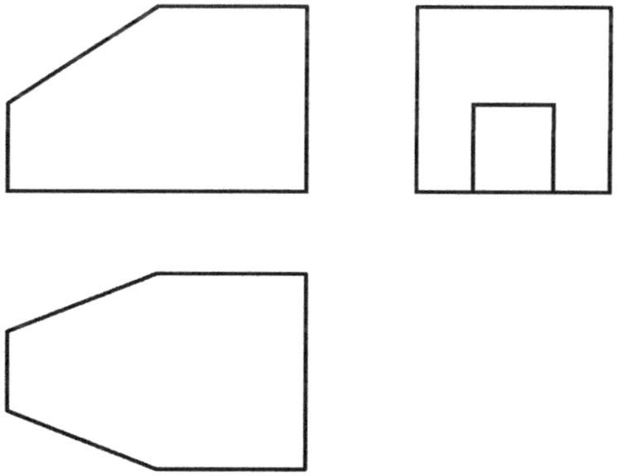

作业要求：分析三面投影图，想象形体的空间形状，画出立体草图，再依据“三等”关系补全投影图中的图线。

7. 补画投影图中所缺的图线（7－5）	班级		姓名		日期	

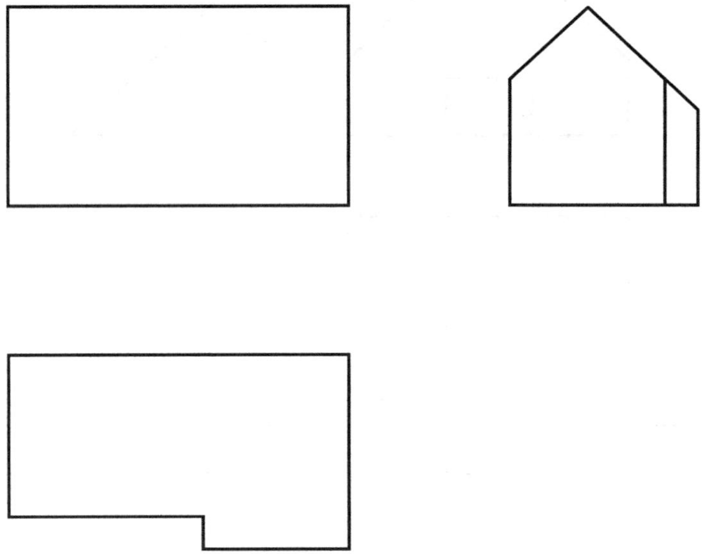

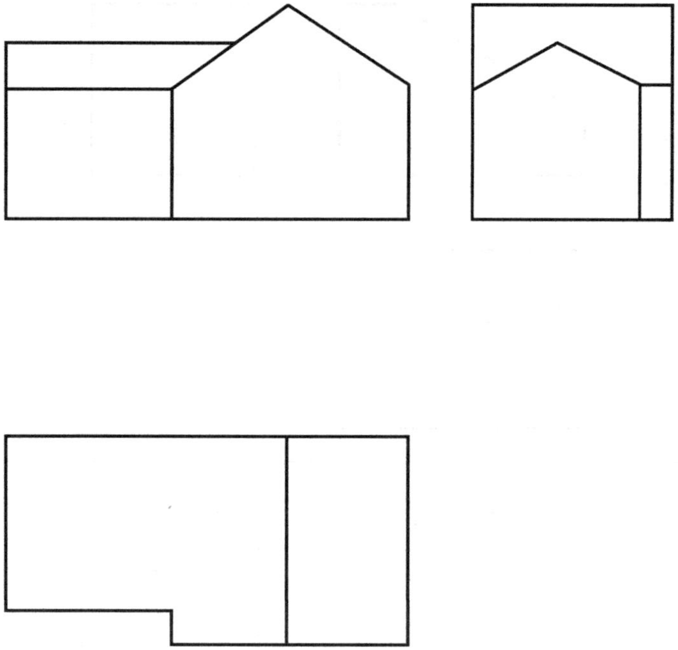

作业要求：分析三面投影图，想象形体的空间形状，画出立体草图，再依据“三等”关系补全投影图中的图线。

8. 完成基本立体被截切后的三面投影（8－1）	班级		姓名		日期	

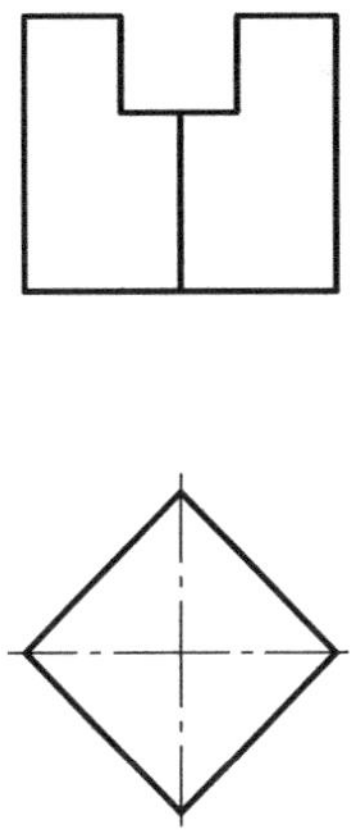

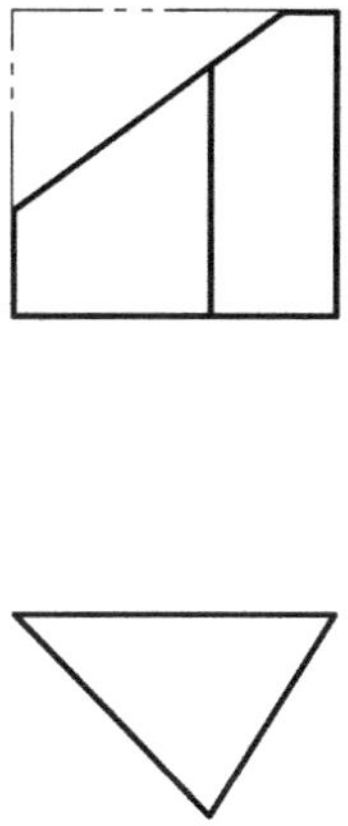

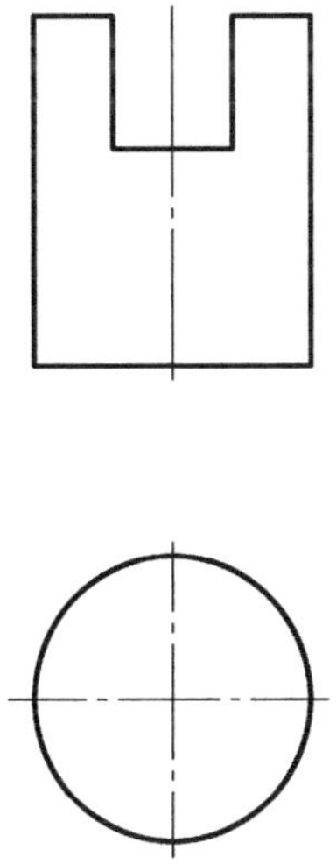

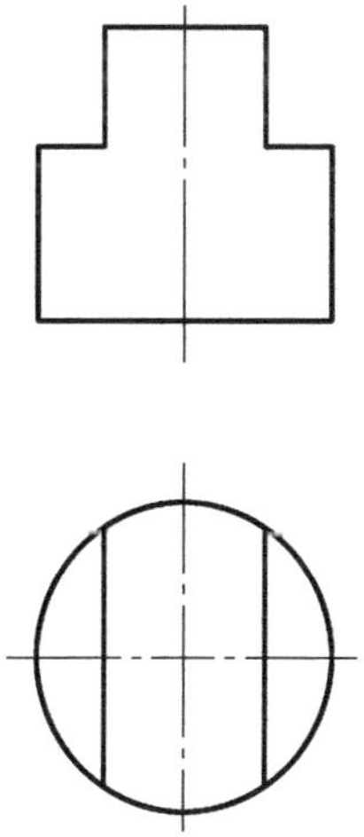

作业要求：分析两面投影，想象空间形状画出立体草图。特别注意截平面，正确画出截交线。

8. 完成基本立体被截切后的三面投影（8－2）	班级		姓名		日期	

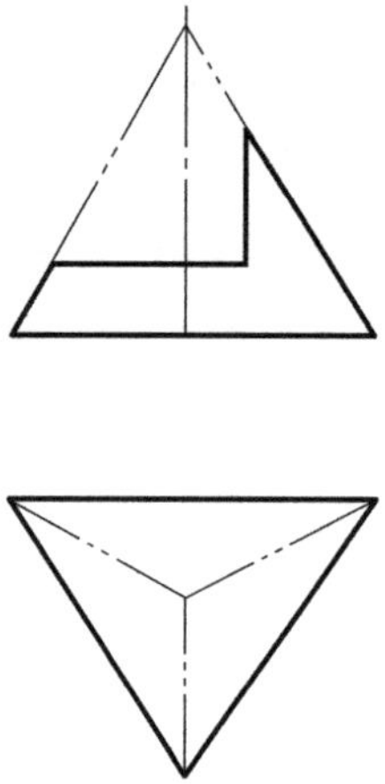

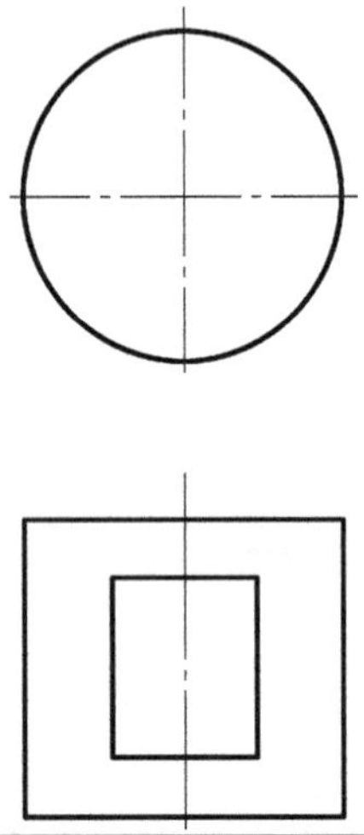

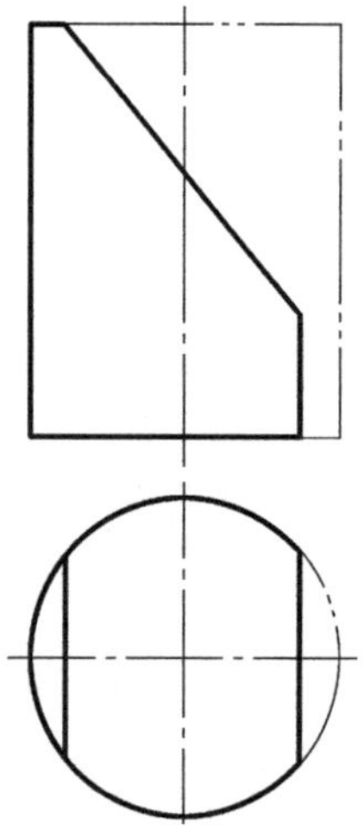

作业要求：分析两面投影，想象空间形状画出立体草图。特别注意截平面，正确画出截交线。

8. 完成基本立体被截切后的三面投影（8－3）	班级		姓名		日期	

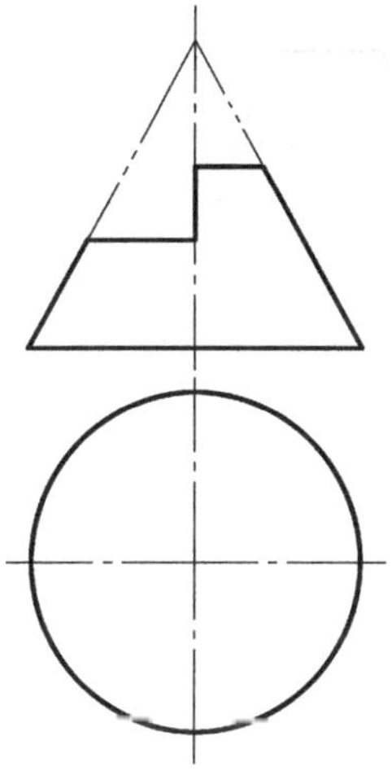

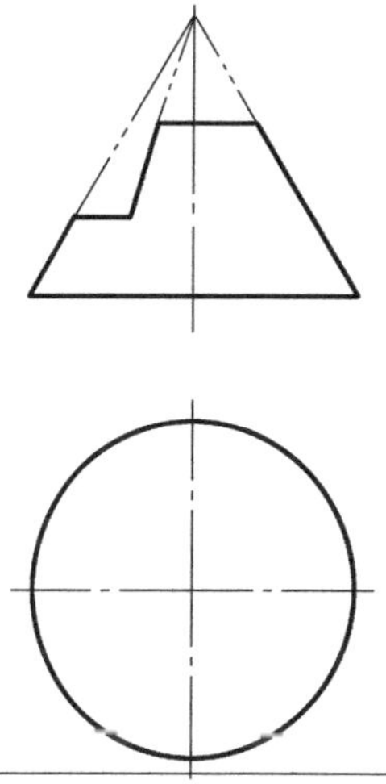

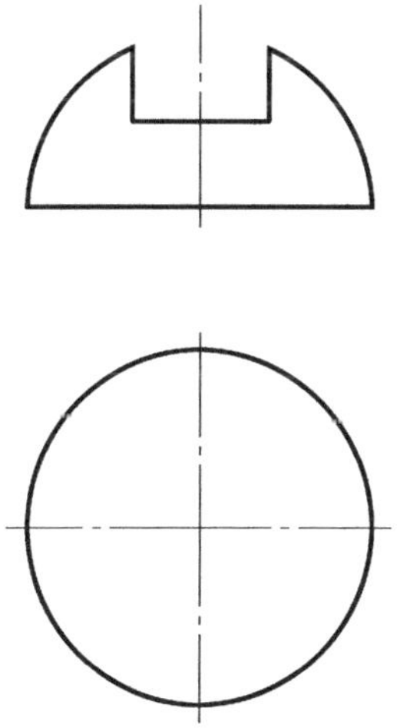

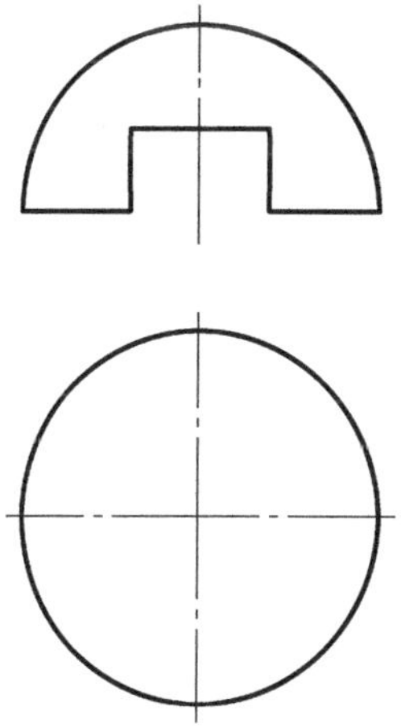

作业要求：分析两面投影，想象空间形状画出立体草图。特别注意截平面，正确画出截交线。

8. 完成基本立体被截切后的三面投影（8－4）	班级		姓名		日期	

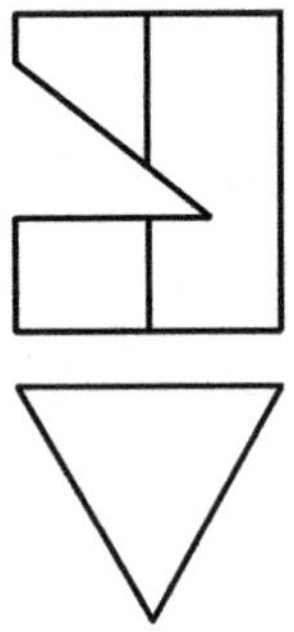

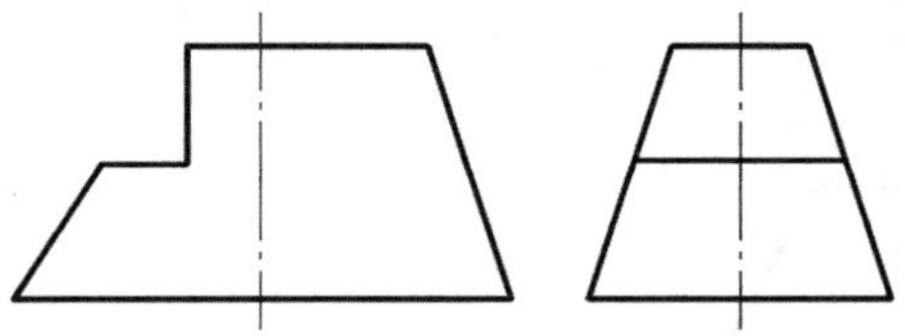

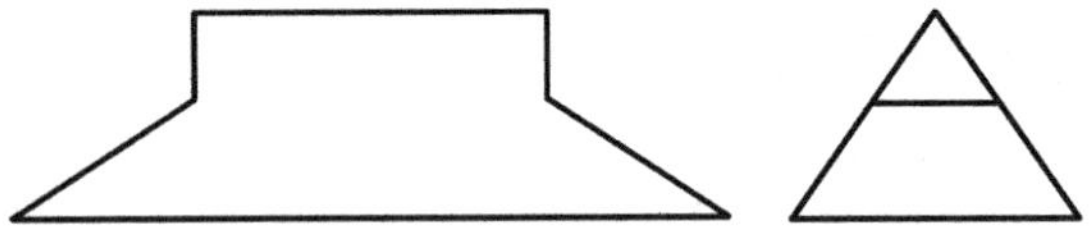

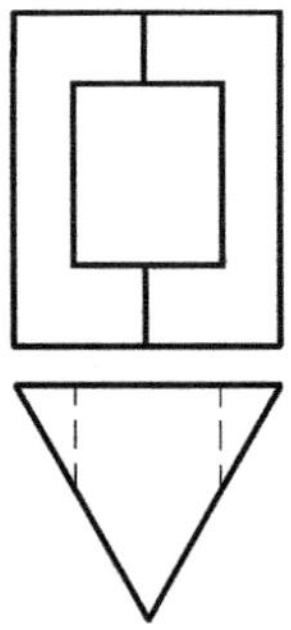

作业要求：先观察生活中的建筑物和构筑物，注意立体相贯的表面交线，再依据投影规律画出投影图。

9. 求作两立体的相贯线（9－1）	班级		姓名		日期	

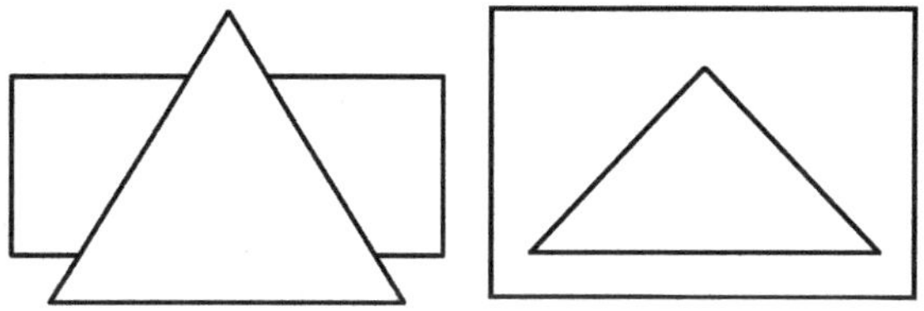

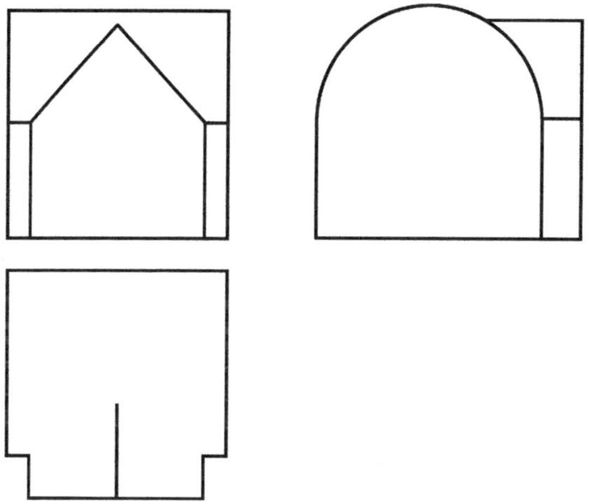

作业要求：根据已画投影，特别求作相贯线。

9. 求作两立体的相贯线（9－2）

班级		姓名		日期	

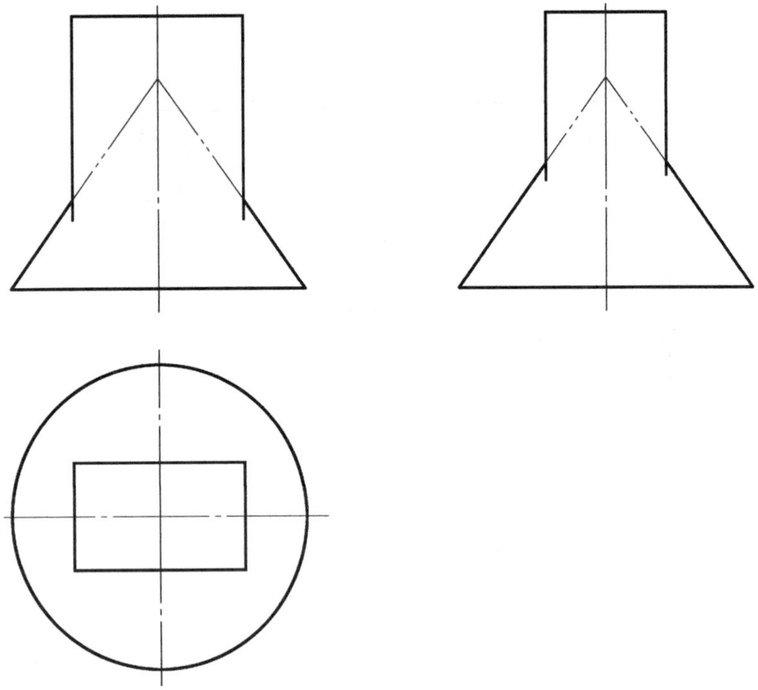

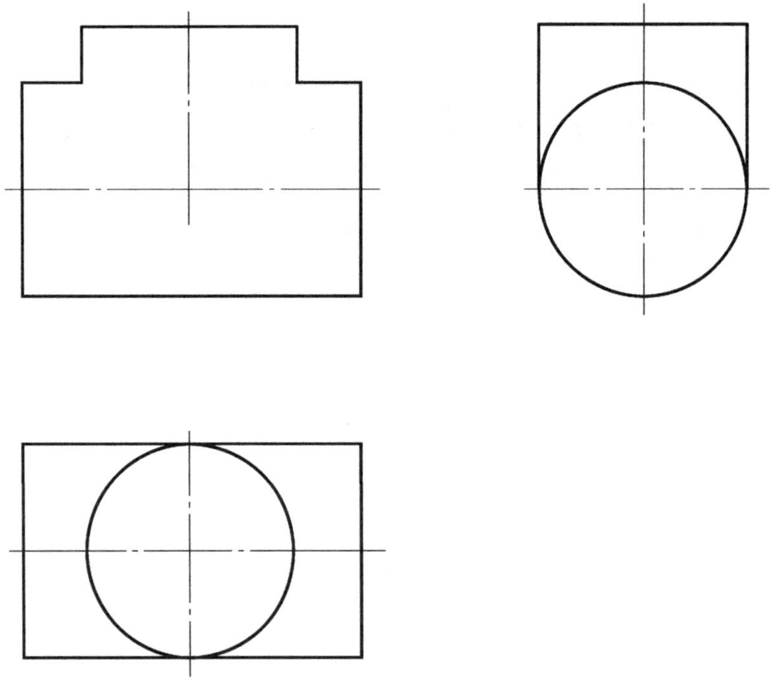

作业要求：先观察生活中的建筑物和构筑物，注意立体相贯的表面交线，再依据投影规律画投影图。

9. 求作两立体的相贯线（9－3）	班级		姓名		日期	

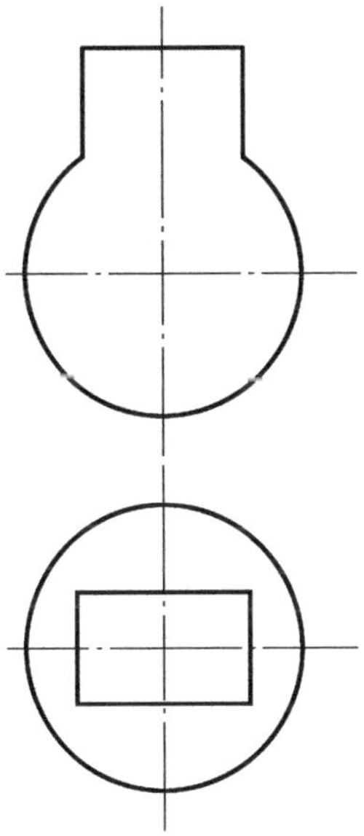

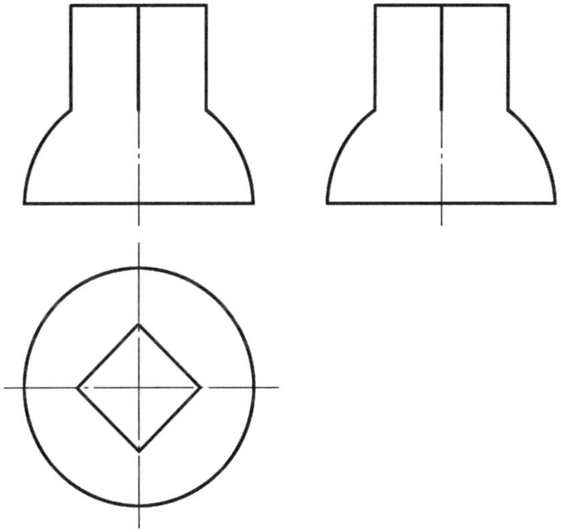

作业要求：先观察生活中的建筑物和构筑物，注意立体相贯的表面交线，再依据投影规律画投影图。

9. 求作两立体的相贯线（9－4）	班级		姓名		日期	

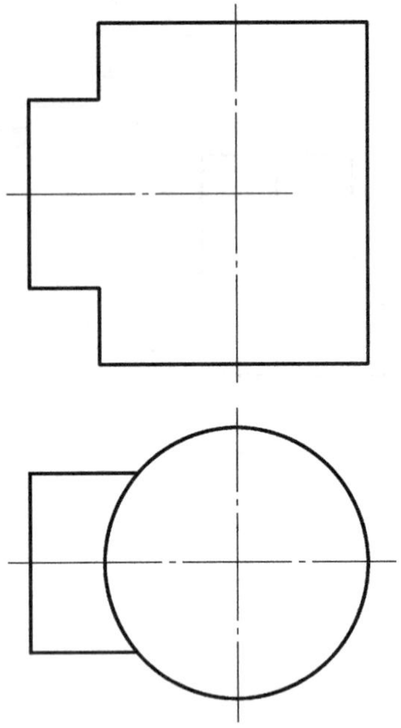

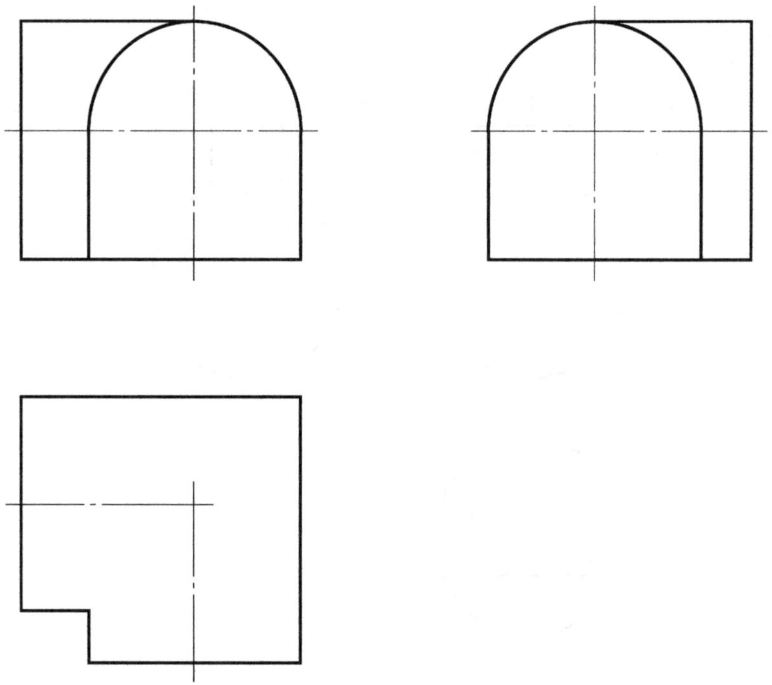

作业要求：先观察生活中的建筑物和构筑物，注意立体相贯的表面交线，再依据投影规律画投影图。

9. 求作两立体的相贯线（9－5）

班级		姓名		日期	

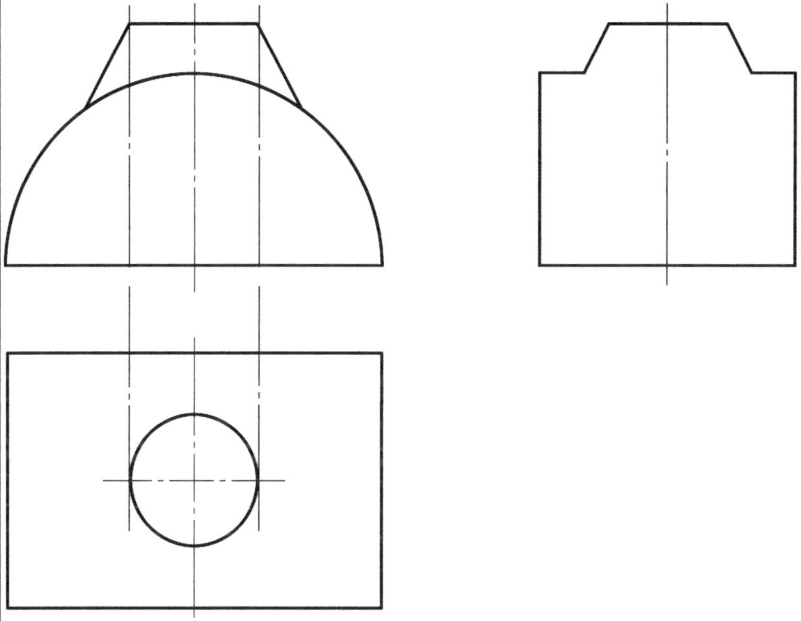

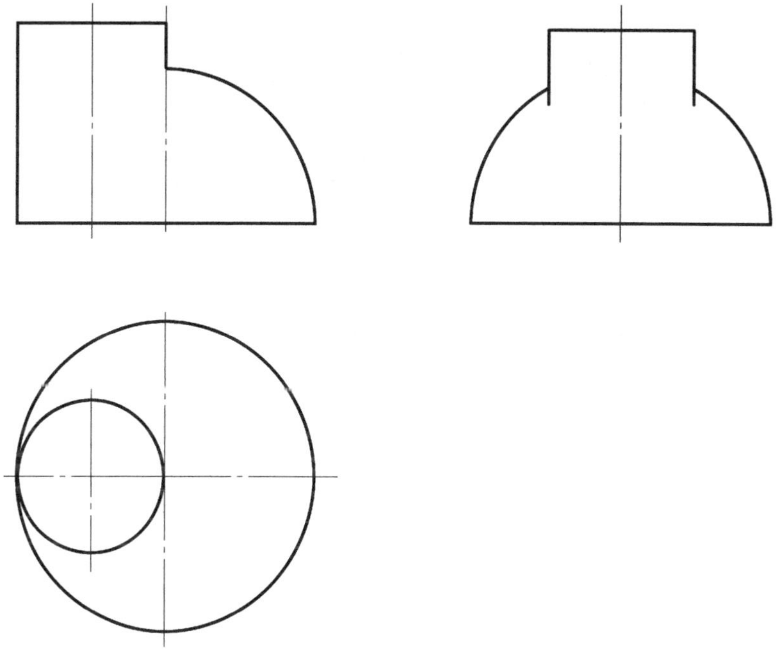

作业要求：先观察生活中的建筑物和构筑物，注意立体相贯的表面交线，再依据投影规律画投影图。

10. 建筑形体的投影——求两立体的相贯线（10－1）	班级		姓名		日期	

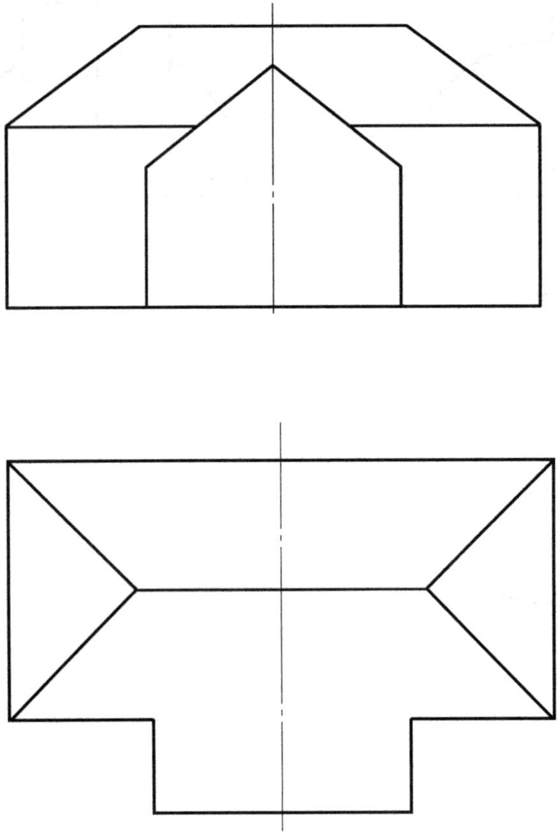

作业要求：求作屋面交线的 H 面投影，并画出房屋的 W 面投影。

10. 建筑形体的投影——求作两立体的相贯线（10-2）	班级		姓名		日期	

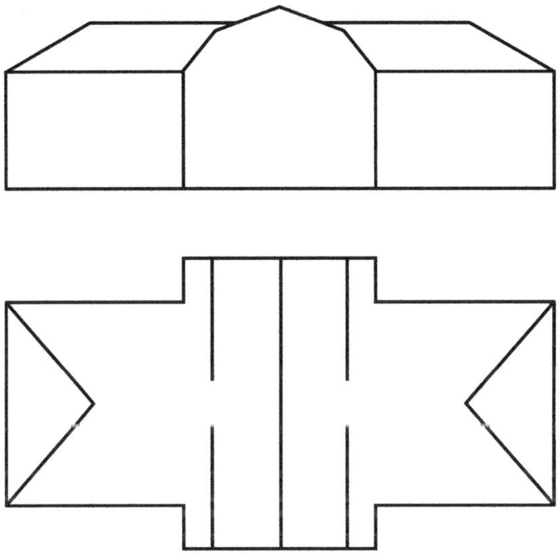

作业要求：求作屋面交线的 H 面投影，并画出房屋的 W 面投影。

10. 建筑形体的投影——求作两立体的相贯线（10－3）	班级		姓名		日期	

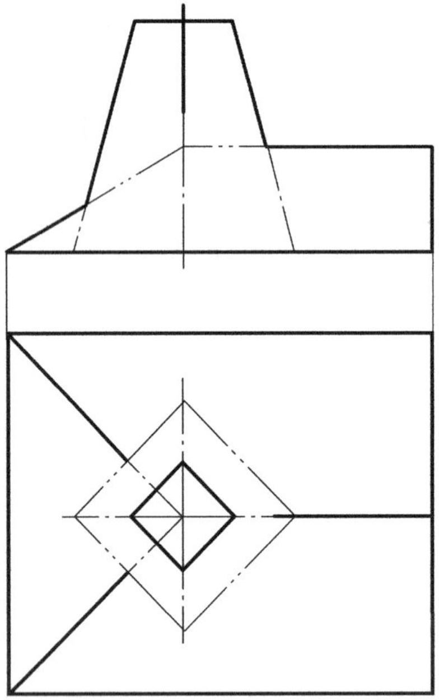

作业要求：图为房屋的屋顶及烟囱模型，求作屋面交线的 H 面投影，并画出房屋的 W 面投影。

10. 建筑形体的投影——求两立体的相贯线（10-4）	班级		姓名		日期	

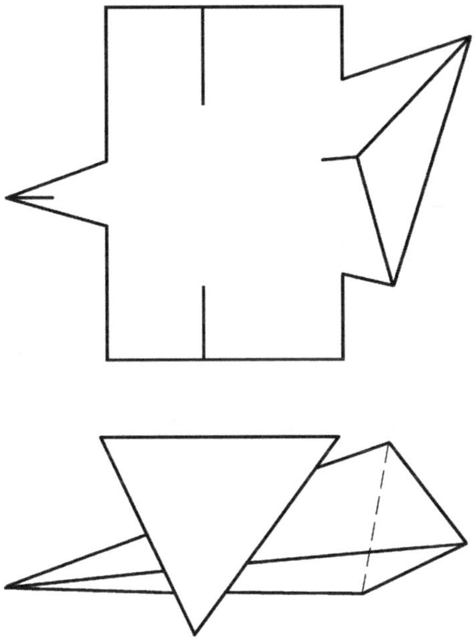

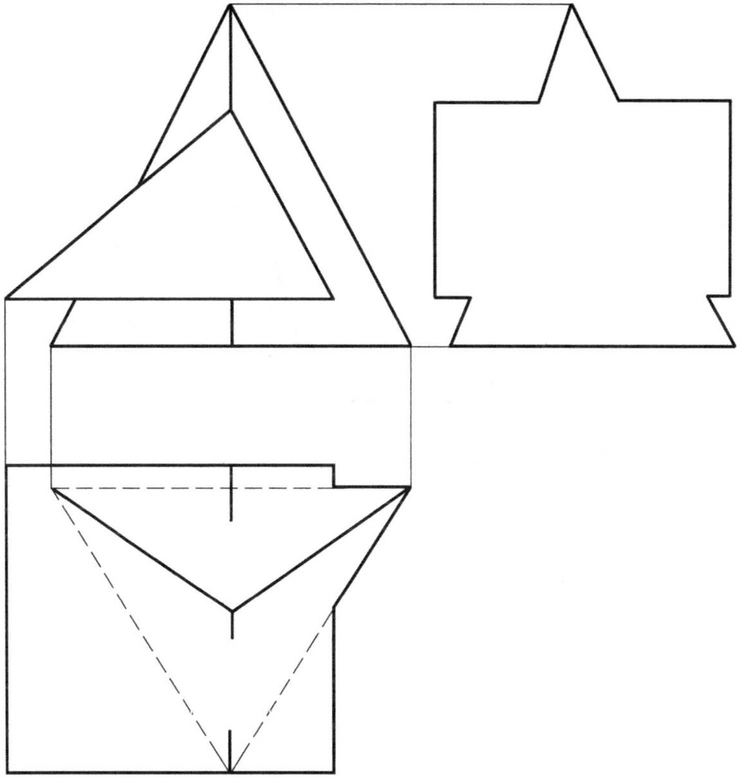

作业要求：读形体的两面投影图，想象形体的空间形状，求出两形体的交线，注意交线的可见性。

10. 建筑形体的投影——求作两立体的相贯线（10－5）	班级		姓名		日期	

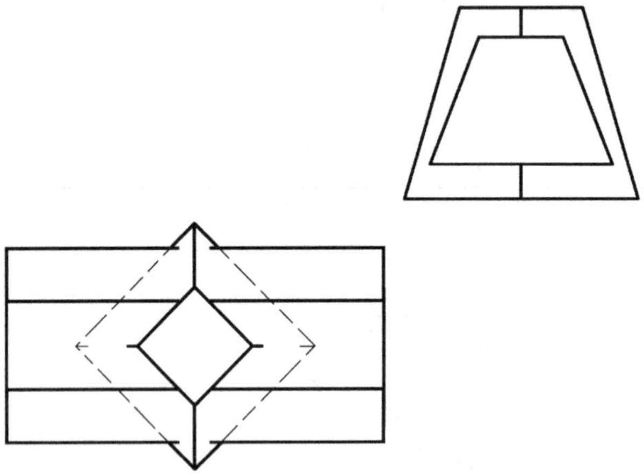

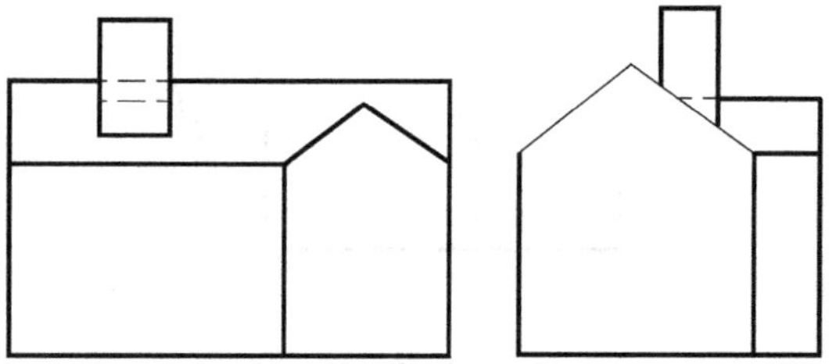

作业要求：根据形体的两面投影图，想象空间形状，画出形体的第三面投影，特别求作两立体的相贯线。

10. 建筑形体的投影——求作两立体的相贯线（10－6）	班级		姓名		日期	

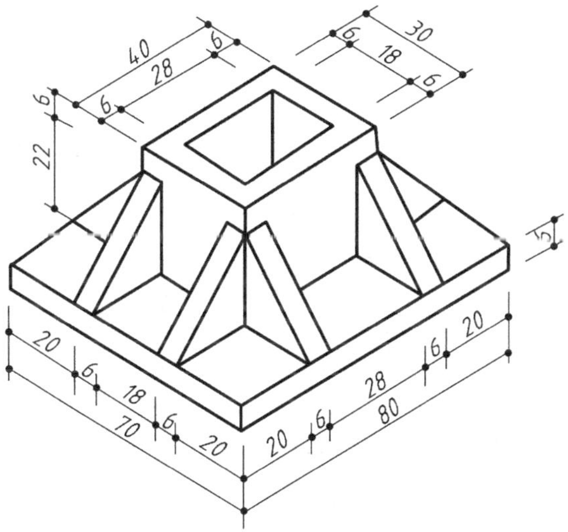

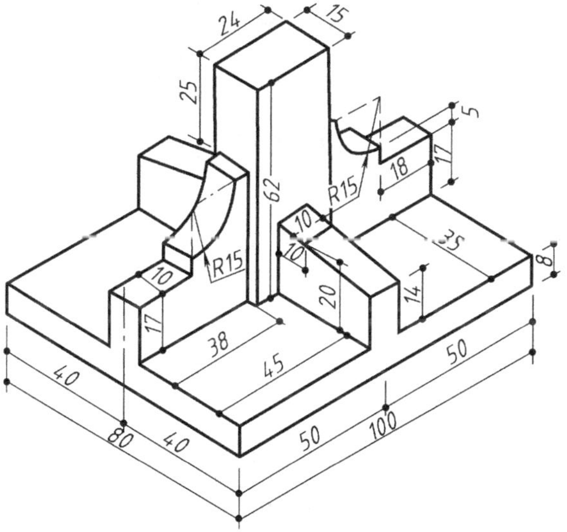

作业要求：1. 根据模型立体图，徒手作三面投影图。 2. 依据草图，用仪器绘图，并标注尺寸，比例自定。

10. 建筑形体的投影——求两相交形体的表面交线（10－7）	班级		姓名		日期	

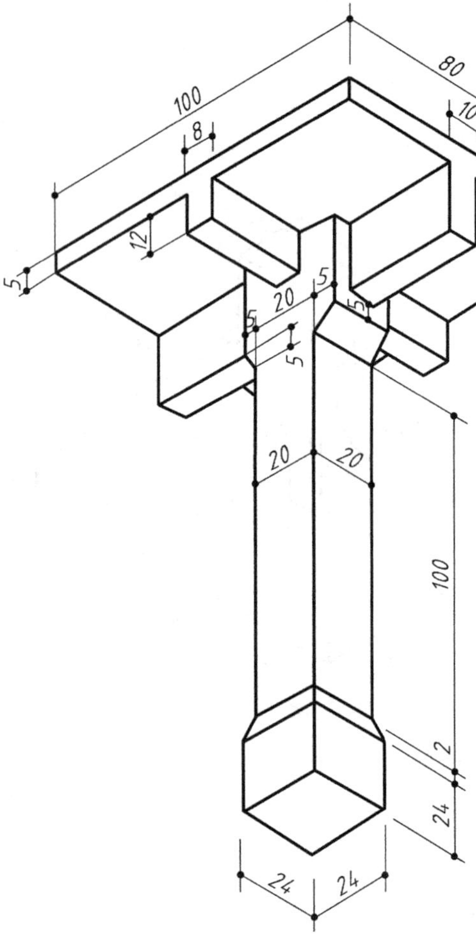

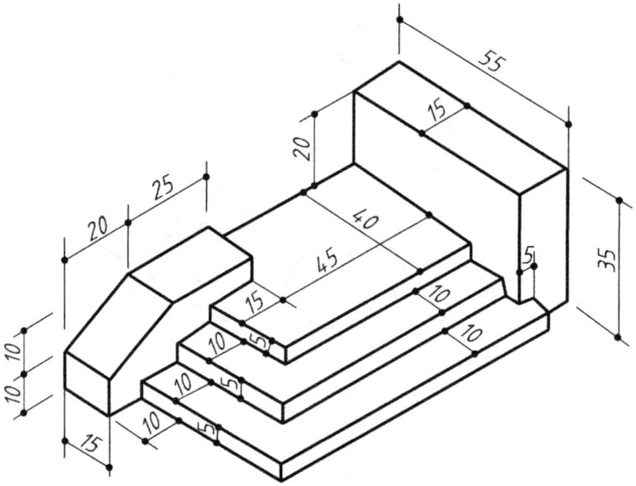

作业要求：1. 根据模型立体图，徒手作三面投影图。 2. 依据草图，用仪器绘图，并标注尺寸，比例自定。

11. 常用曲面的投影——平螺旋面的投影（11－1）	班级		姓名		日期	

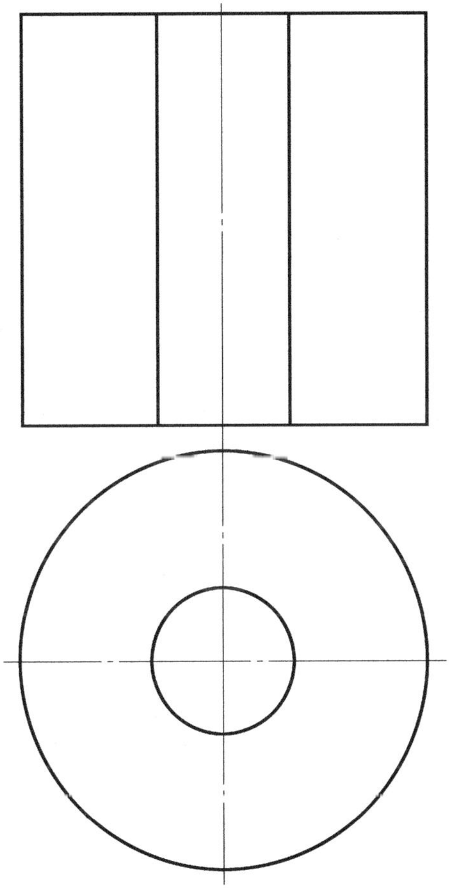

作业要求：完成平圆柱螺旋线的投影图，并以该螺旋线为导线，以 H 面为导平面，求作平螺旋面的投影图。

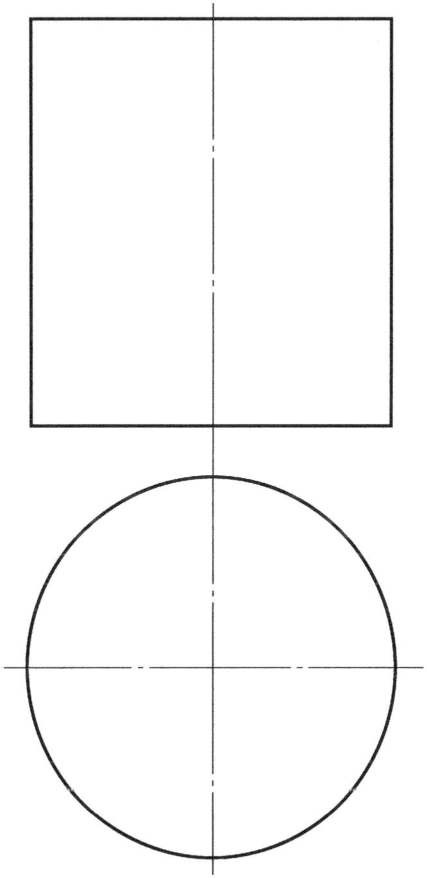

作业要求：以圆柱螺旋线及其轴为导线，以 H 面为导平面，求作平螺旋面的投影图。

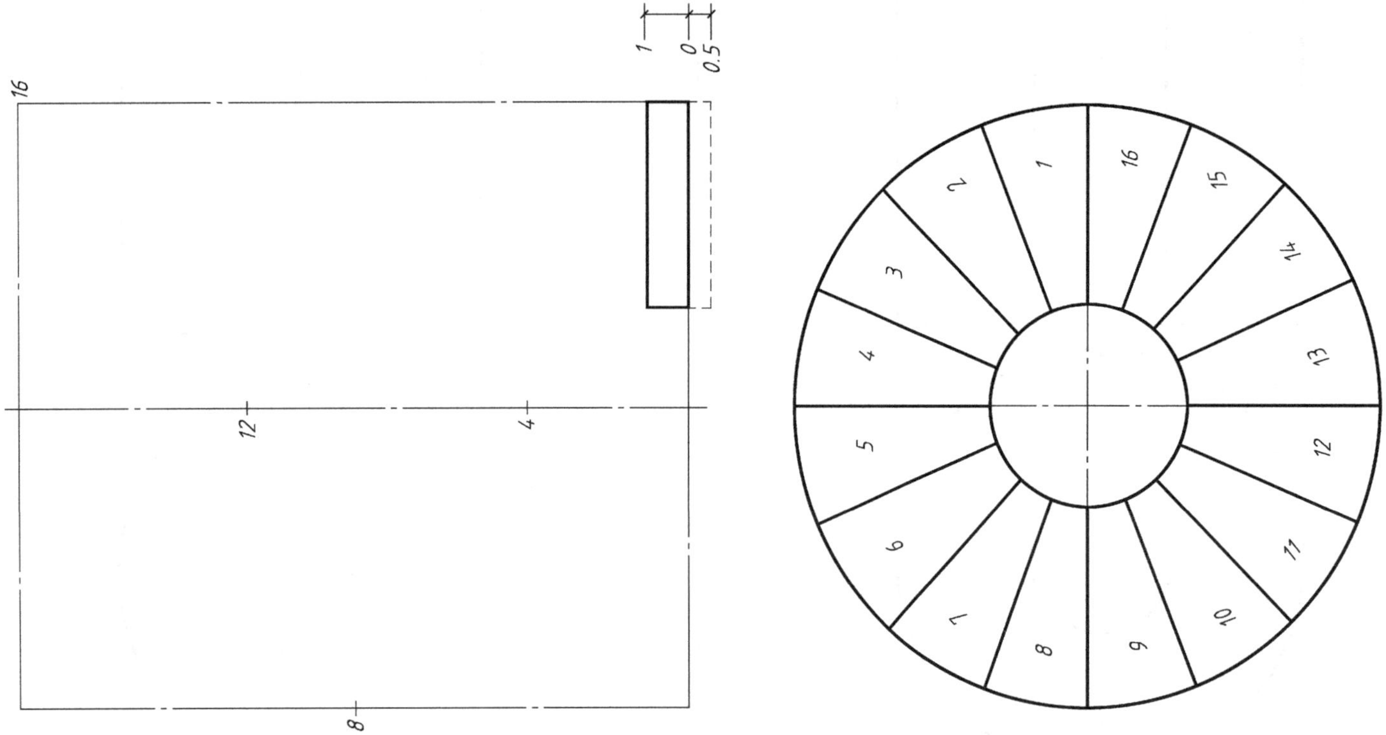

作业要求：分析两面投影，想象形体的空间形状，遵循“三等”关系作右向平螺旋楼梯的正面投影图。

11. 常用曲面的投影——双曲回转面、抛物面的投影(11－3)	班级		姓名		日期	

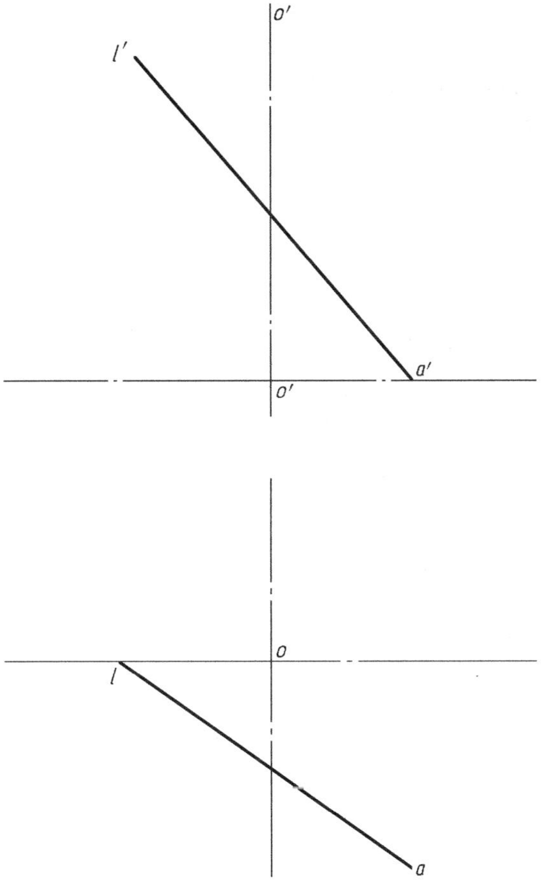

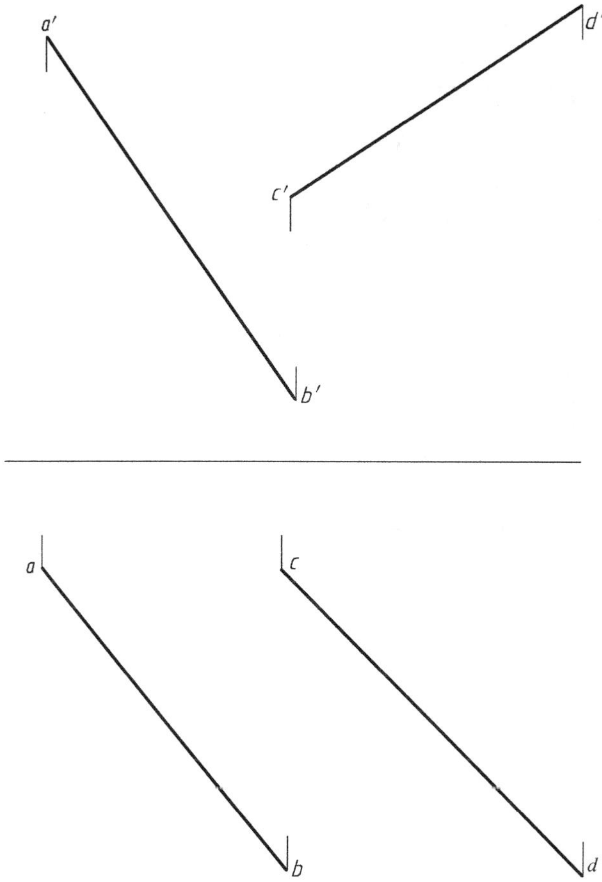

作业要求：已知单叶双曲回转面的轴线 O 及母线 AL，遵循“三等关系”作投影图。

作业要求：以直线 AB、CD 为导线，V 面为导面，遵循“三等关系”作双曲抛物面的投影图。

12. 展开图（12－1）	班级		姓名		日期	

吸尘罩

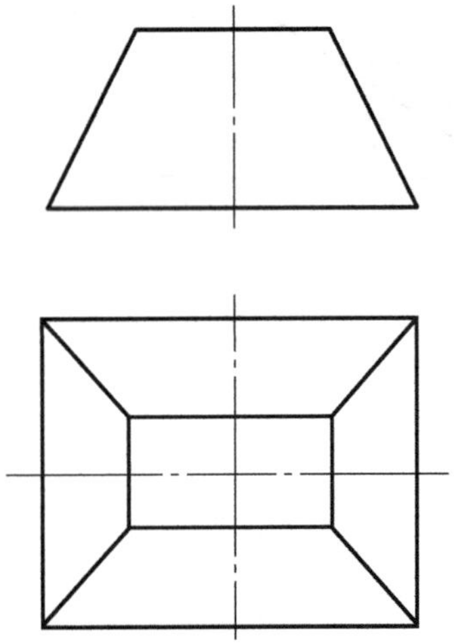

圆锥管

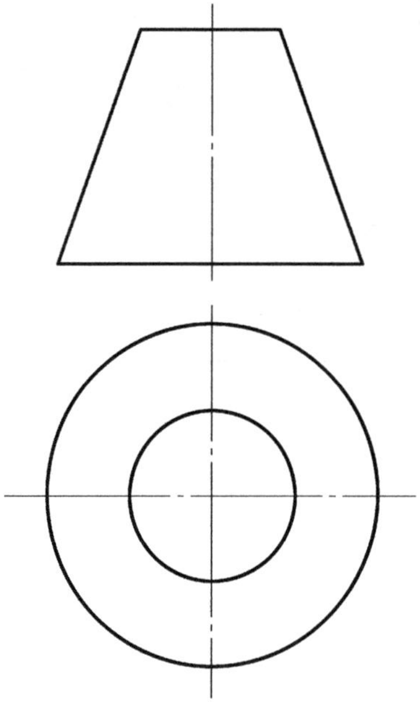

作业要求：画出吸尘罩及圆锥管的展开图，想象形体的立体图。展开后的曲线实长，用曲线板连接作图时一次不少于4个点，再次画，应重复2个点。

13. 标高投影（13－1）	班级		姓名		日期	

已知一道路中心的标高投影，求作直线 AB 的实长、倾角 α 及整数标高点，并计算其坡度和平距

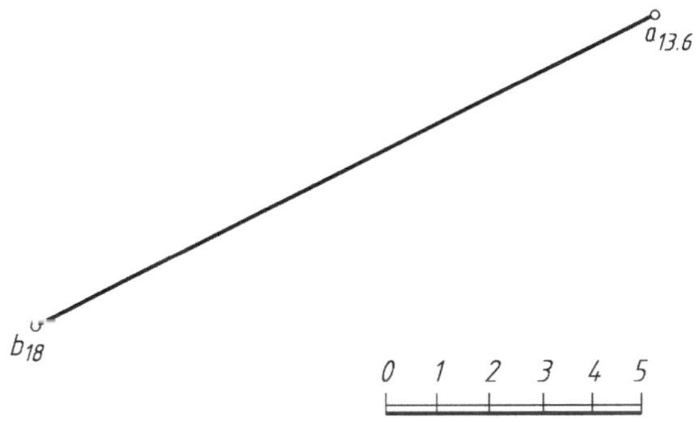

作图提示：

1. 根据高差即可求出直线的实长、倾角。
2. 求出直线的坡度。
3. 采用换面法，求整数点的标高。
4. 根据坡度与标高之间的关系，即可求出整数点的标高。

一建筑形体中有两坡面的标高投影（见下图），试求两坡面的交线

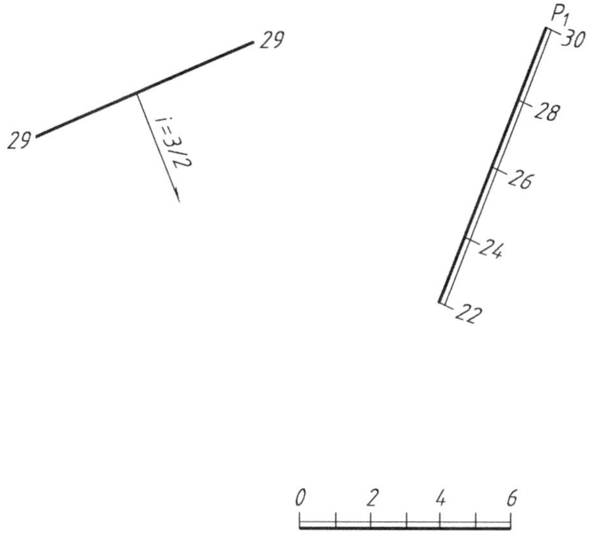

作图提示：

1. 采用辅助面的方法。
2. 辅助面与两平面的交线是两条相同高程的等高线。
3. 找出两条等高线的交点。

班级		姓名		日期	

沿管道 AB 的位置画地形断面图，并将直线 AB 的地上部分画为实线，地下部分画为虚线

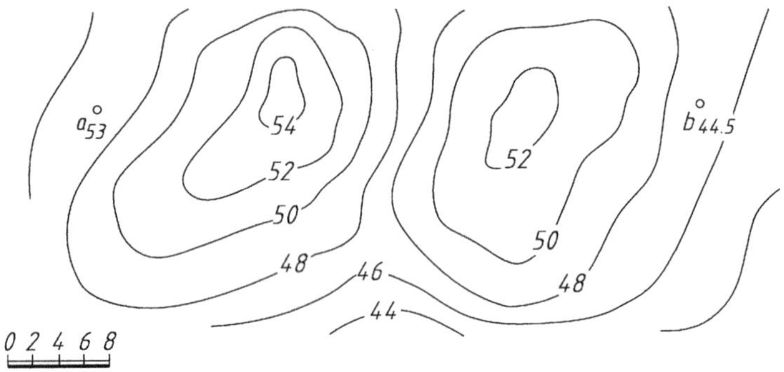

作图提示：

1. 作包含直线的铅垂剖切面。
2. 做出铅垂面与地形面的交线。
3. 求出直线与截交线的交点。
4. 交线在地面以下部分画成虚线。

已知一场地形状为三角形，其标高投影如下图所示，试作出场地平面△ABC 的等高线，并求该平面的倾角 α

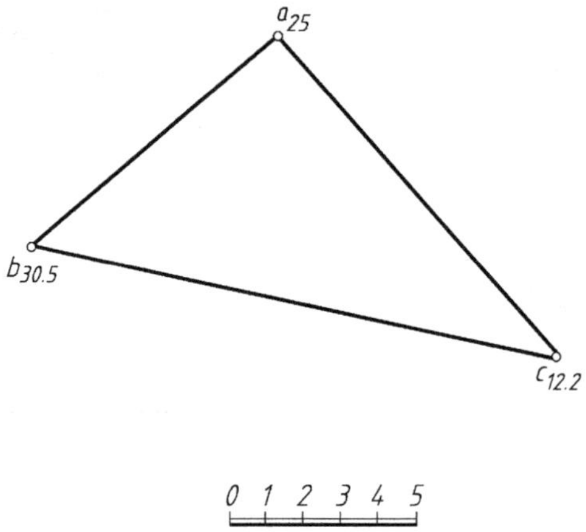

作图提示：

1. 平面内的坡度线表示该平面的坡度。
2. 平面坡度线垂直于平面内的等高线。
3. 定出平面内的等高线。

13. 标高投影（13－3）	班级		姓名		日期	

在标高为±0.000 的地面上开挖一基坑，坑底标高为－2m，各边坡度均为 1/2，画出开挖线及坡面交线

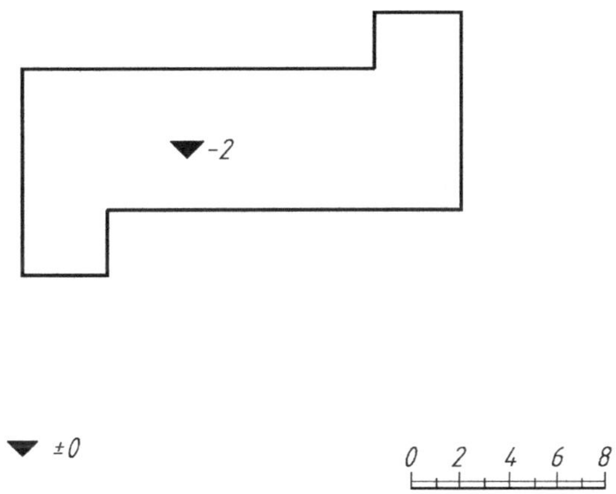

作图提示：

1. 作相交两堤的标高投影所需的线。
2. 作坡脚线。
3. 作主堤面与主堤坡面的交线。
4. 作主堤坡面与支堤坡面的交线。

两堤顶的标高及各边坡度如下图所示，求作坡脚线及各边坡的交线（地面标高为±0.000）

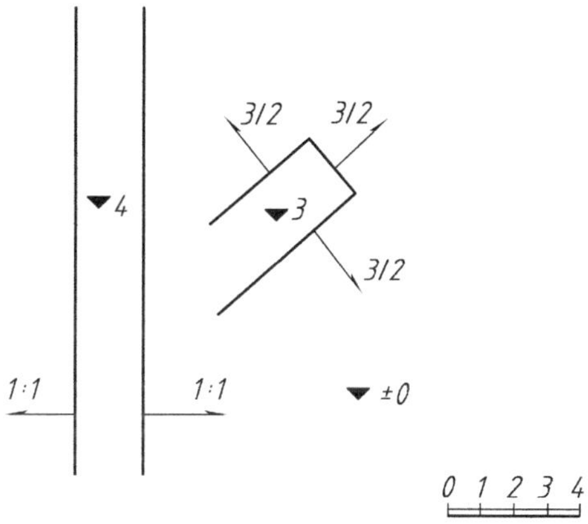

13. 标高投影（13－4）	班级		姓名		日期	

A 至 *B* 为一管道，用虚线和实线分别表明管道埋入地面和露出地面外各段的标高投影

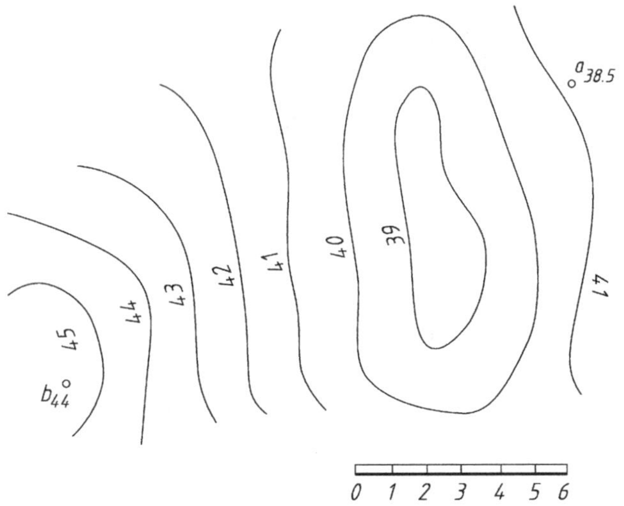

某管线穿过一小山丘，试求出管道与该山丘的交线

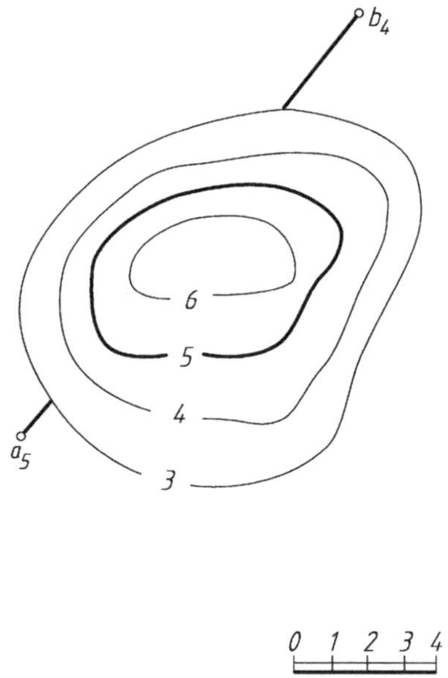

作图提示：

1. 作包含直线的铅垂剖切面。
2. 做出铅垂面与地形面的交线。
3. 求出直线与截交线的交点。
4. 交线在地面以下部分画成虚线。

13. 标高投影（13－5）	班级		姓名		日期	

求矩形广场的坡面和坡面的交线，以及坡面和地形面的交线

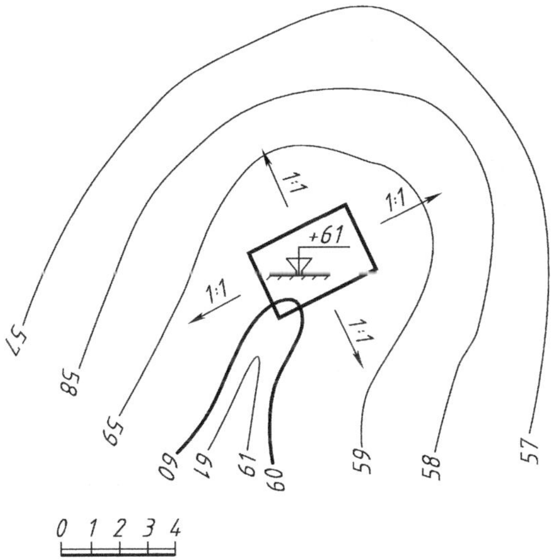

作图提示：

1. 根据坡度做出广场四周的等高线。
2. 找出坡面与地形面的交线，可得坡脚线。
3. 各坡面相同高程等高线的交点，即为坡面交线上的点。
4. 连接各交点，得坡面与坡面的交线。

在堤坝与河岸的相交处筑有护坡，作出坡面交线和坡脚线

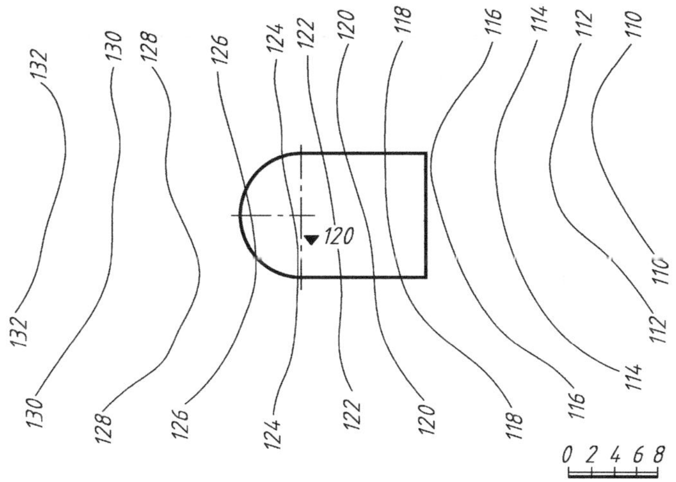

13. 标高投影（13－6）	班级		姓名		日期	

在堤坝与河岸的相交处筑有圆锥面护坡，作出坡面交线和坡脚线

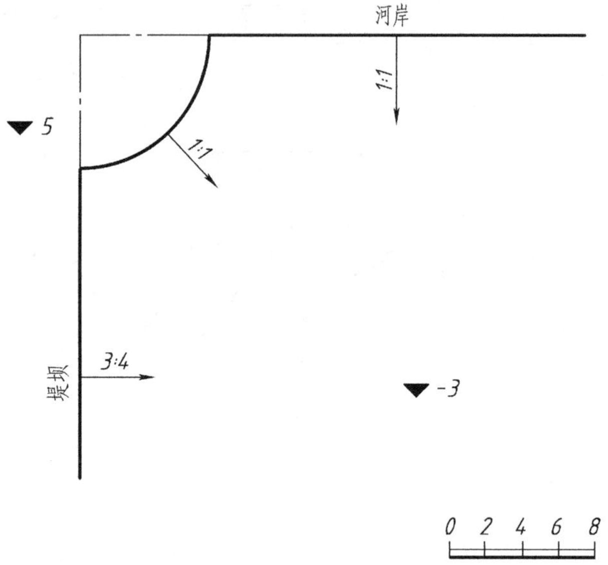

在堤坝与河岸的相交处筑有平面护坡，作出坡面交线和坡脚线

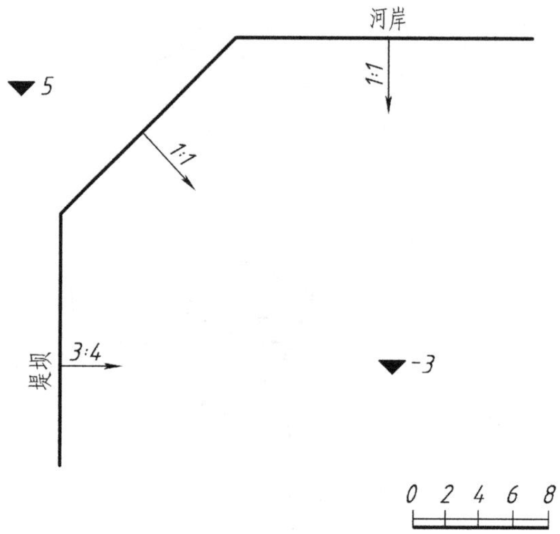

作图提示：

1. 根据题意想象护坡的立体图。
2. 找出各坡面的水平投影。
3. 作坡脚线。
4. 作坡面交线。

13. 标高投影（13－7）　　（见书后插页）

14. 剖面图（14－1）	班级		姓名		日期	

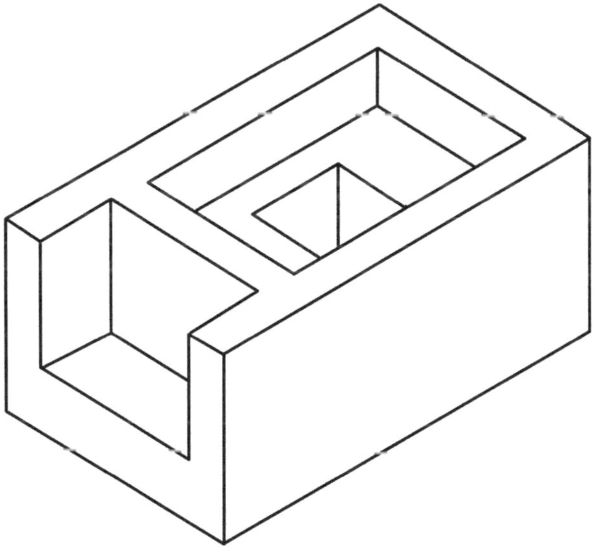

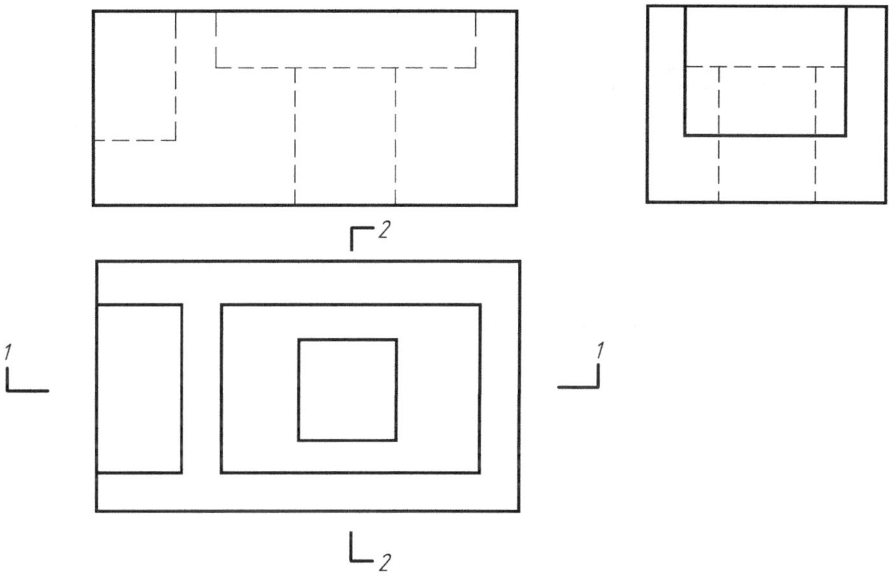

作业要求：画出形体的1—1，2—2剖面图，注意线型、材料图例、图名、剖切位置。材料图例为混凝土。

14. 剖面图（14－2）	班级		姓名		日期	

画出1—1剖面图（材料为木材）

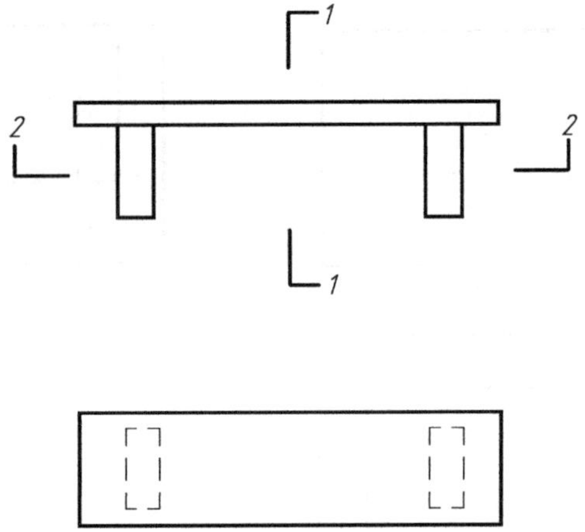

画出1—1、2—2剖面图（材料为钢筋混凝土）

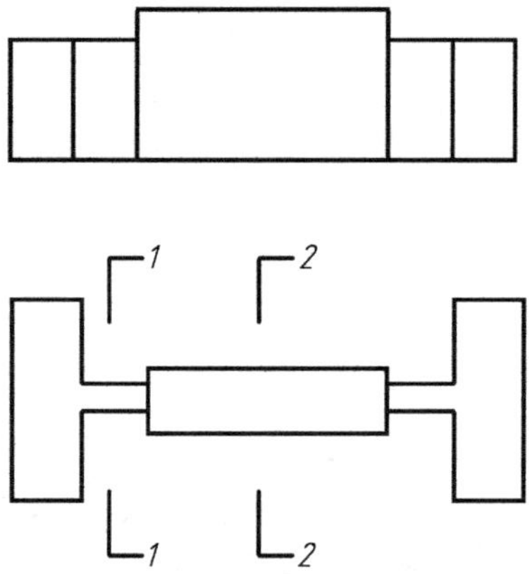

作业要求：根据形体的两面投影图，想象立体图，画出剖面图。注意线型、材料图例、图名、剖切位置。

14. 剖面图（14－3）	班级		姓名		日期	

将正投影图改画成全剖面图（材料为混凝土）

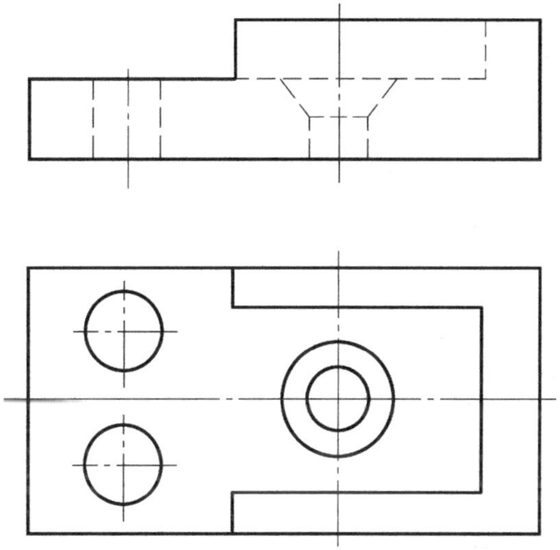

将正投影图改画成半剖面图（材料为混凝土）

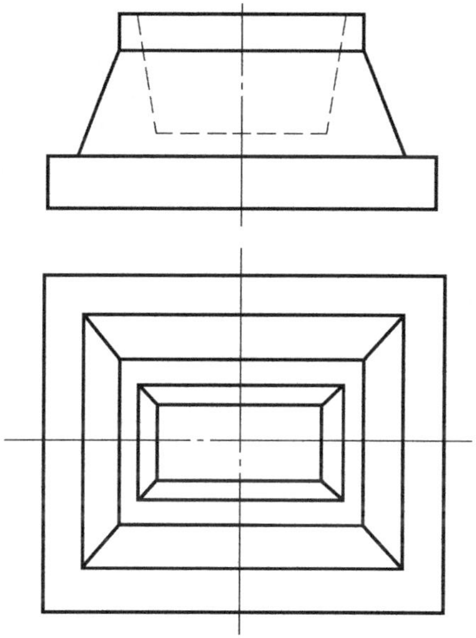

作业要求：根据形体的两面投影图，想象立体图，画出形体的全剖面图或半剖面图。注意剖切位置、线型、材料图例。

14. 剖面图（14－4）	班级		姓名		日期	

画 1—1 全剖面图

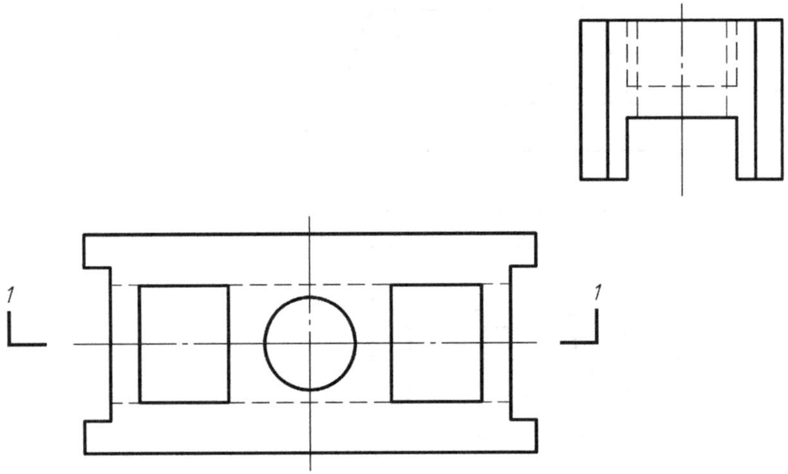

分别在 *V*、*W* 面画出形体的半剖面图

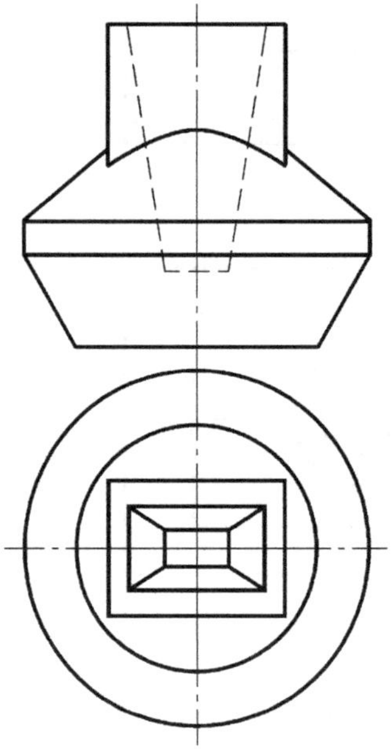

作业要求：画出第三面投影，在指定投影面作合适的剖面，并添画剖视符号，材料为混凝土。

14. 剖面图（14－5）	班级		姓名		日期	

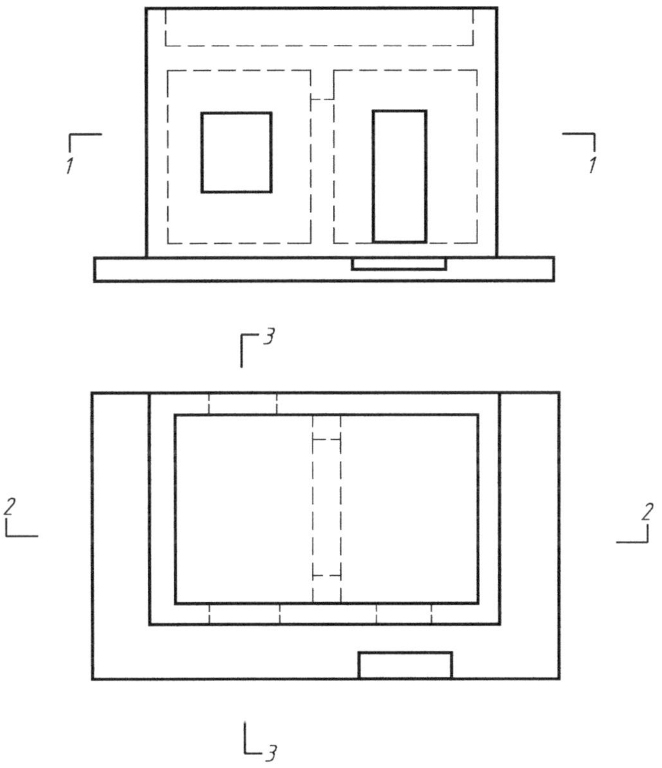

作业要求：根据房屋的两面投影图，想象内部空间分隔，画出1—1、2—2、3—3的剖面图。注意剖切位置、线型、材料图例、室内外高差变化、门窗洞等。材料：房屋地面为混凝土；墙面为黏土砖；屋面为钢筋混凝土。

14. 剖面图（14－6）	班级		姓名		日期	

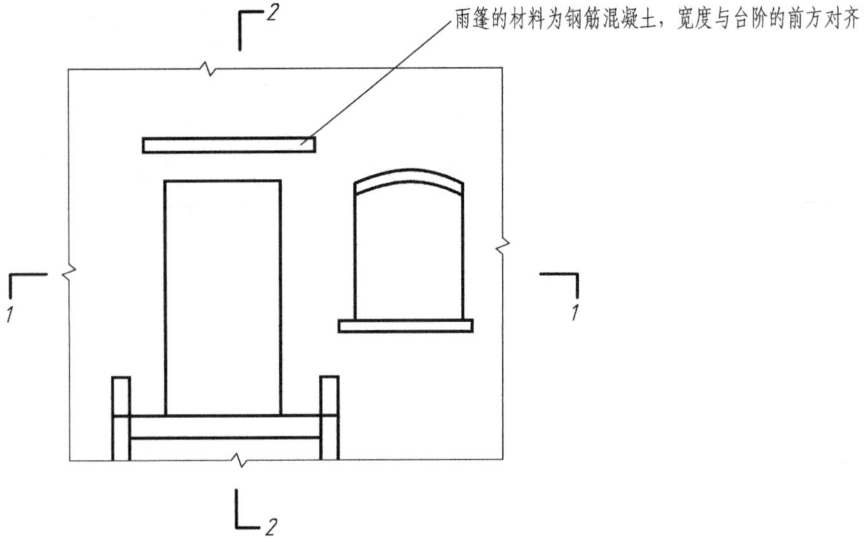

立面图

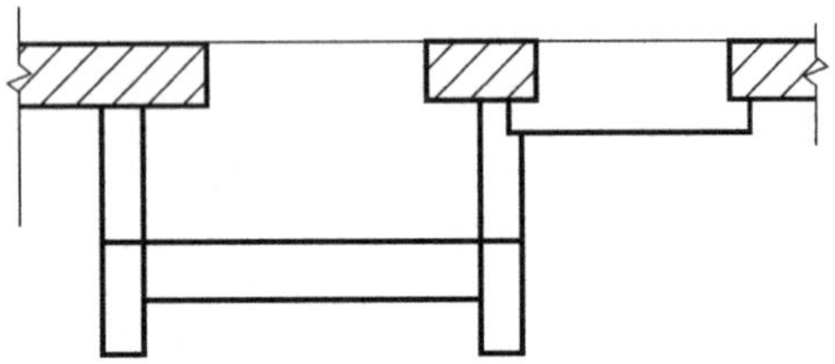

1—1剖面图

作业要求：根据门厅的两面投影图，想象立体效果，画出2—2的剖面图。注意剖切位置、线型、材料图例、室内外高差变化、门窗洞等。

14. 剖面图（14－7）	班级		姓名		日期	

说明：1. 屋面板厚 100mm。

2. 屋面板伸出外墙 300mm。

3. 墙厚均为 240mm。

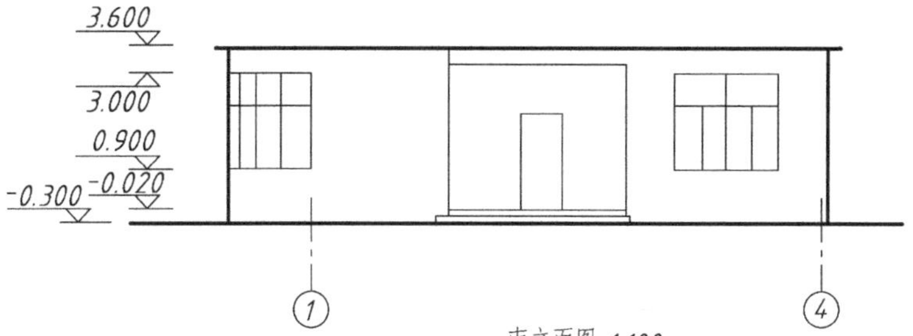

南立面图 1:100

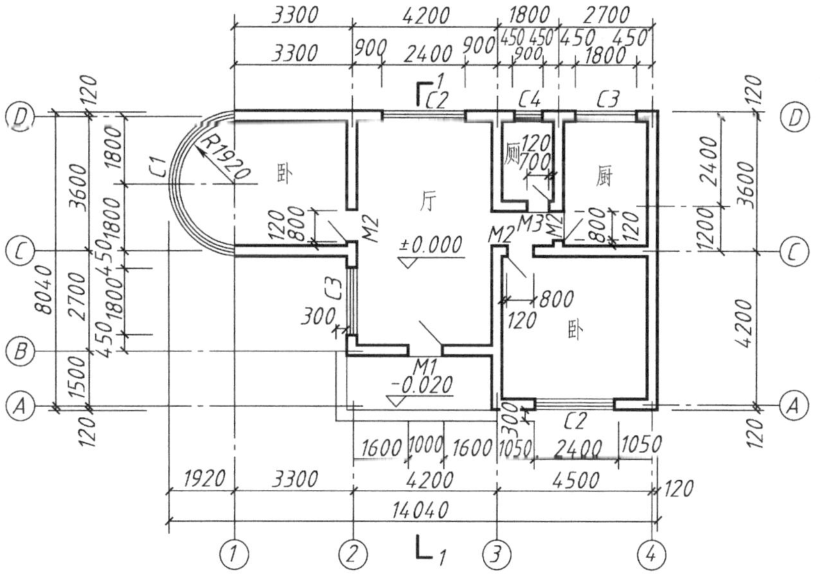

平面图 1:100

作业要求：根据单层住宅的两面投影图及剖切位置，画出 1—1 剖面图。

14. 剖面图（14－8）	班级		姓名		日期	

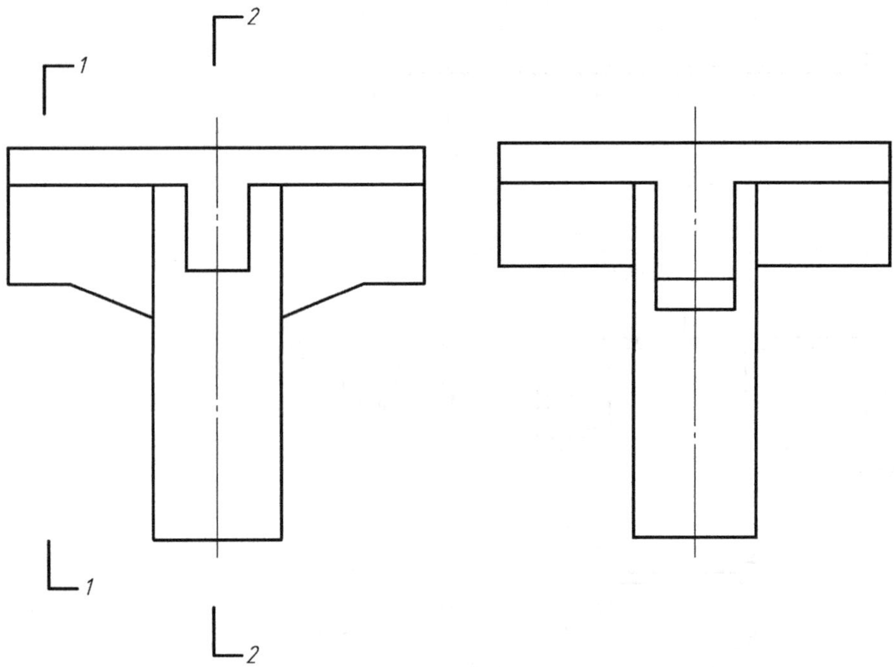

作业要求：根据梁柱节点的两面投影图，想象立体图，画出相应的剖面图。构件的材料为钢筋混凝土。注意剖切位置、线型、材料图例等。

15. 断面图（15－1）	班级		姓名		日期	

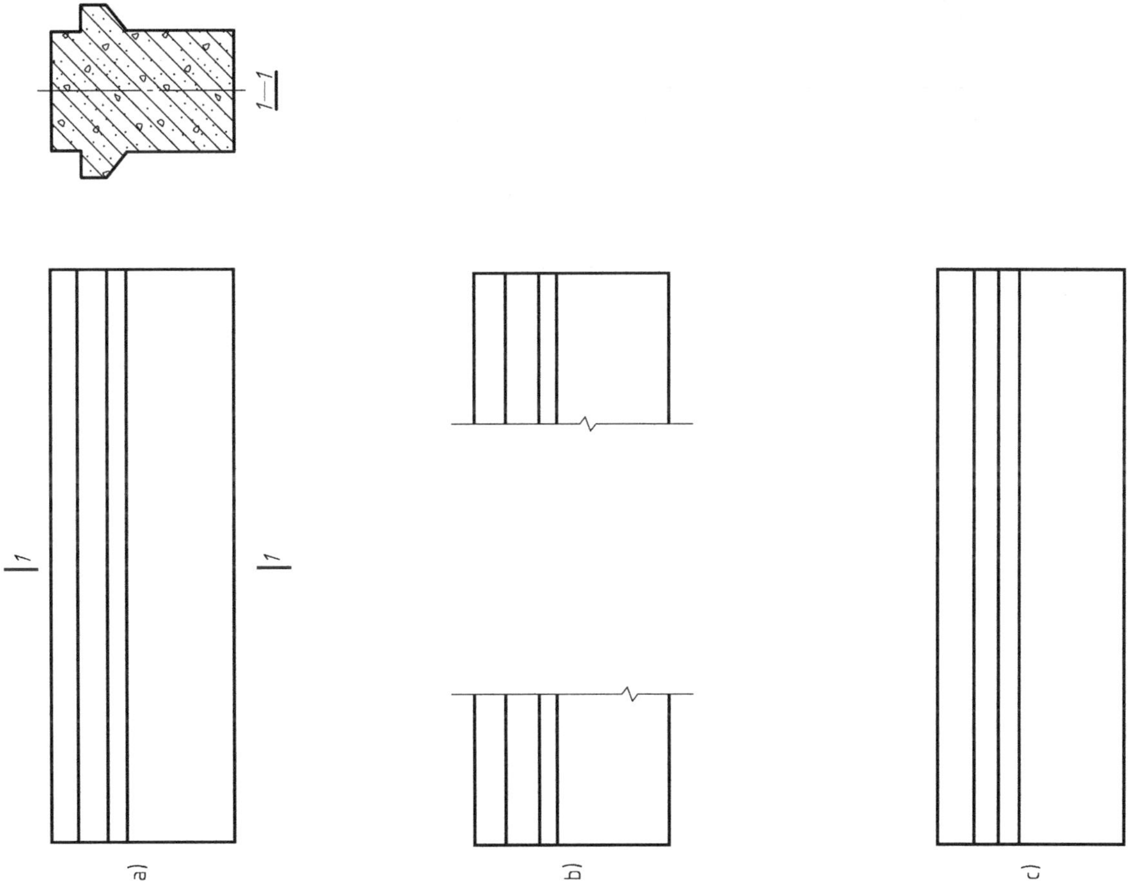

作业要求：根据a图中的移出断面图，分别在b图中画出断面图，在c图中画出重合断面图。注意图形的位置、线性、材料图例。

15. 断面图（15－2）	班级		姓名		日期	

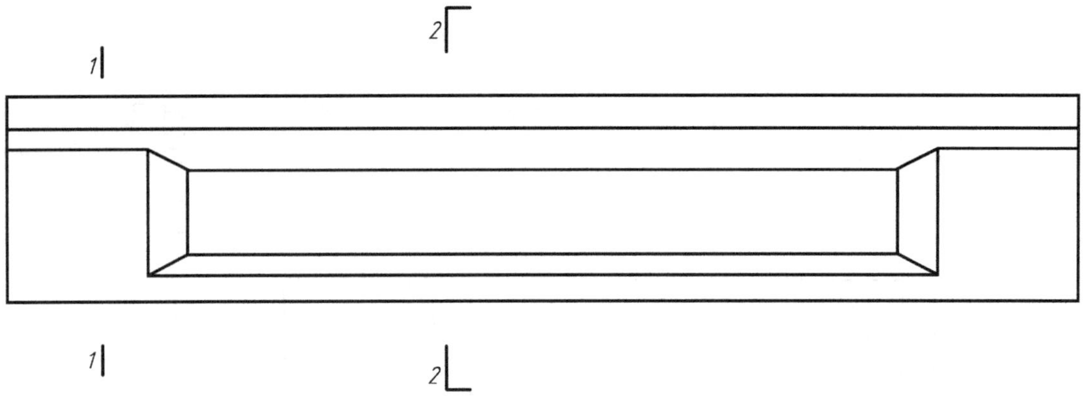

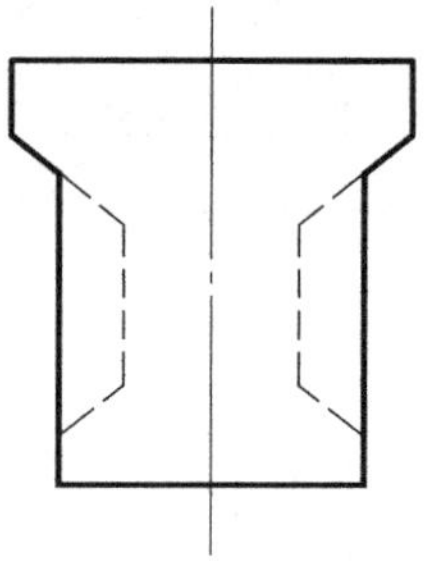

作业要求：根据变截面梁的投影图，想象立体图，画出钢筋混凝土梁的 1—1 断面图和 2—2 剖面图。注意剖切位置、线型、材料图例。

15. 断面图（15－3）	班级		姓名		日期	

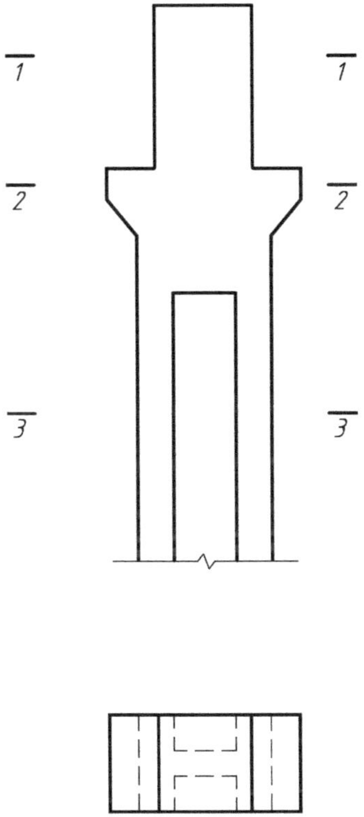

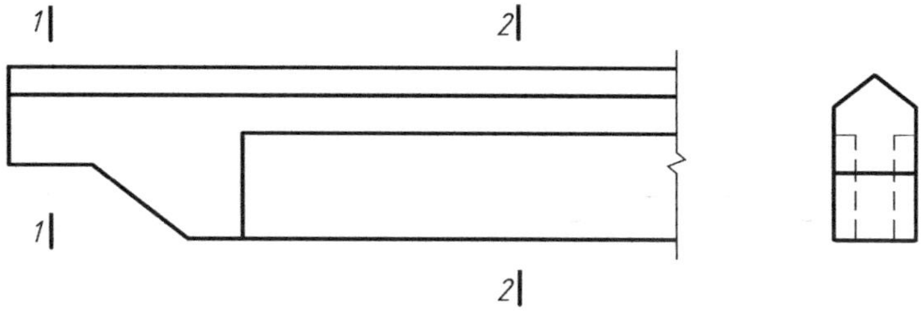

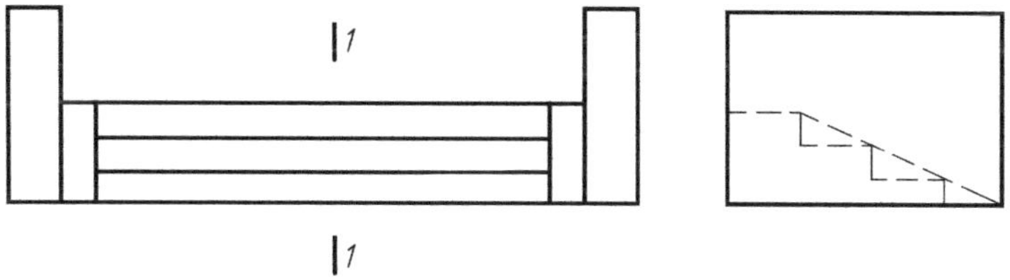

作业要求：根据钢筋混凝土构件的两面投影图，想象立体图，画出图中相应的断面图。注意剖切位置、线型、材料图例。

15. 断面图（15－4）	班级		姓名		日期	

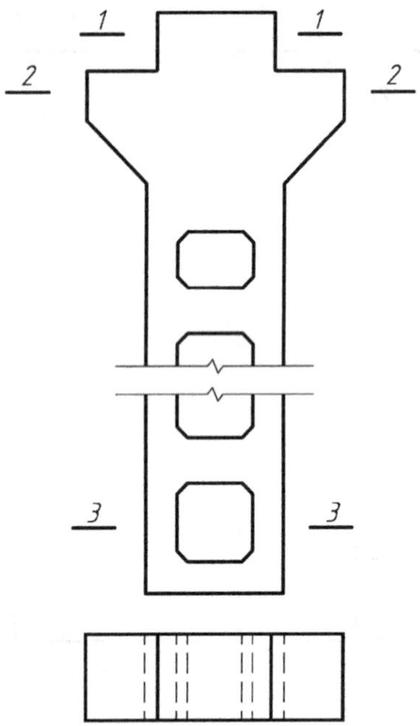

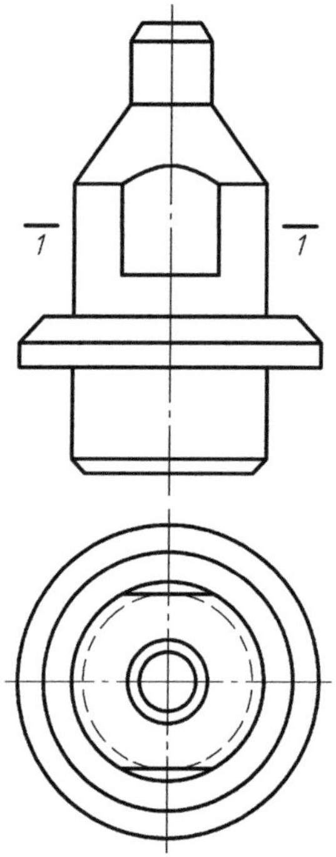

作业要求：根据变截面柱和形体的两面投影，画出形体的指定断面图。

15. 断面图（15－5）	班级		姓名		日期	

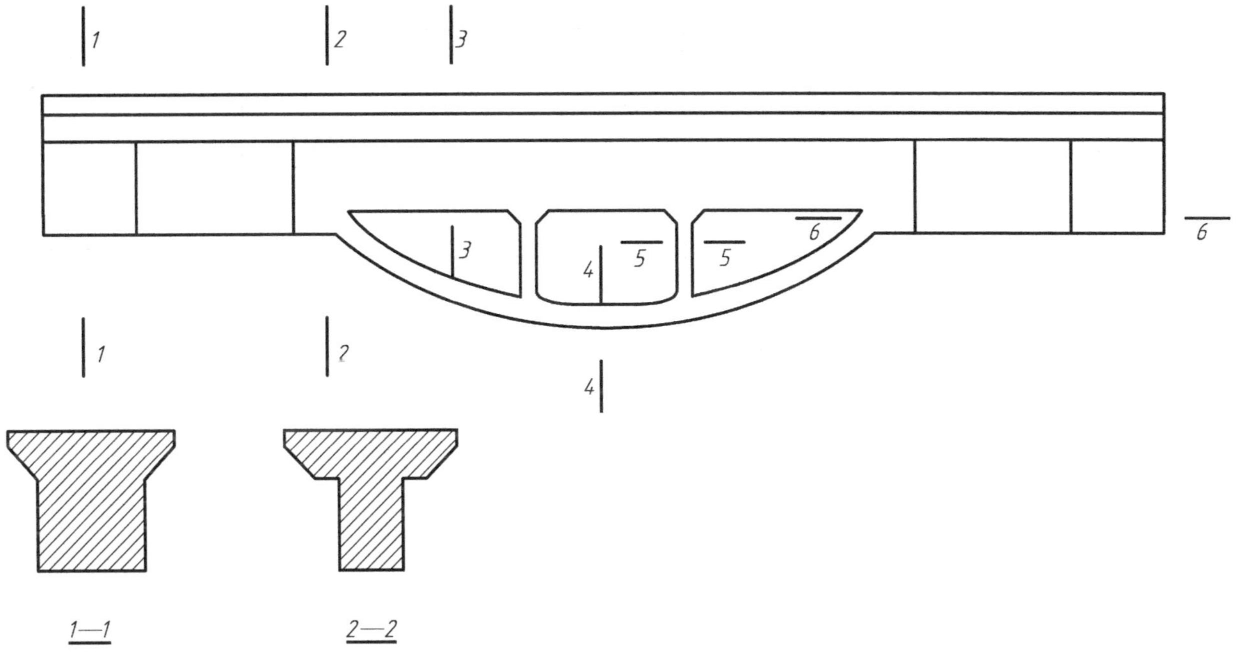

作业要求：根据空腹鱼腹式吊车梁的正立面图和1—1、2—2断面图，画出3—3、4—4、5—5、6—6的断面图。

16. 轴测投影——草绘建筑形体的轴测图（16－1）	班级		姓名		日期	

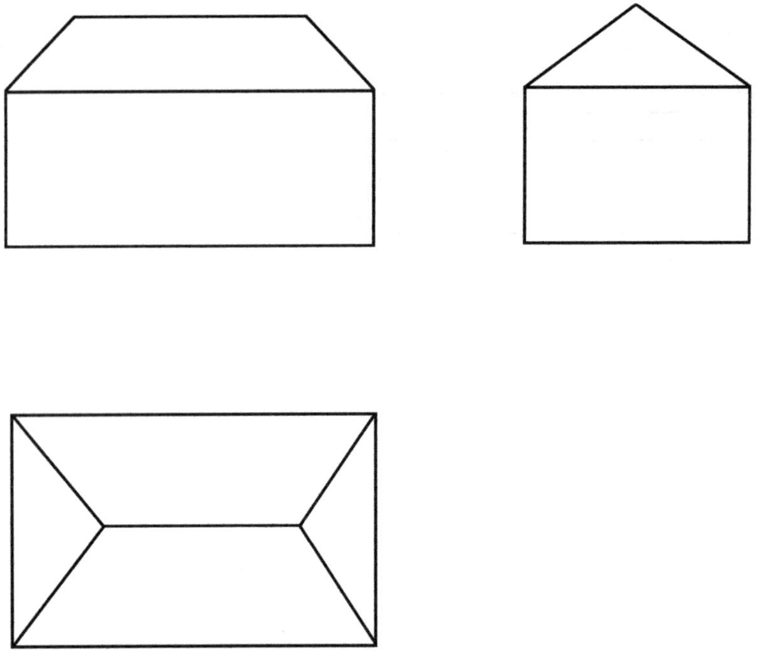

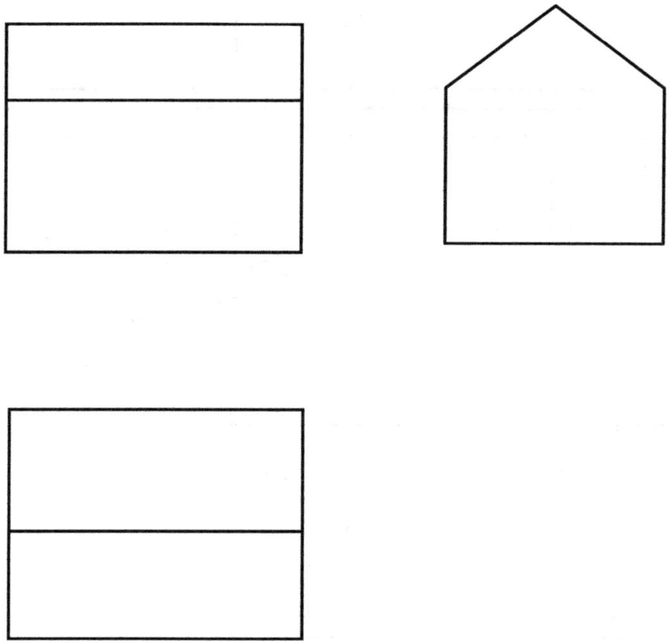

作业要求：根据房屋的三面投影图，想象立体图，画出轴测图。注意轴间角、简化轴向的伸缩系数。

16. 轴测投影——草绘建筑形体的轴测图（16－2）	班级		姓名		日期	

柱梁节点

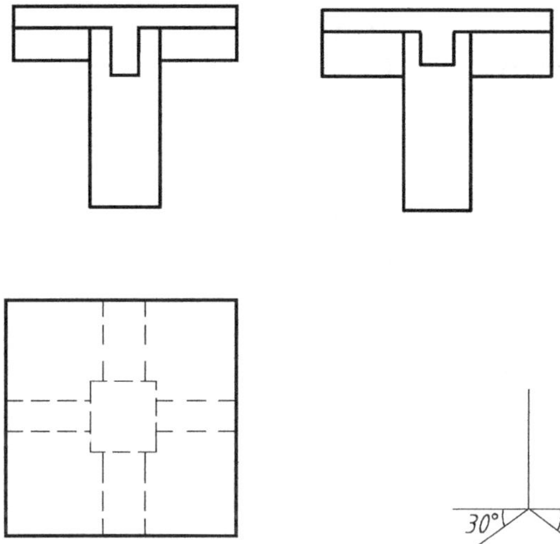

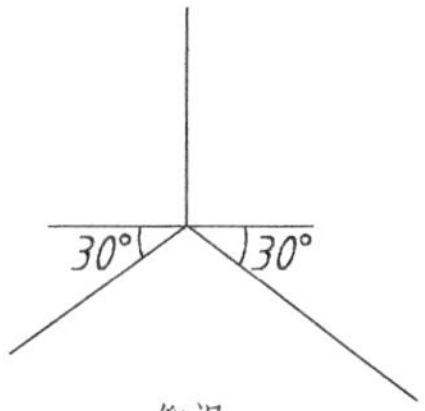

仰视

盥洗池

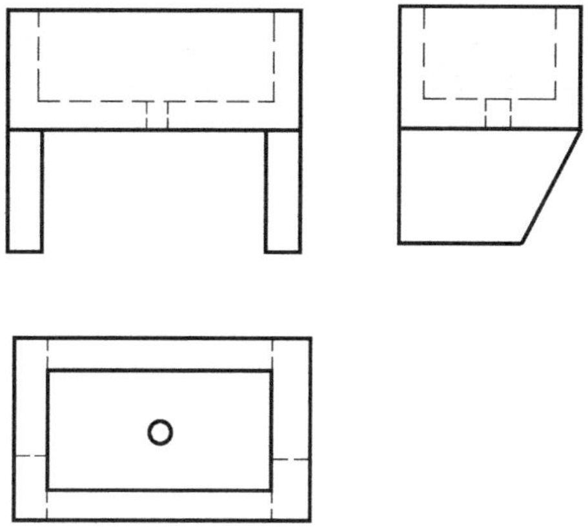

作业要求：根据形体的三面投影图，想象形体的立体图，画出形体的轴测图。注意作图步骤。

16. 轴测投影——草绘建筑形体的轴测图（16－3）	班级		姓名		日期	

四坡屋

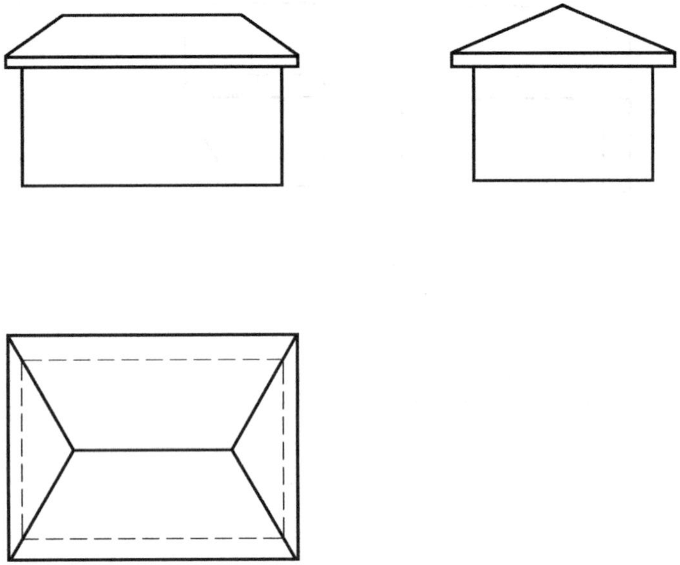

水泥预制块

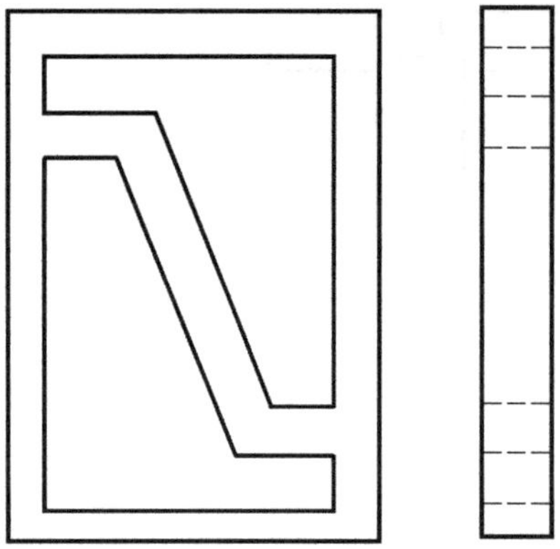

作业要求：根据形体的三面或二面投影图，想象立体图。注意选择适当轴间角和轴向伸缩系数，画出四坡房屋形体的轴测图和水泥预制块的正面斜等测图。

16. 轴测投影——草绘建筑形体的轴测图（16-4）	班级		姓名		日期	

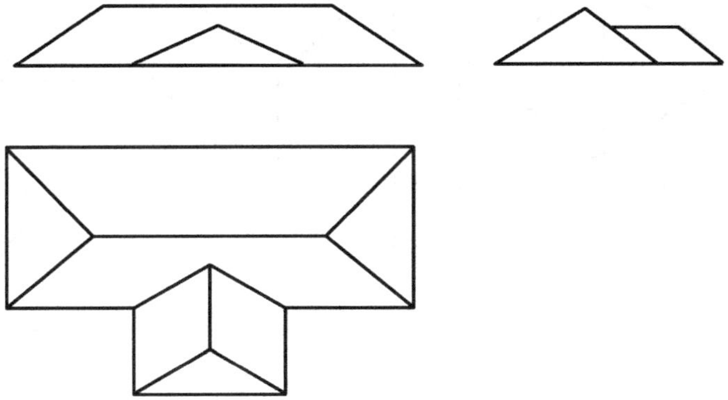

投影图

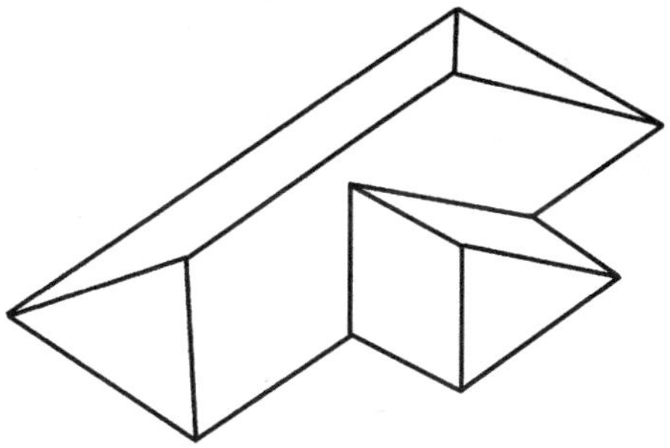

立体图

作业要求：根据形体的三面投影图和坡屋面的立体图，自行添加适当高度，选择轴间角和轴向伸缩系数，画两种不同效果的轴测图。

16. 轴测投影——草绘建筑形体的轴测图（16－5）	班级		姓名		日期	

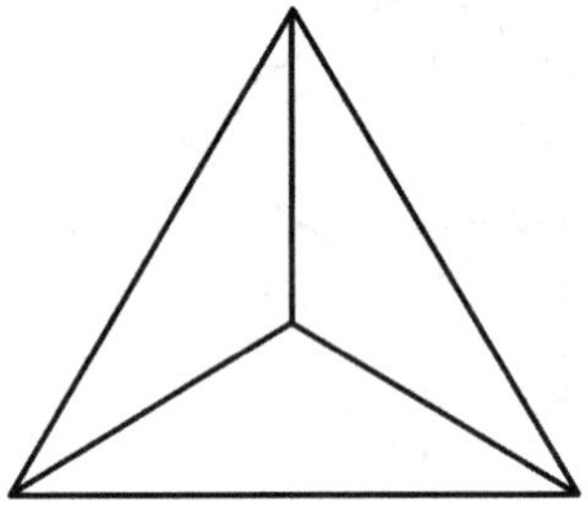

三角形亭屋顶

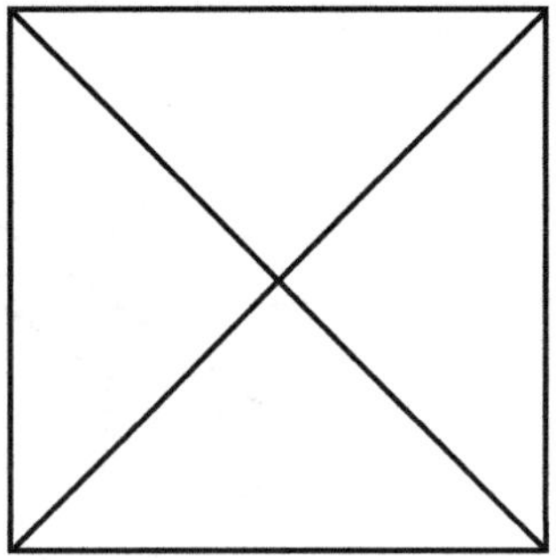

四方亭屋顶

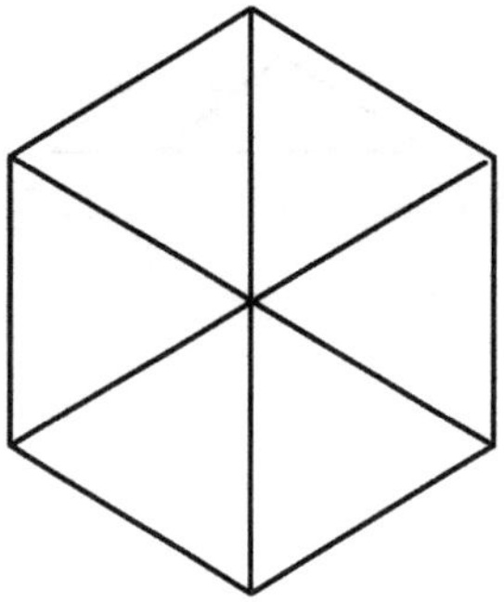

六角亭屋顶

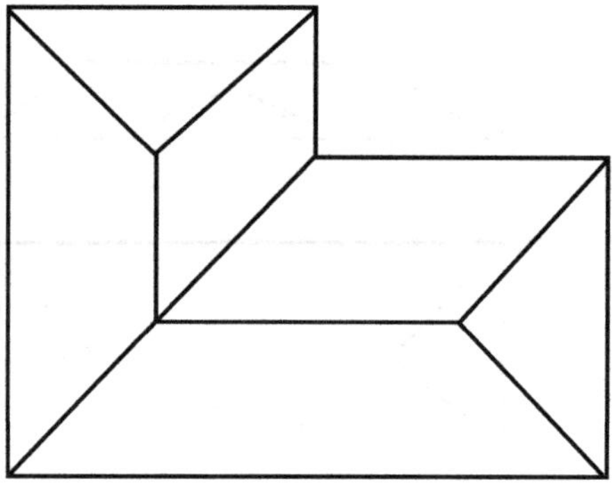

转角屋顶

作业要求：按照图中同坡屋面的水平投影图，自行添加高度，画出适当的轴测图。

16. 轴测投影——草绘建筑形体的轴测图（16－6）	班级		姓名		日期	

台阶

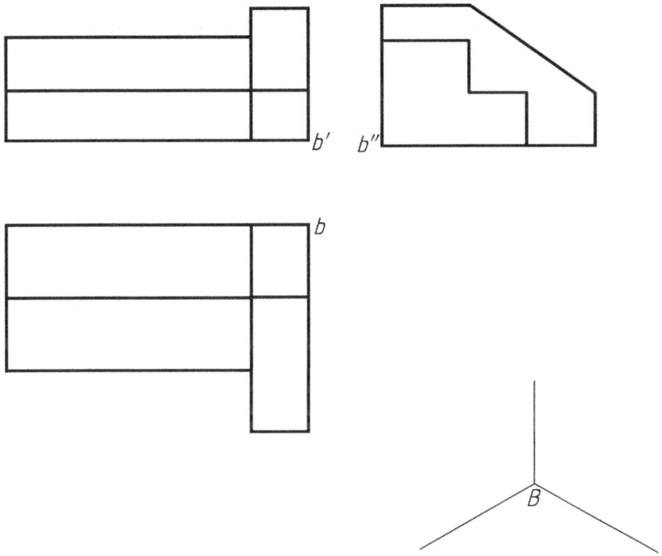

房屋

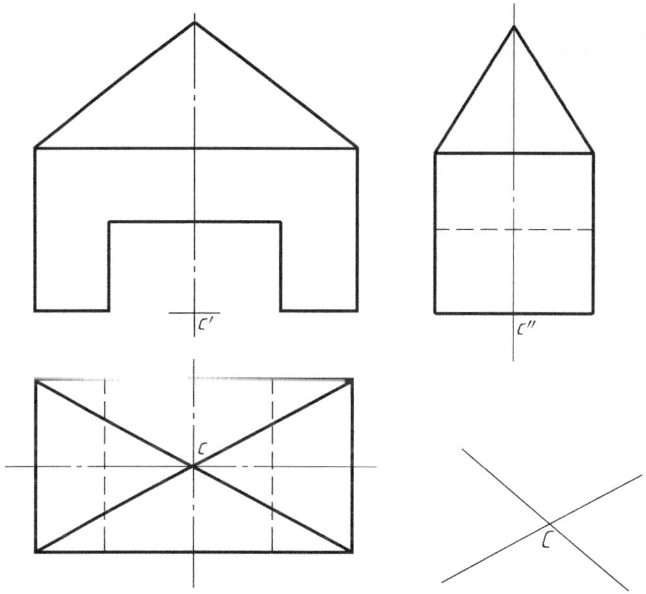

作业要求：根据形体的三面投影图，想象立体图，画出形体的正等测图。注意轴间角和轴向伸缩系数。

16. 轴测投影——草绘建筑形体的轴测图（16－7）	班级		姓名		日期	

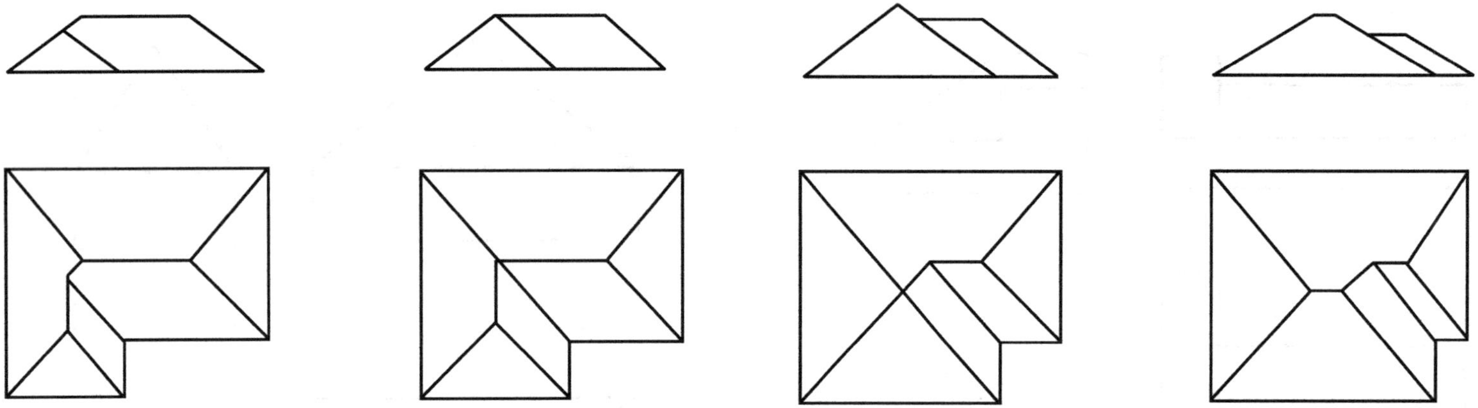

作业要求：根据同坡屋面的两面投影添加适当高度，画出水平斜等测图。注意轴间角和轴向伸缩系数。

16. 轴测投影——草绘建筑形体的轴测图（16－8）	班级		姓名		日期	

房屋

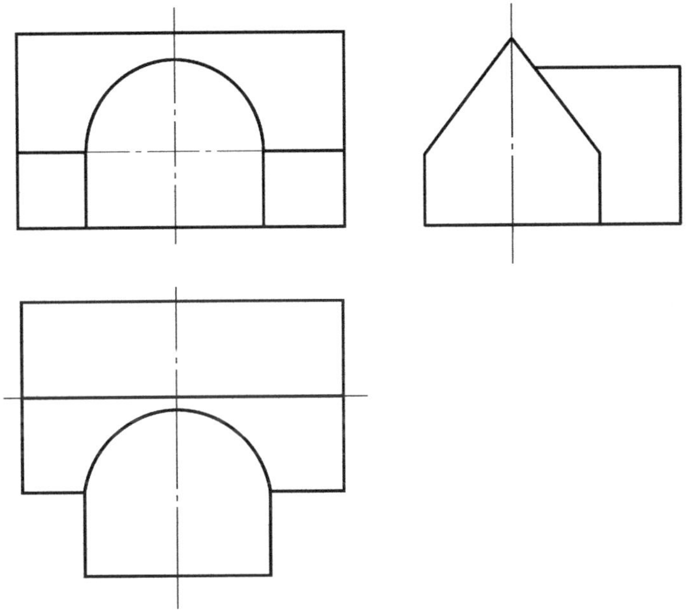

等径圆柱

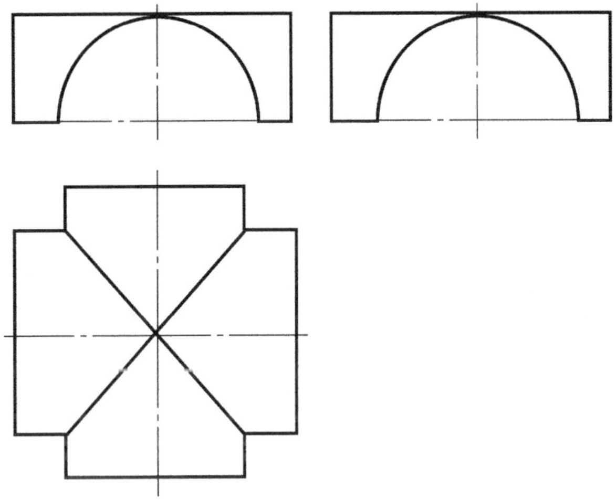

作业要求：根据形体的三面投影图，想象立体图，画出房屋的正面斜二测图和等径圆柱的正等测图。注意轴间角和轴向伸缩系数。

16. 轴测投影——草绘建筑形体的轴测图（16－9）	班级		姓名		日期	

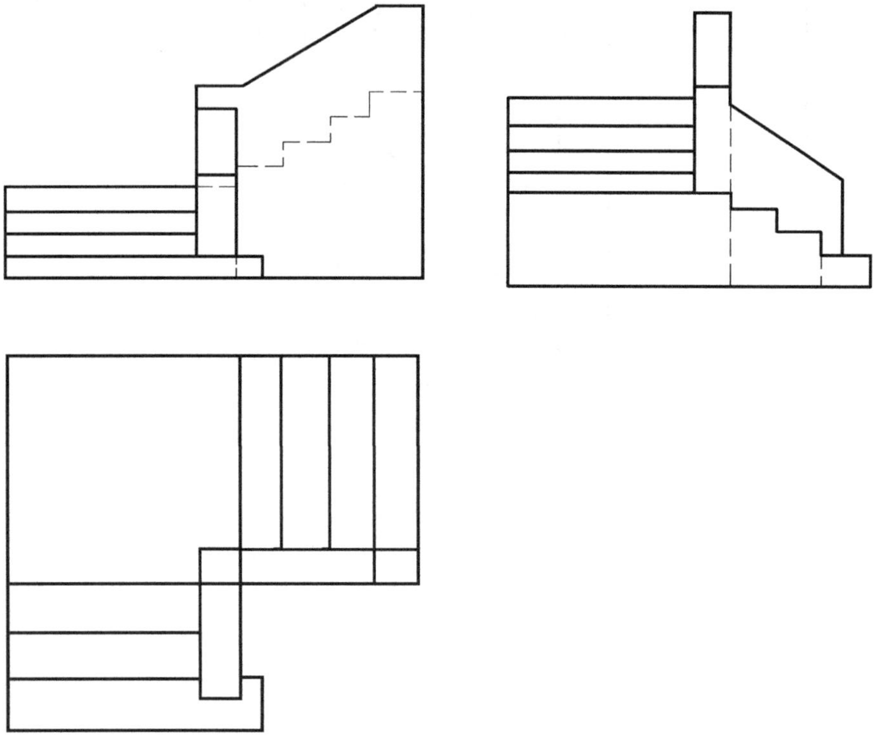

作业要求：根据局部楼梯的三面投影图，想象立体图，画出轴测图。注意轴间角和轴向伸缩系数。

16. 轴测投影——草绘建筑形体的轴测图（16－10）	班级		姓名		日期	

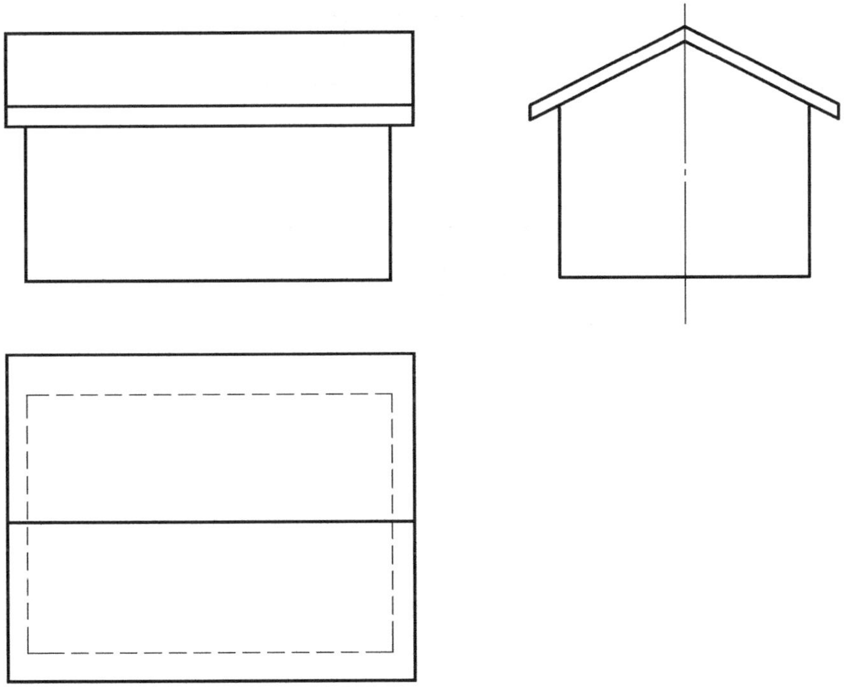

作业要求：根据房屋的三面投影图，想象立体图，画出正二测图。注意轴间角和轴向伸缩系数。

16. 轴测投影——草绘房屋的投影图（16－11）	班级		姓名		日期	

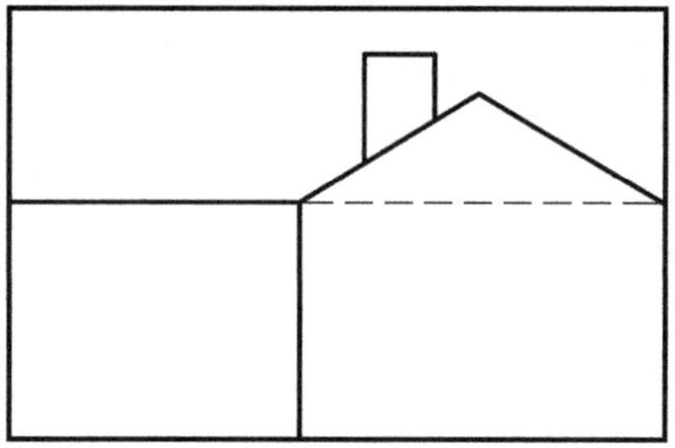

正立面图 1:100

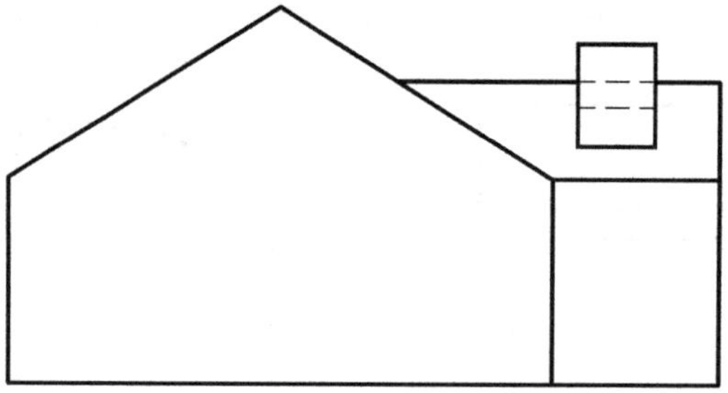

左侧立面图 1:100

作业要求：根据房屋的正立面和左侧立面图，画出屋顶平面图和轴测图。

16. 轴测投影——草绘建筑形体的轴测图（16－12）	班级		姓名		日期	

水泥预制花饰

挡土墙

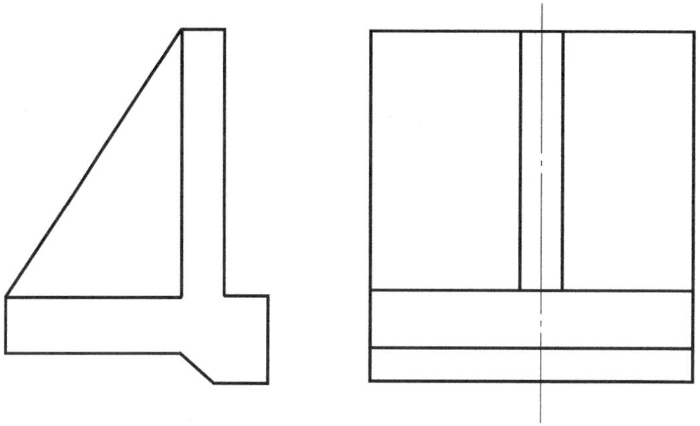

作业要求：根据水泥预制花饰的正面和挡土墙的二面投影图，想象立体图，添加适当厚度，画出形体的正面斜二测图。注意轴间角和轴向伸缩系数。

16. 轴测投影——草绘建筑形体的轴测图（16－13）	班级		姓名		日期	

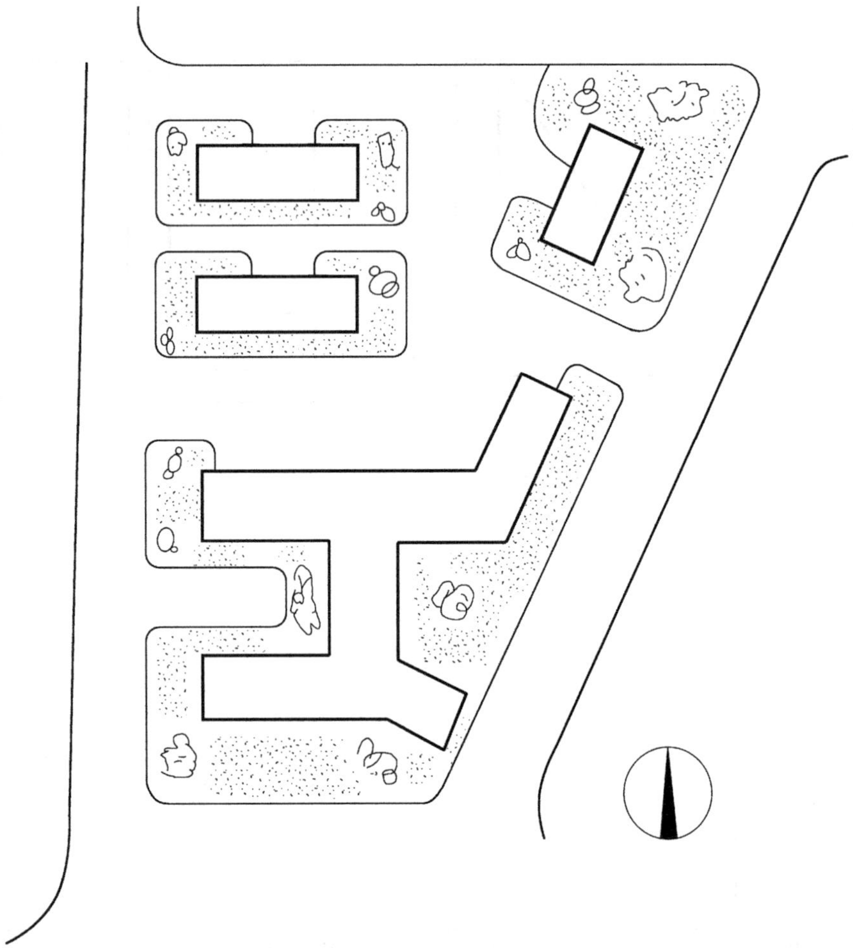

作业要求：根据某建筑群的总平面图，请自行设计其建筑高度，并画出水平斜等测图。

16. 轴测投影——草绘建筑形体的轴测图（16－14）	班级		姓名		日期	

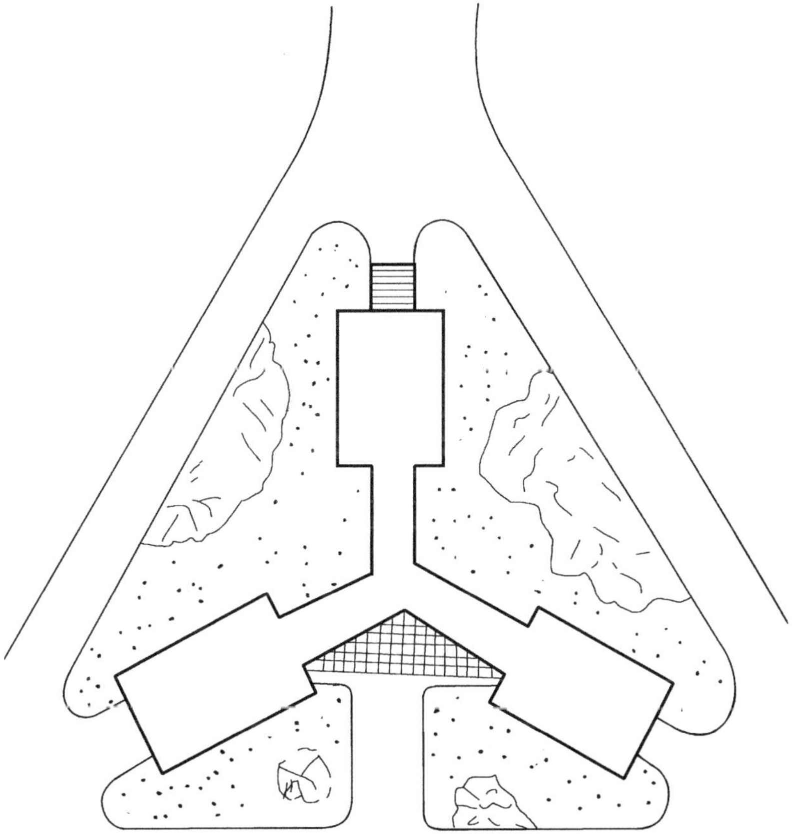

作业要求：根据某建筑物的平面图，请自行设计其高度并画出水平斜二测图。

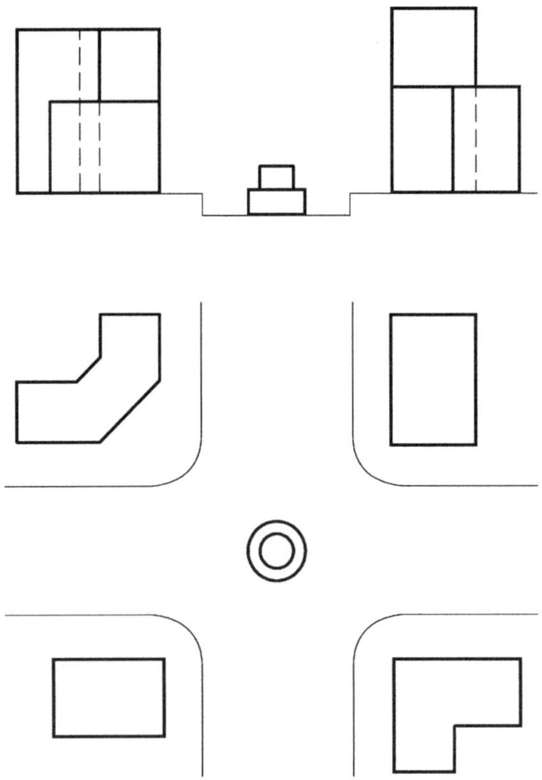

作业要求：根据十字街区两面投影，画出水平斜二测图。

16. 轴测投影——草绘建筑形体的轴测图（16－16）	班级		姓名		日期	

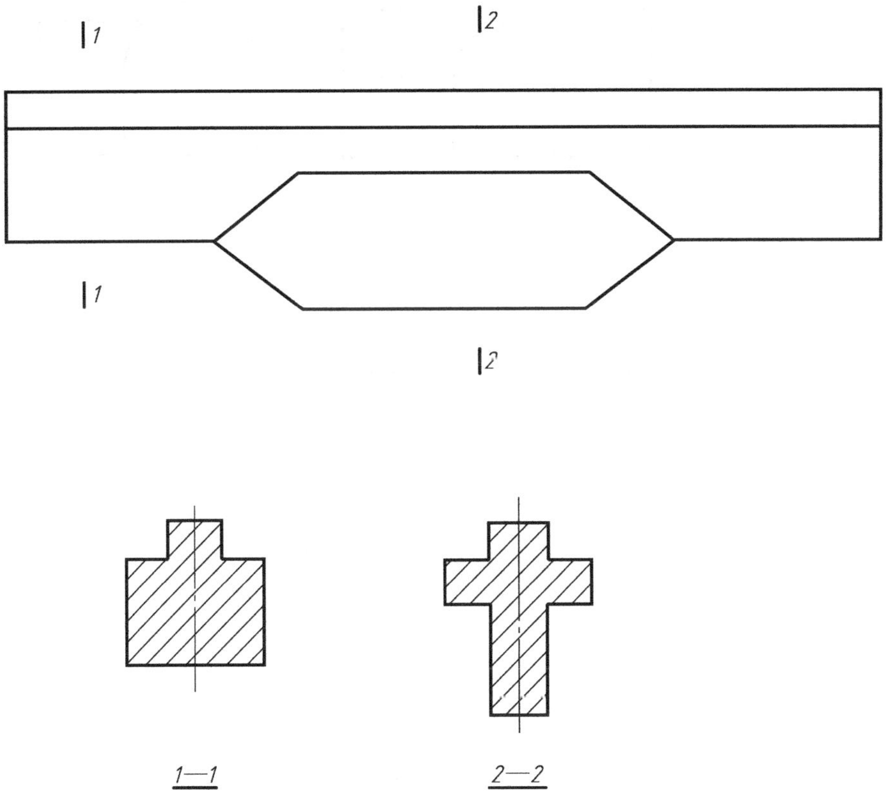

作业要求：根据梁的 V 面投影图和断面图，想象梁的立体形状，画出其正等测全剖面图。注意轴间角、轴向伸缩系数、剖切面材料图例。

16. 轴测投影——草绘建筑形体的轴测图（16－17）	班级		姓名		日期	

T 形梁

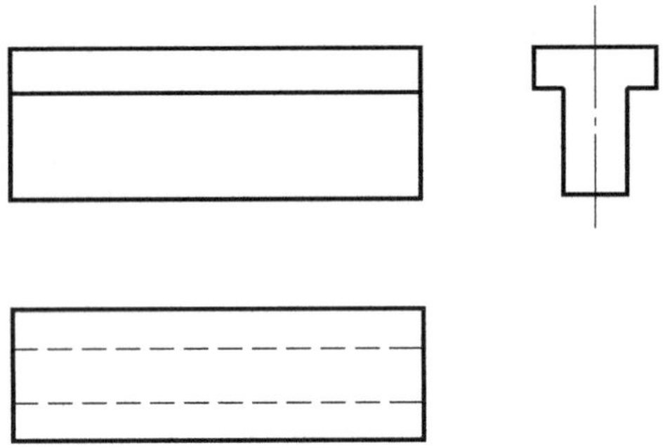

圆形房屋

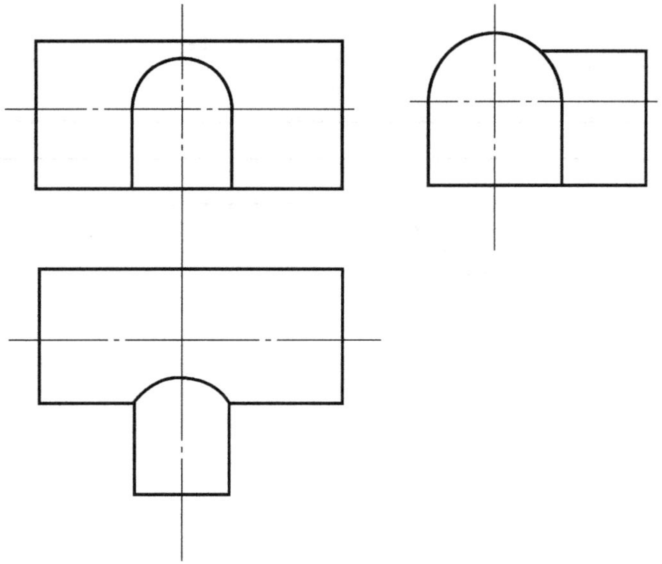

作业要求：根据形体的三面投影图，想象立体图，画出 T 形梁的正等测图和圆形房屋的轴测图。注意轴间角和轴向伸缩系数。

16. 轴测投影——草绘建筑形体的轴测图（16－18）

班级		姓名		日期	

I形梁

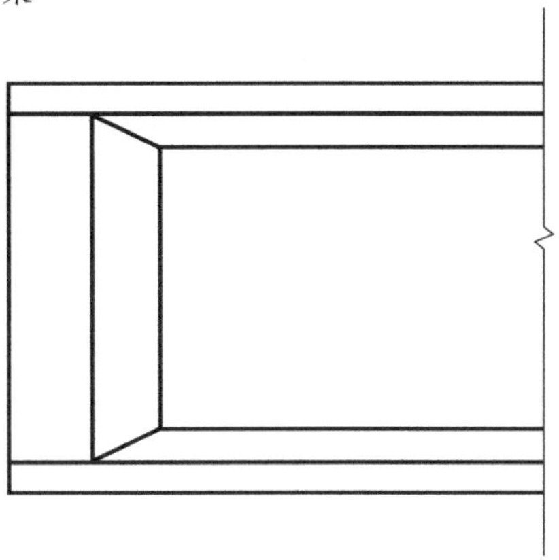

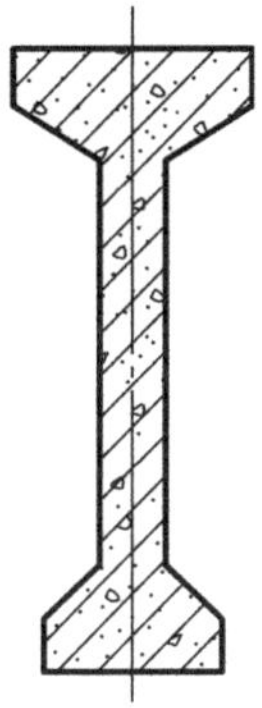

加油站

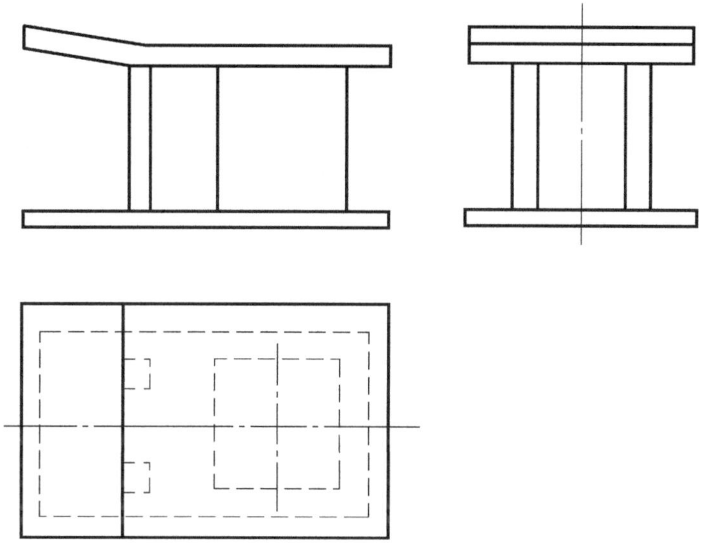

作业要求：根据I形梁的投影图及断面图、加油站的三面投影图，想象立体图，画出适当的轴测图。注意轴间角和轴向伸缩系数。

16. 轴测投影——草绘建筑形体的轴测图（16－19）	班级		姓名		日期	

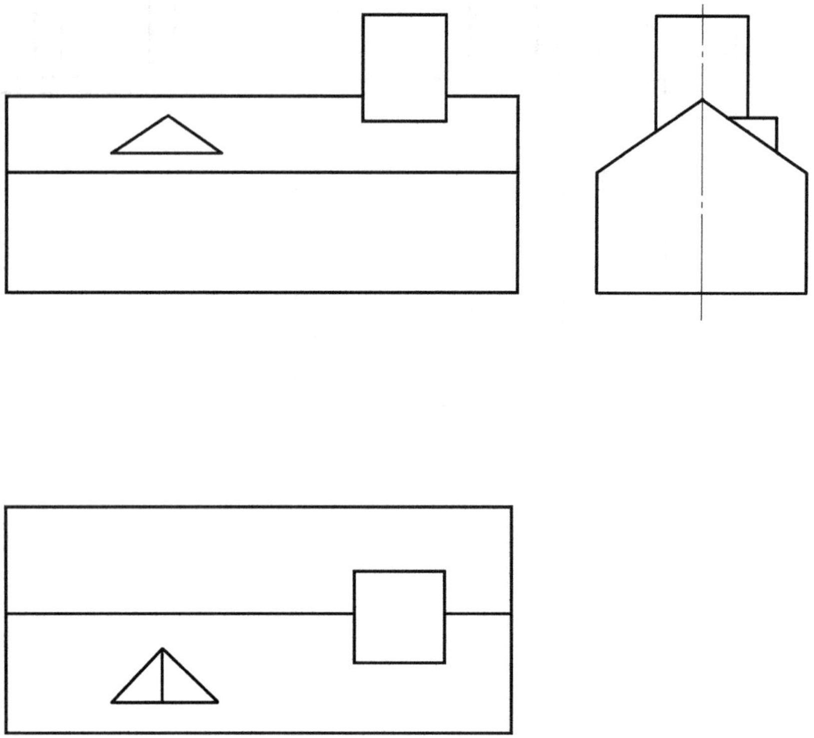

作业要求：根据烟囱、气窗与屋面的相贯线，画出房屋正二测图。注意轴间角和轴向伸缩系数。

16. 轴测投影——草绘建筑形体的轴测图（16－20）	班级		姓名		日期	

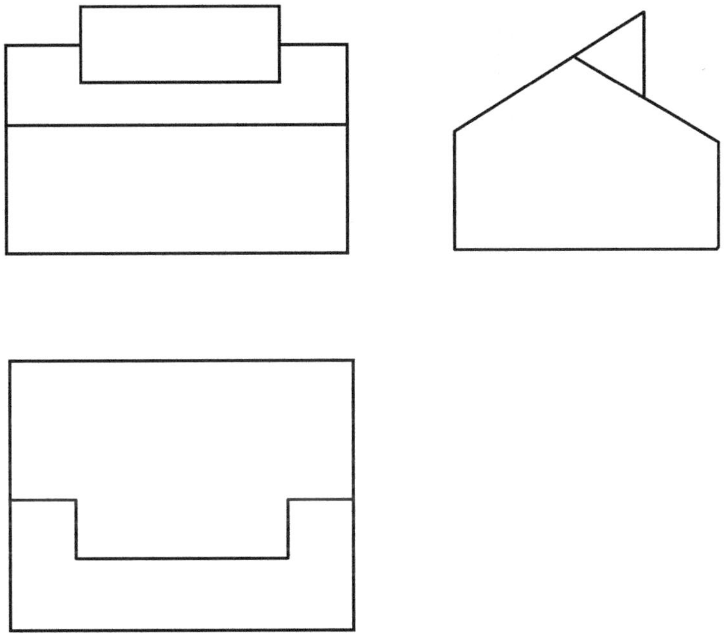

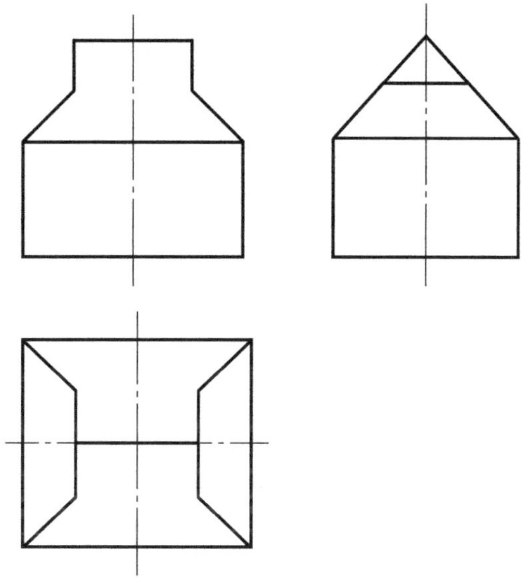

作业要求：根据带天窗的房屋及歇山房屋的三面投影图，画出其正等轴测图。注意轴间角和轴向伸缩系数。

16. 轴测投影——草绘建筑形体的轴测图（16－21）	班级		姓名		日期	

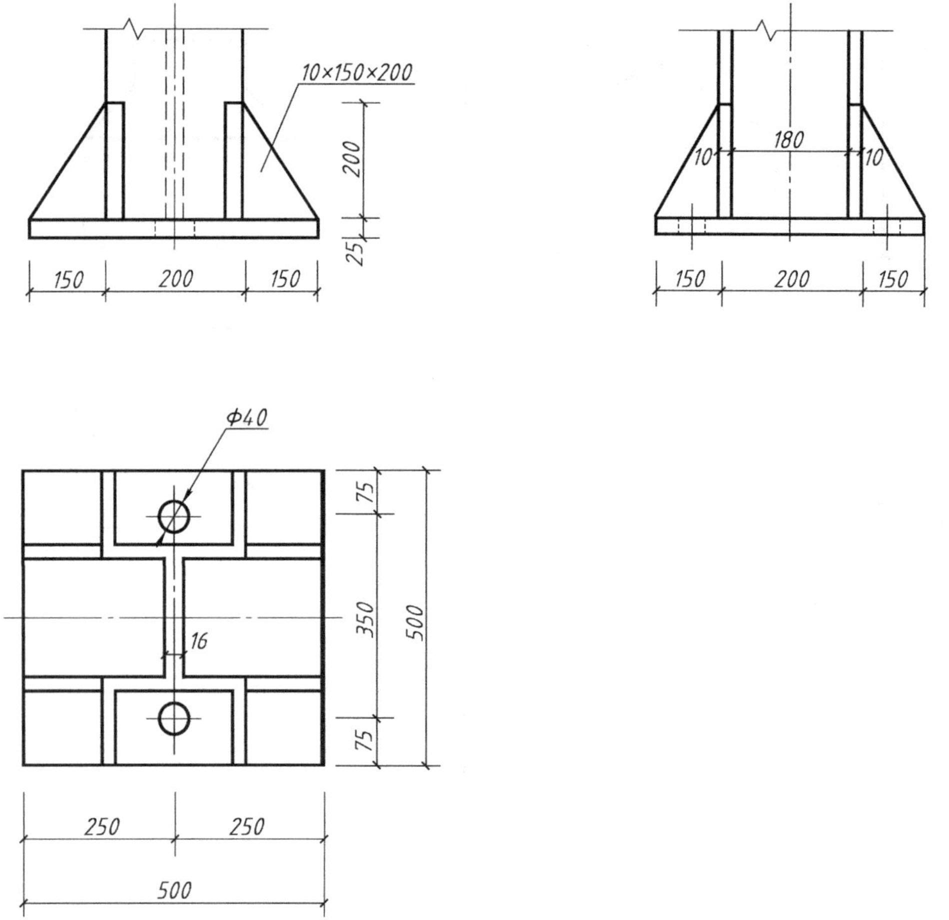

作业要求：根据工字形钢柱脚的三面投影，画出正等测图。注意轴间角和轴向伸缩系数及相应尺寸。

16. 轴测投影——草绘房屋的投影图（16－22）	班级		姓名		日期	

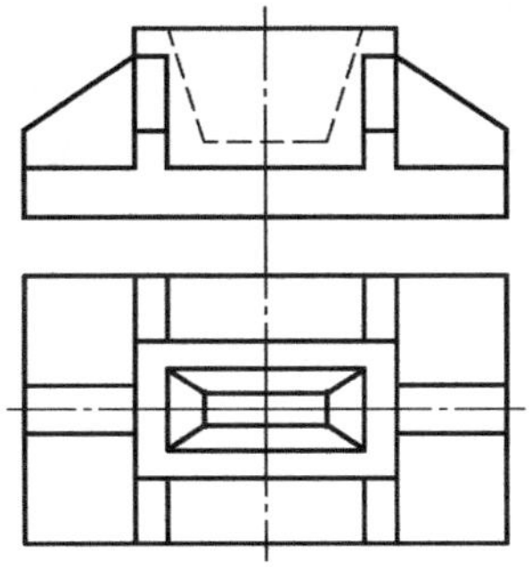

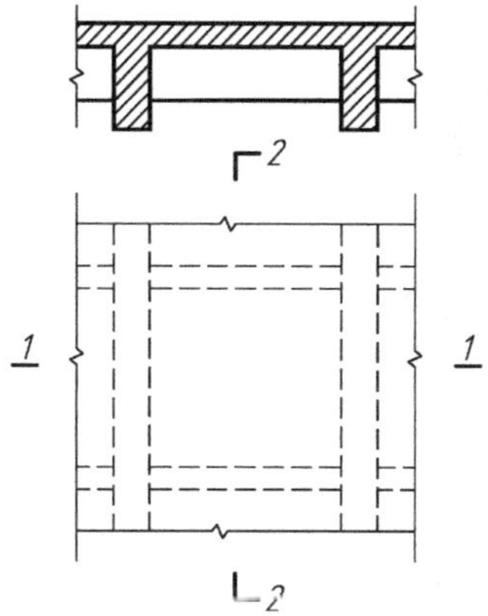

作业要求：根据杯形基础及局部楼盖结构的两面投影，画出第三面投影及断面图和剖面图，并画出正等测图。

16. 轴测投影——草绘建筑形体的轴测图（16－23） | 班级 | | 姓名 | | 日期 |

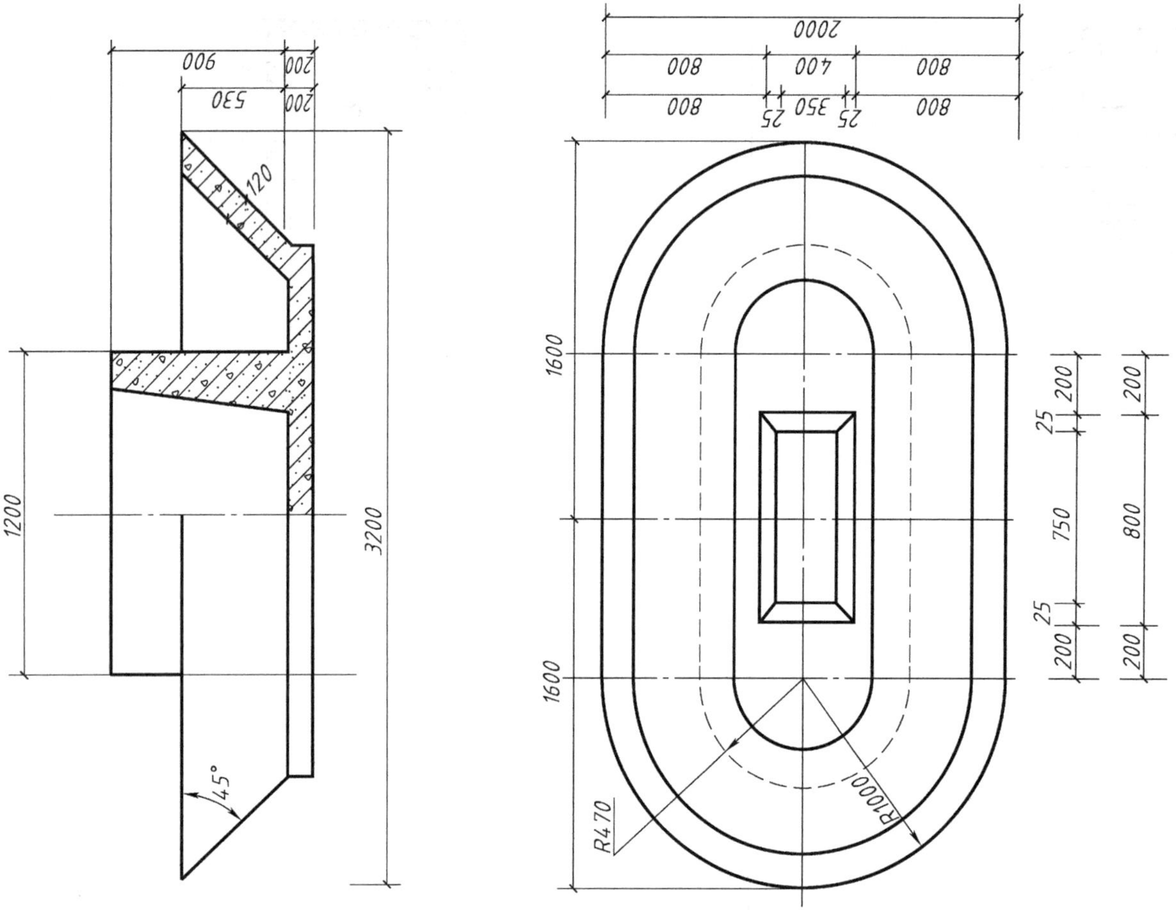

作业要求：根据圆形薄壳基础的两面投影图，画出正等测图。

注意轴间角和轴向伸缩系数及相应尺寸。

17. 透视图（17－1）	班级		姓名		日期	

求点 A 的透视 A° 和基透视 a°

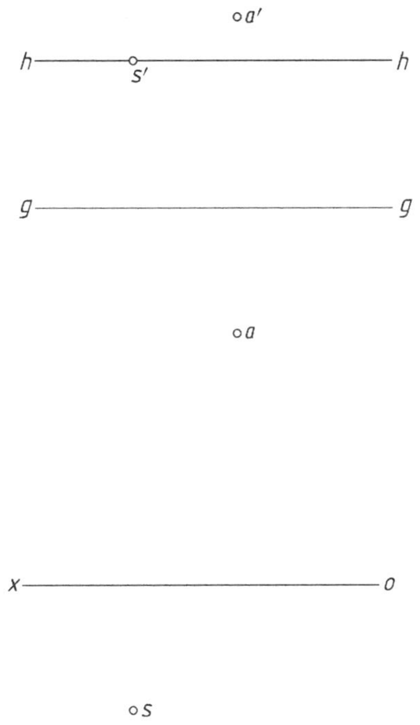

AB 在 H 面上，求 $A^{\circ}B^{\circ}$，$a^{\circ}b^{\circ}$

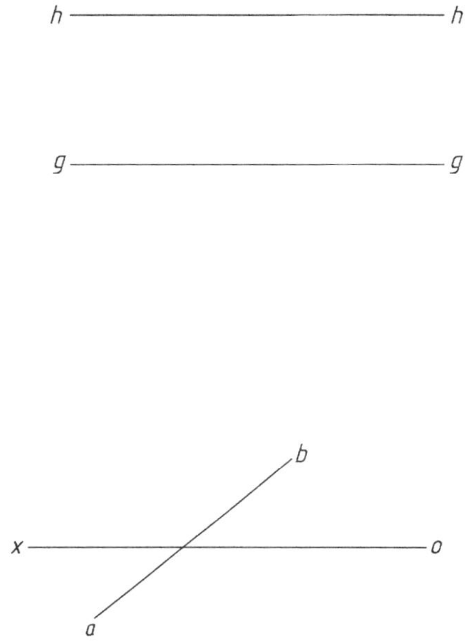

$AB//H$，高于 H 面 35mm，求 $A^{\circ}B^{\circ}$，$a^{\circ}b^{\circ}$

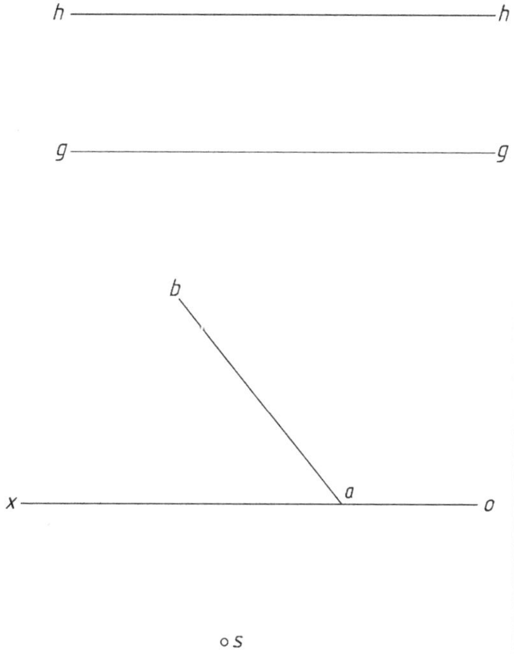

作业要求：回顾透视图的基本术语，求空间点、线的透视和基透视。

17. 透视图（17-2）	班级		姓名		日期	

$AB//H$，高于 H 面 5mm，求 $A^\circ B^\circ$，$a^\circ b^\circ$

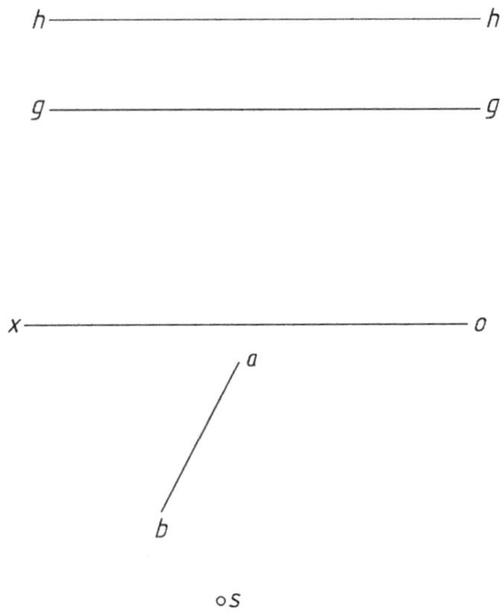

$AB\perp V$，高于 H 面 35mm，求 $A^\circ B^\circ$，$a^\circ b^\circ$

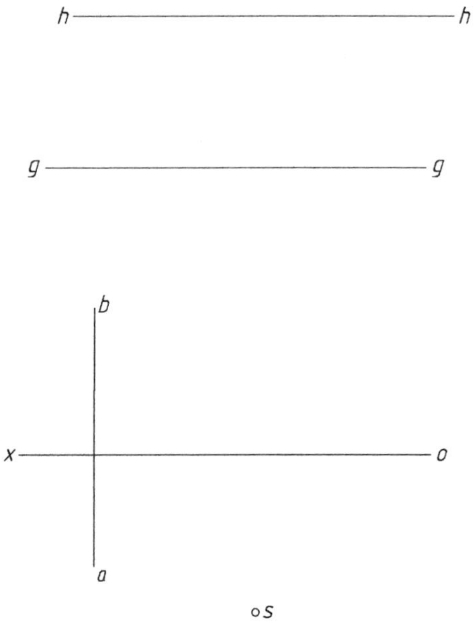

AB 上端 A 高于 H 面 35mm，下端 B 高于 H 面 10mm 求 $A^\circ B^\circ$，$a^\circ b^\circ$

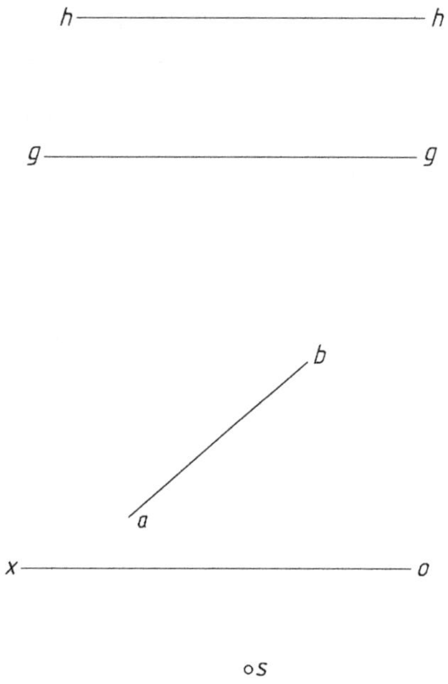

作业要求：回顾透视图的基本术语，复习透视原理和透视作图基本方法，求空间点、线的透视和基透视。

17. 透视图（17－3）	班级		姓名		日期	

将矩形分成五个相等矩形

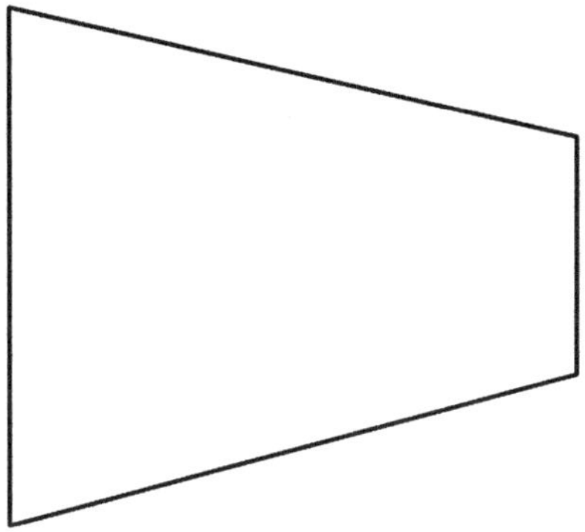

将图示矩形在同一平面上连续画出五个相等矩形

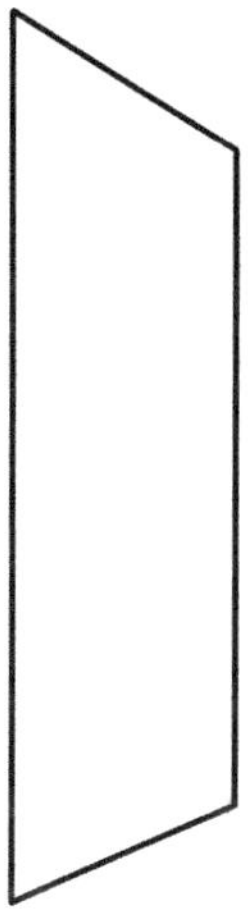

作业要求：利用透视原理和透视作图基本方法，求相同矩形的连续透视，注意灭点的位置。

17. 透视图（17－4）	班级		姓名		日期	

按图示大小间隔再连续画出四个长方体

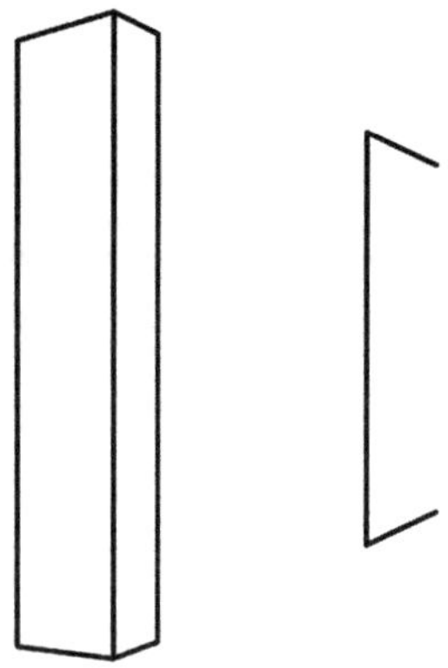

作业要求：利用透视原理和透视作图基本方法，求相同矩形的连续透视，注意灭点的位置。

17. 透视图（17－5）	班级		姓名		日期	

作 L 形平面在不同高度基面上的透视

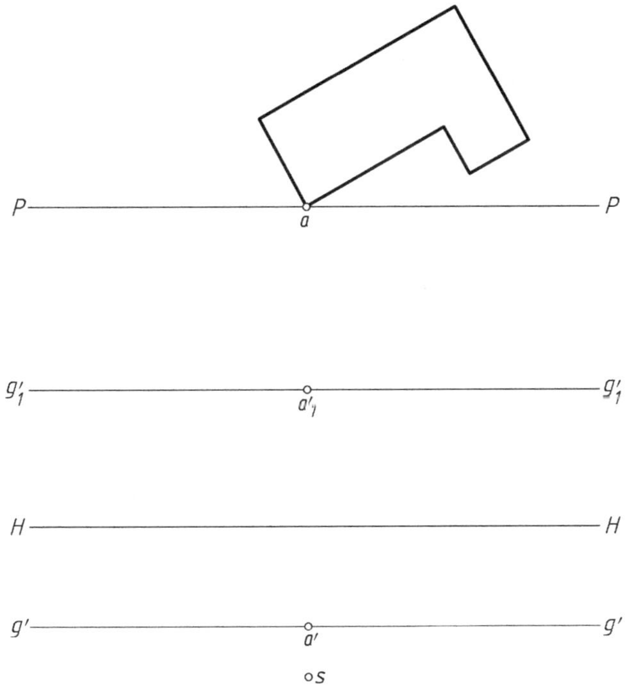

作房屋轮廓透视图

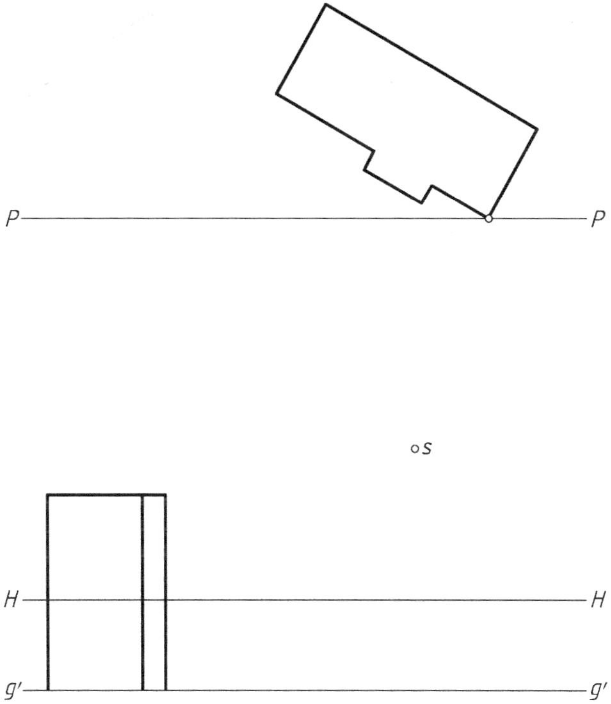

作业要求：利用透视原理和透视作图基本方法，求相同矩形的连续透视，注意灭点的位置。

17. 透视图（17－6）	班级		姓名		日期	

作建筑形体的透视图

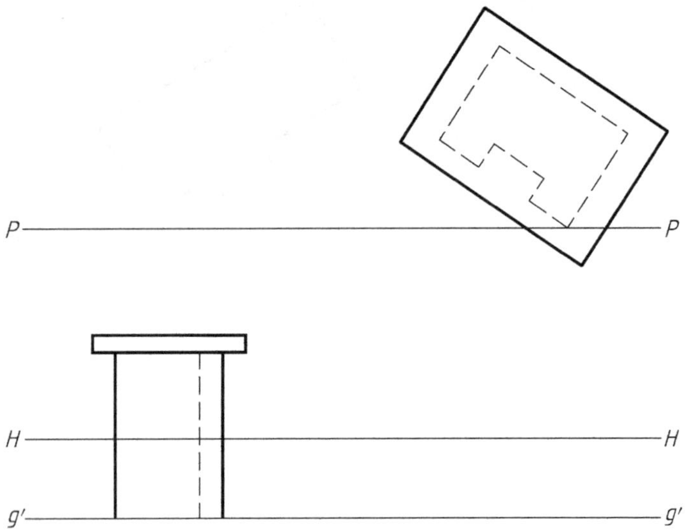

作建筑形体的透视图

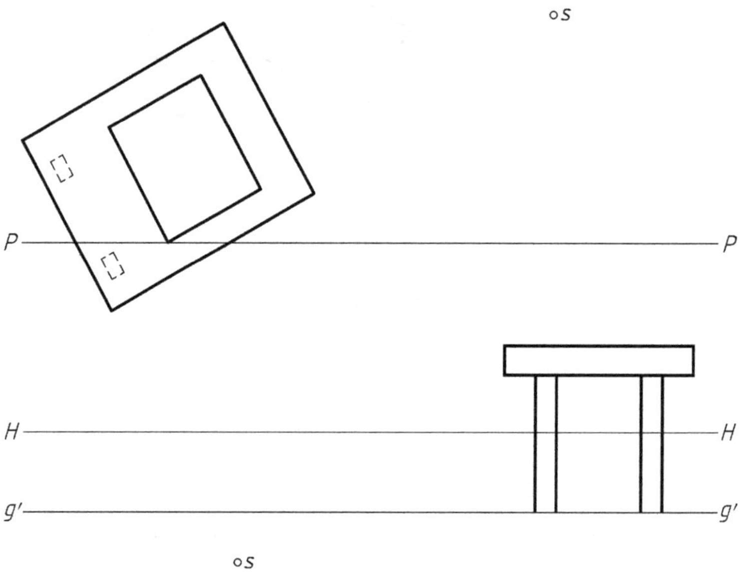

作图提示：注意视平线高度和画面位置。

17. 透视图（17－7）	班级		姓名		日期	

已知站点、画面位置和视平线，求作建筑形体的两点透视

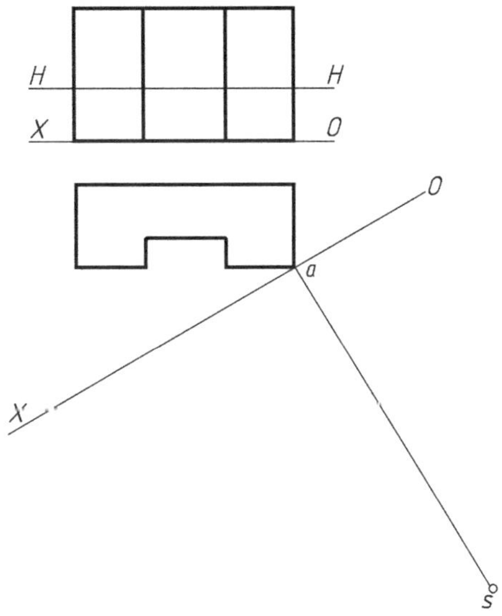

作图提示：

1. 利用站点先作建筑形体长宽两个向量，平行线交 OX 于 f_1、f_2。
2. 对应 f_1、f_2 在 $H—H$ 线求灭点 F_1、F_2。
3. 利用真高线和直线的全长透视作图。
4. 注意凹进形体的定位。

17. 透视图（17－8）	班级		姓名		日期	

已知站点、画面位置和视平线，求作建筑形体的两点透视

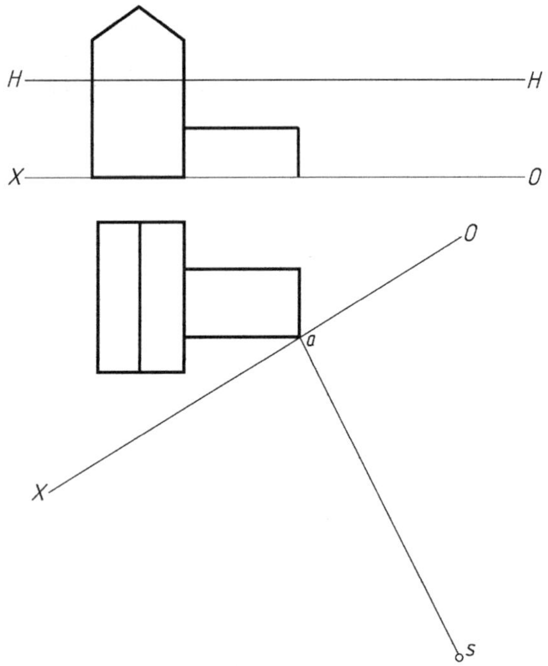

作图提示：

1. 利用张点先作建筑形体长、宽两个向量，平行线交 OX 于 f_1、f_2。
2. 对应 f_1、f_2 在 $H—H$ 线求出灭点 F_1、F_2。
3. 利用真高线和直线的全长透视作图。
4. 注意：两坡屋面檐口及屋脊定位宜作延长线。

17. 透视图（17－9）

班级		姓名		日期	

已知站点、画面位置和视平线，求作两坡房屋的一点透视

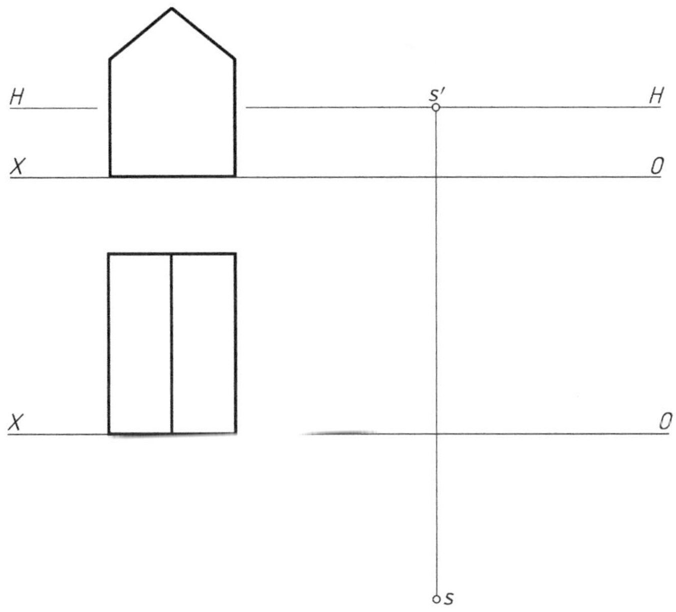

作图提示：

1. 先在基面上连接站点与房屋远离画面的山墙定点。
2. 再利用真高线在画面上直接作图。

已知站点和画面位置、真高线，画台阶的一点透视

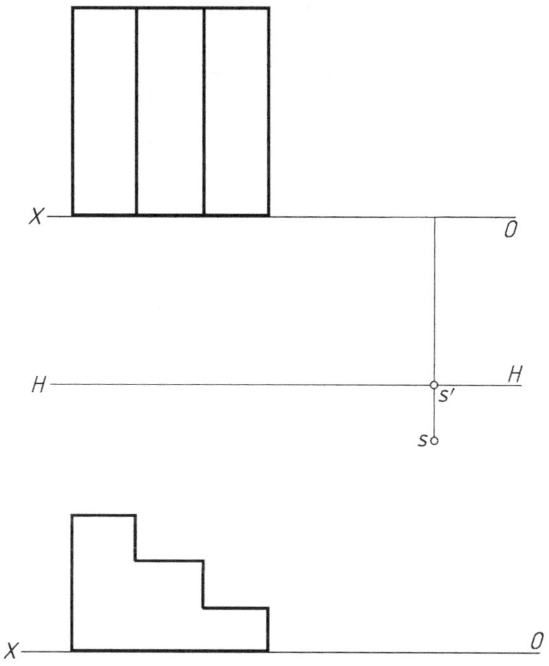

作图提示：

1. 可利用台阶立面图作透视。
2. 注意画面平行的线在透视图中仍然平行。

17. 透视图（17－10）	班级		姓名		日期	

已知站点、画面位置，求作方格网的一点透视

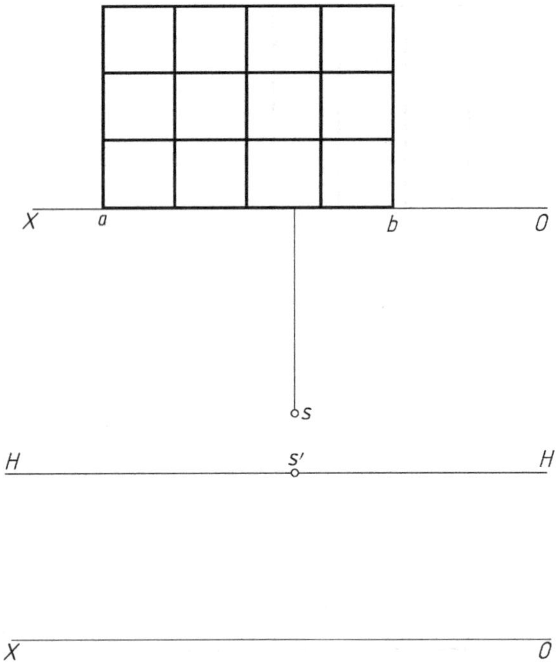

作图提示：

画面平行线的定位可利用方格网的相交线。

已知站点、画面位置，求作方格网的二点透视

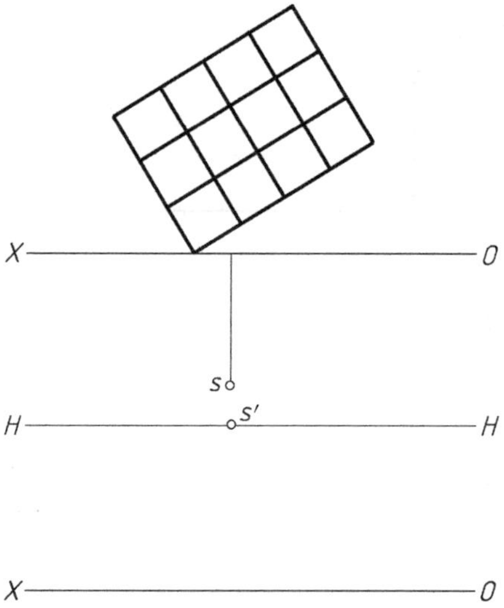

作图提示：

1. 利用站点先作方格网长宽两个向量的平行线交 OX 于 f_1、f_2。
2. 对应 f_1、f_2 在 $H—H$ 线求出灭点 F_1、F_2。
3. 利用直线的全长透视规律作图。

17. 透视图（17－11）

班级		姓名		日期	

已知站点、画面位置，求作预制空心块不同视高的两点透视

作图提示：

1. 不同视平线上灭点距离是相同的。
2. 注意洞口分隔线的定位。

17. 透视图（17－12）	班级		姓名		日期	

已知站点、画面位置和视平线，求作平面透视

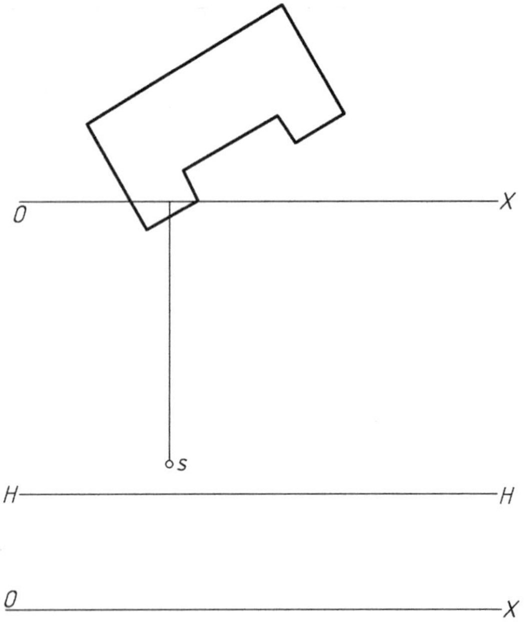

作图提示：

1. 利用站点先作平面长宽两个向量的平行线交 OX 于 f_1、f_2。
2. 对应 f_1、f_2 在 H—H 线求出灭点 F_1、F_2。
3. 利用真高线和直线的全长透视作图。
4. 画面前的点可利用画面点分别与两灭点连线相交得到。

已知站点、画面位置和视平线，求作平面透视

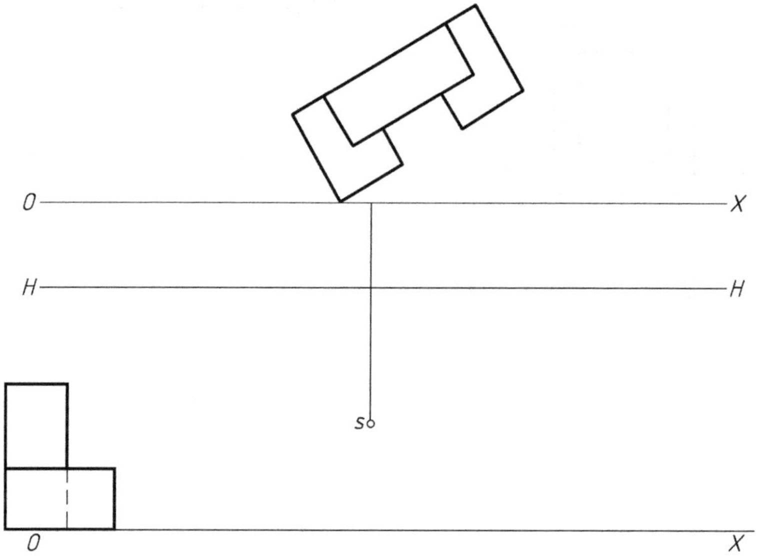

作图提示：注意形体叠加处的准确定位。

17. 透视图（17－13）	班级		姓名		日期	

已知站点、画面位置和视平线，求作两坡房屋的一点透视

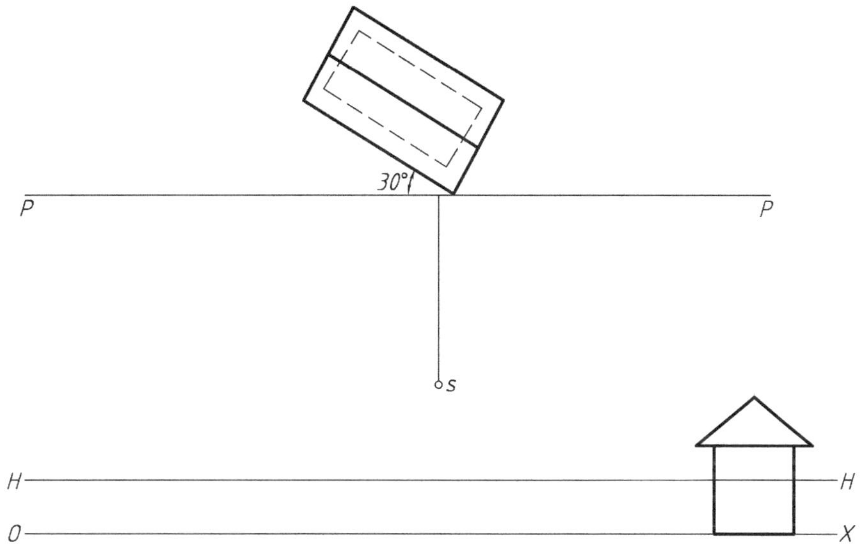

作图提示：

1. 利用站点先作建筑形体长宽两个向量，平行线交 OX 于 f_1、f_2。
2. 对应 f_1、f_2 在 $H—H$ 线求出灭点 F_1、F_2。
3. 利用真高线和直线的全长透视作图。
4. 画面前的点，可利用画面点分别与两灭点连线相交得到。

17. 透视图（17－14）	班级		姓名		日期	

已知站点、画面位置和视平线，求作建筑形体的一点透视

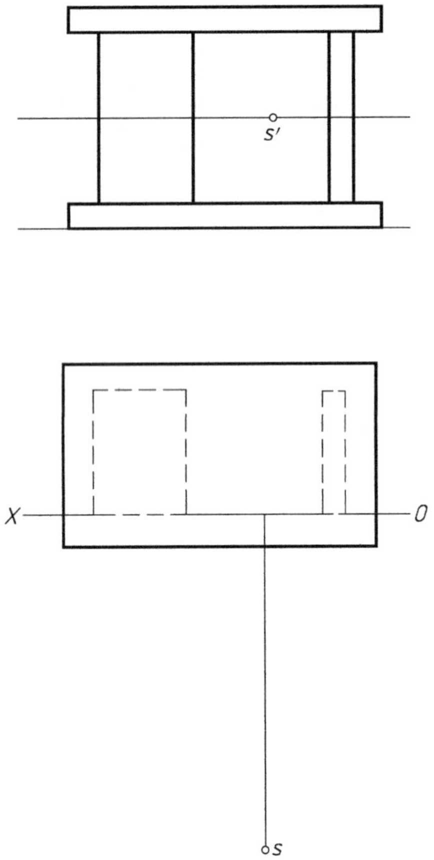

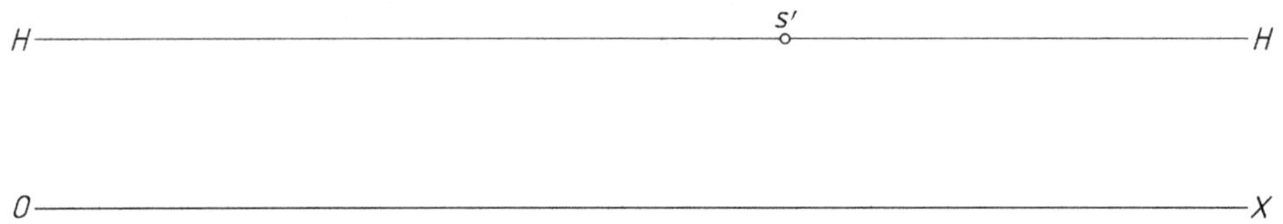

作图提示：

1. 在基面上利用站点与形体轮廓点连线找定位点。
2. 直接利用画面作图，注意定位点要对应。

17. 透视图（17－15）	班级		姓名		日期	

按比例补绘出建筑立面的细部透视

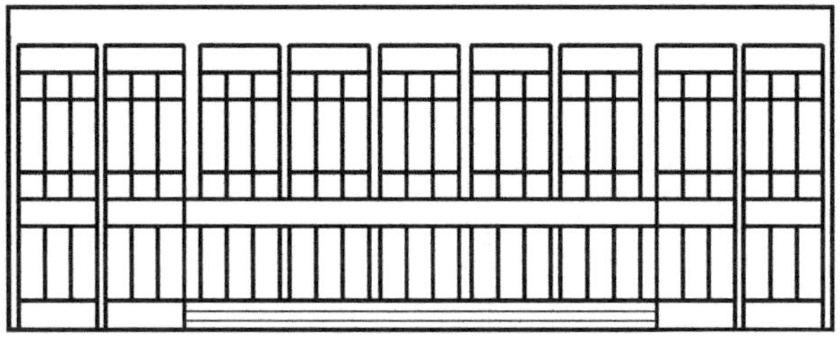

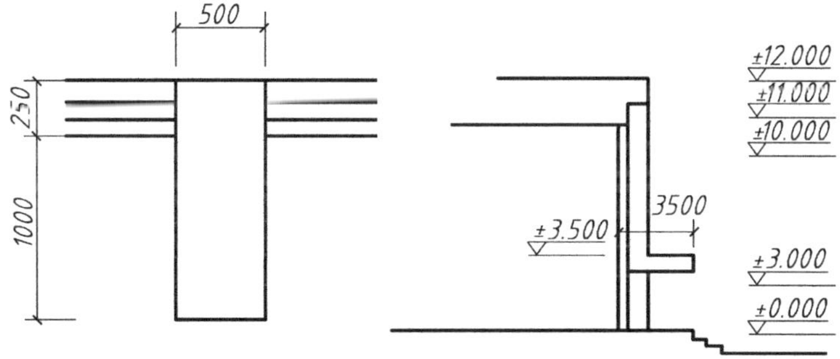

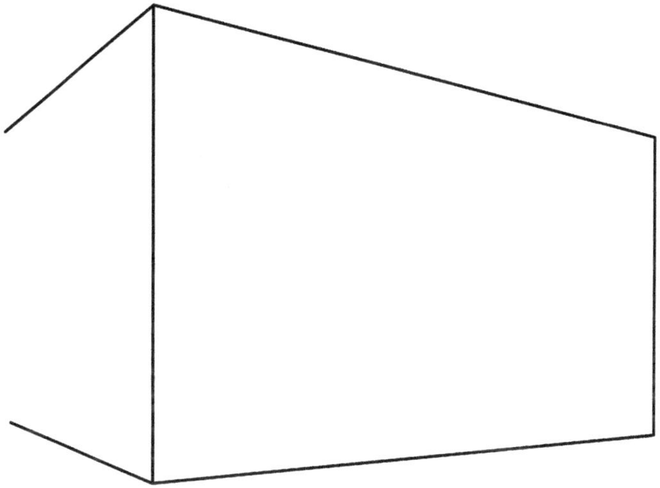

作业要求：利用透视原理和透视作图基本方法进行透视制图。注意建筑细部相互之间的位置。

17. 透视图（17－16）	班级		姓名		日期	

放大一倍做建筑的透视图，要求利用集中真高线作图

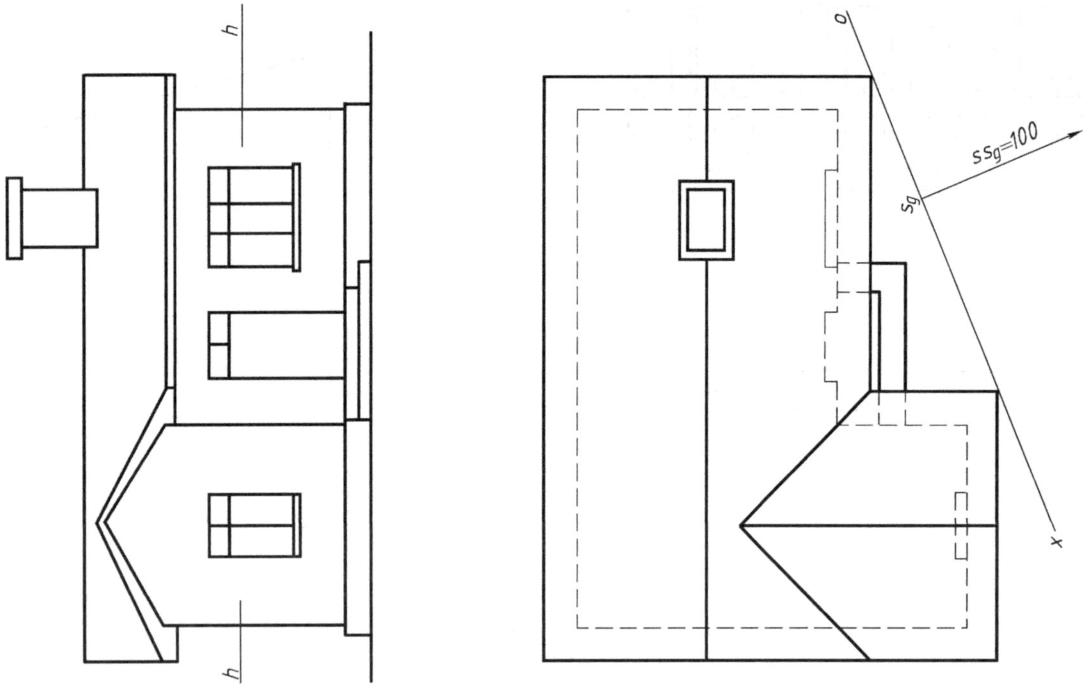

作业要求：利用透视原理和透视作图基本方法进行透视制图。注意建筑细部相互之间的位置。

18. 阴影（18－1）	班级		姓名		日期	

已知石凳的两面投影，求作阴影

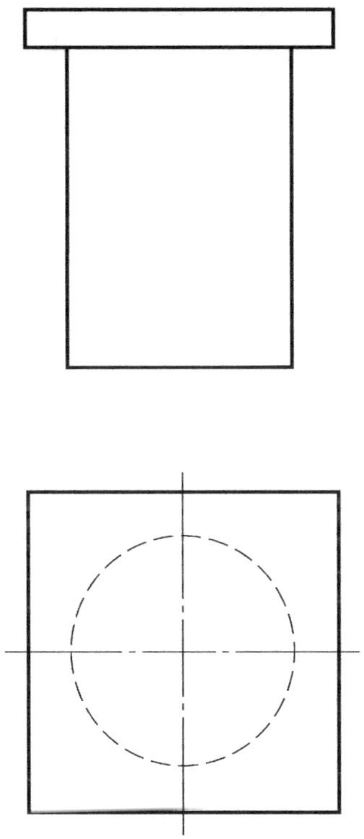

已知窗洞的两面投影，求作窗洞的阴影

作图提示：

1. 先分析图形确定阴线。
2. 明确承影面。
3. 按常用光线投影，以“先落先交”为原则画图。
4. 注意承影面是圆柱或阴线是曲线时的作图。

18. 阴影（18－2）	班级		姓名		日期	

已知木桌的两面投影，求作其阴影

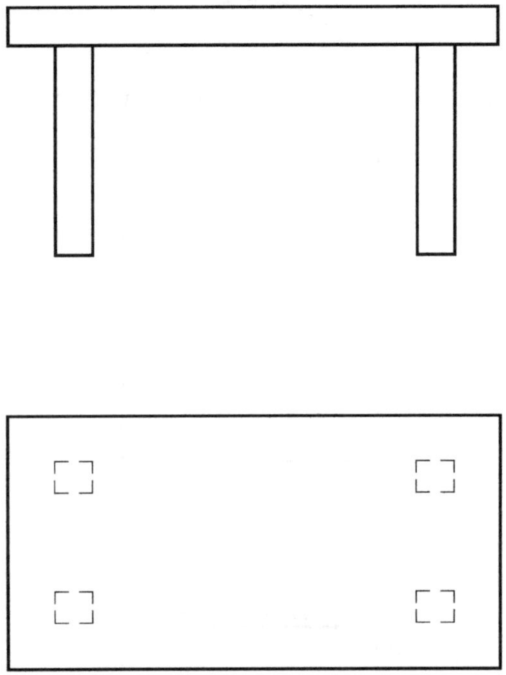

已知雨篷的两面投影，求作其阴影

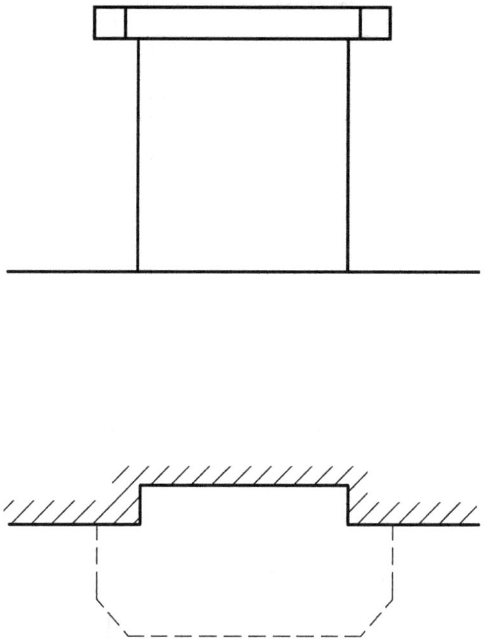

作图提示：

1. 先分析图形确定阴线。
2. 明确承影面。
3. 按常用光线投影，以“先落先交”为原则画图。
4. 注意水平线、铅垂线、侧垂线的落影不同。

18. 阴影（18－3）	班级		姓名		日期	

已知凸型窗的两面投影，求作其阴影

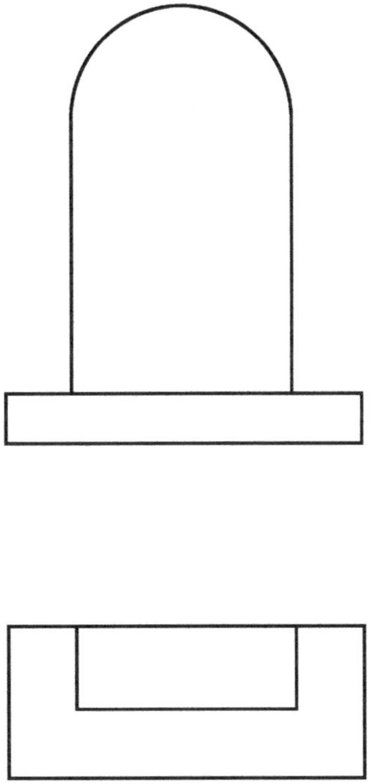

已知台阶的两面投影，求作其阴影

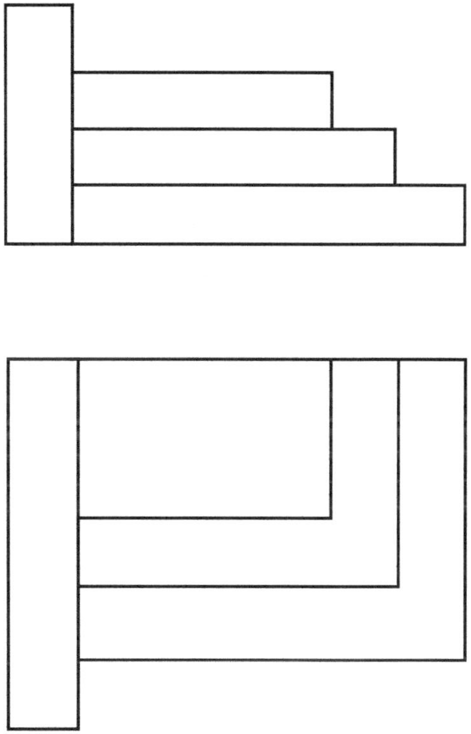

作图提示：

1. 先分析图形确定阴线。
2. 明确承影面。
3. 按常用光线投影，以“先落先交”为原则画图。
4. 注意台阶栏板在踏面与踢面上的落影。

18. 阴影（18－4）	班级		姓名		日期	

已知棱台形窗套的两面投影，求作其阴影

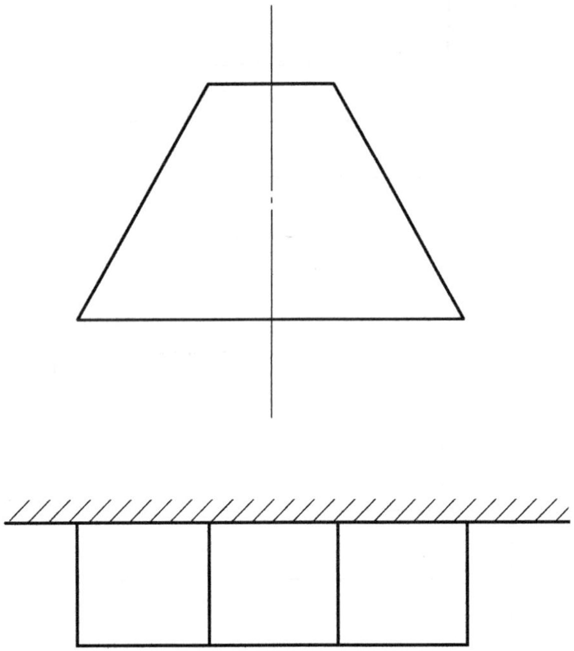

求作建筑形体的阴影

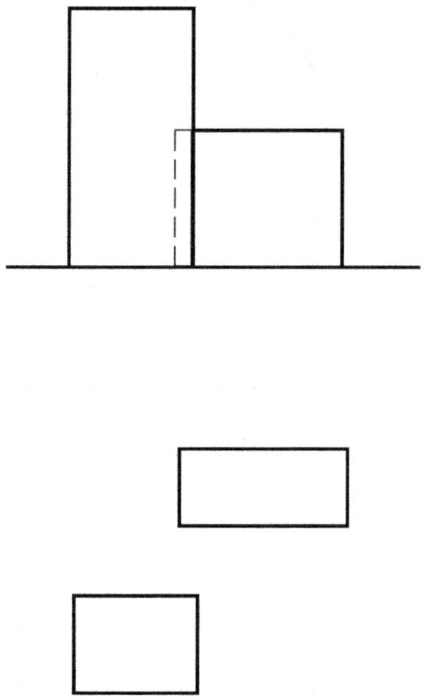

作图提示：

1. 先分析图形确定阴线。
2. 明确承影面。
3. 按常用光线投影，以“先落先交”为原则画图。
4. 注意同一形体在不同承影面上阴影的轮廓。

18. 阴影（18－5）	班级		姓名		日期	

求作建筑形体的阴影

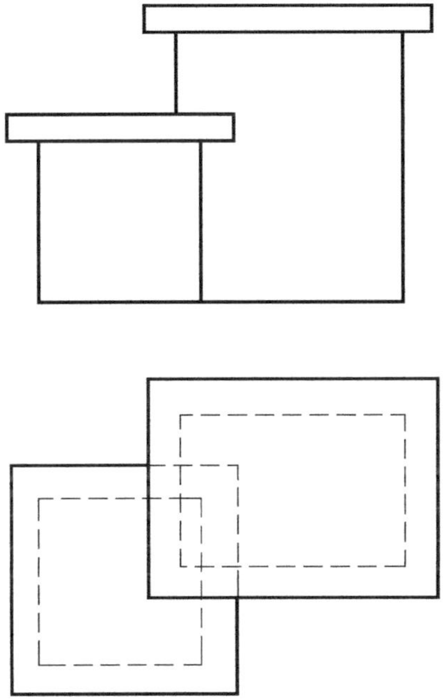

求作雨篷和台阶的阴影

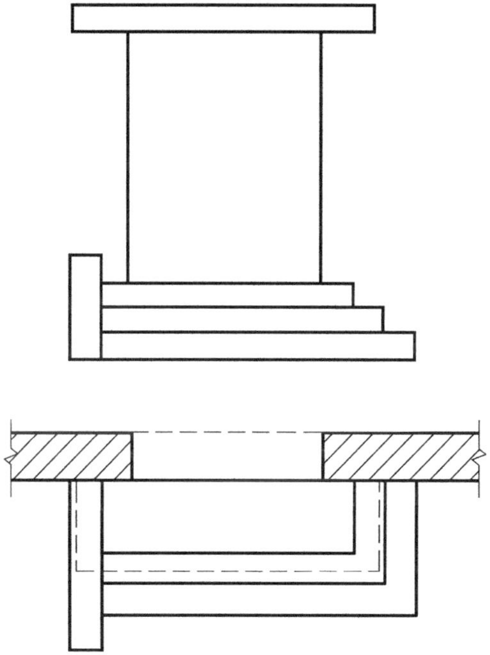

作图提示：

1. 先分析图形确定阴线。
2. 明确承影面。
3. 按常用光线投影，以“先落先交”为原则画图。
4. 注意组合体中单个形体落影在不同承影面上的影线。

18. 阴影（18－6）	班级		姓名		日期	

按给定的光线，求作透视阴影

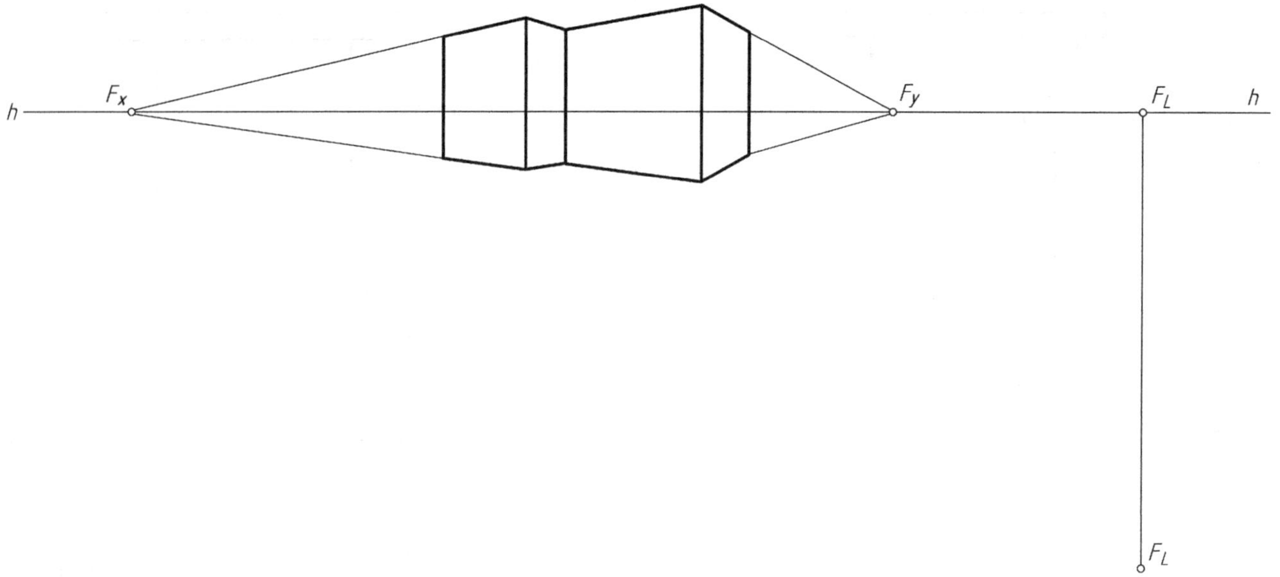

作业提示：

1. 先分析图形确定阴线。
2. 明确承影面。
3. 按常用光线投影，以“先落先交”为原则画图。
4. 注意组合体中单个形体落影在不同承影面上的影线。

18. 阴影（18－7）	班级		姓名		日期	

作出雨篷、门洞、台阶在光源 Ss 下的透视阴影图

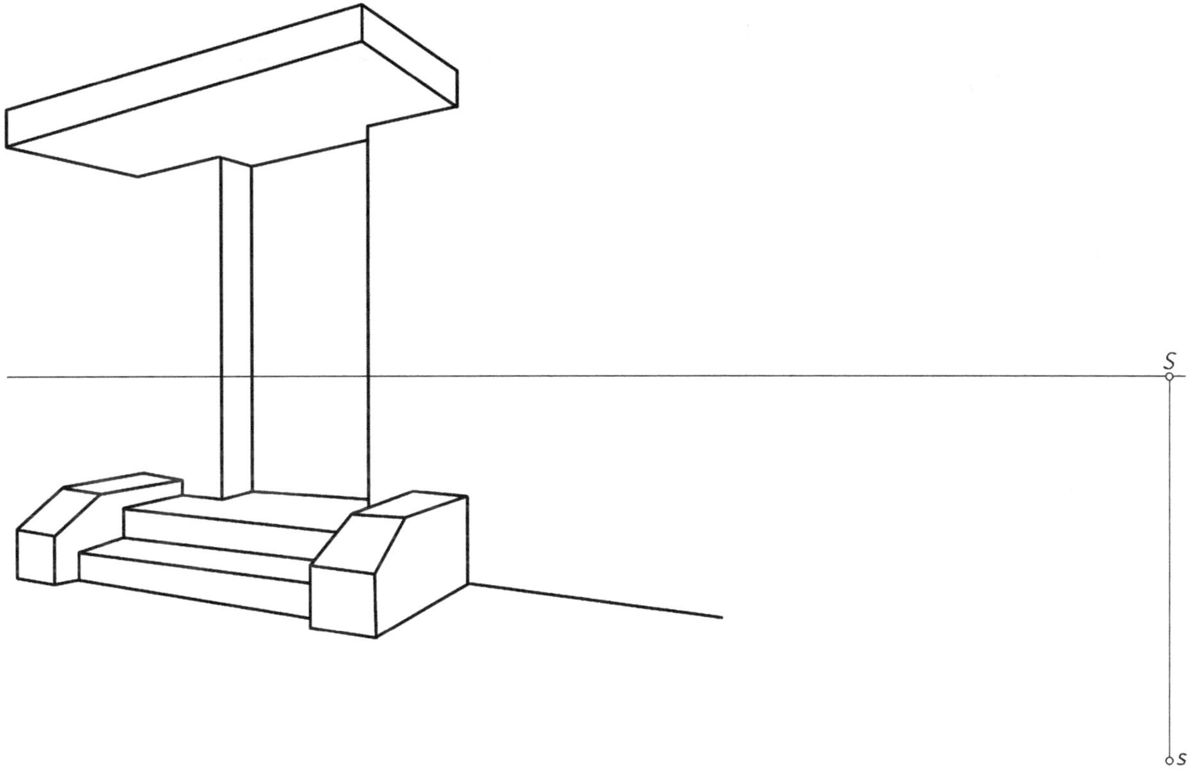

作业提示：

1. 先分析图形确定阴线。
2. 明确承影面。
3. 按常用光线投影，以“先落先交”为原则画图。
4. 注意组合体中单个形体落影在不同承影面上的影线。

18. 阴影（18－8）	班级		姓名		日期	

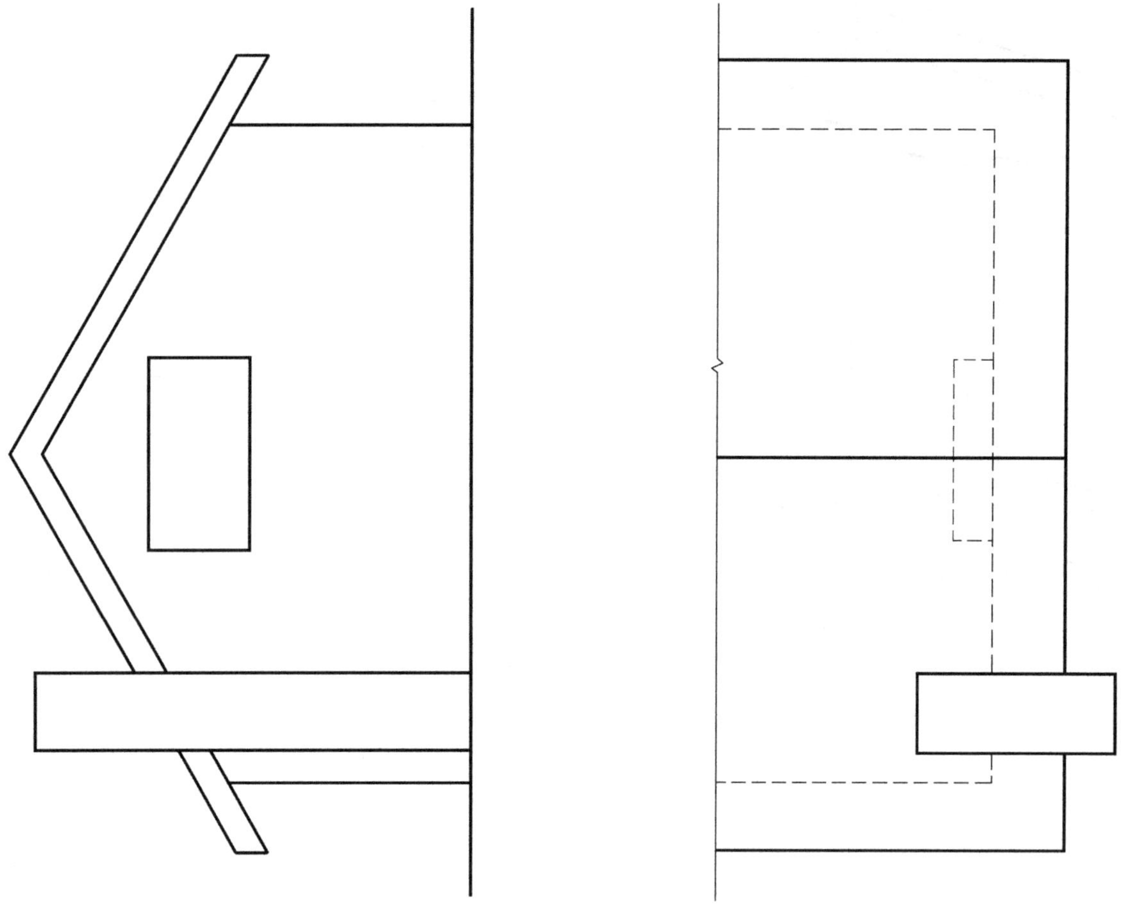

作出建筑的立面阴影

作业提示：

1. 先分析图形确定阴线。
2. 明确承影面。
3. 按常用光线投影，以“先落先交”为原则画图。
4. 注意组合体中单个形体落影在不同承影面上的影线。

18. 阴影（18-9）	班级		姓名		日期	

做门窗、洞口的阴影

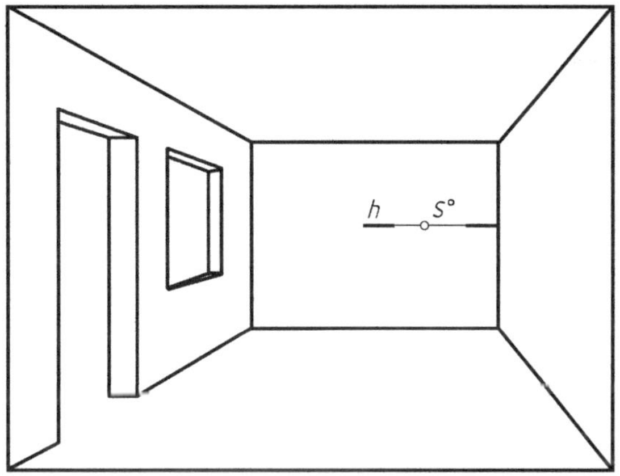

作门窗、雨篷的阴影

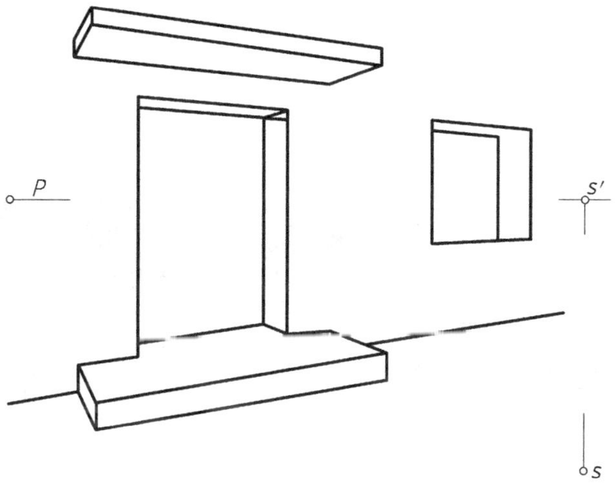

作业提示：

1. 先分析图形确定阴线。
2. 明确承影面。
3. 按常用光线投影，以“先落先交”为原则画图。
4. 注意组合体中单个形体落影在不同承影面上的影线。

19. 房屋测绘——传达室透视图（19－1）	班级		姓名		日期	

传达室透视图

作业要求（一）：

1. 根据传达室透视图和轴测图，绘制传达室的正立面和侧立面草图。

2. 依据草图在A3图纸上用仪器绘正立面图和侧立面图，并标注尺寸。自选合适比例。

作业要求（二）：

1. 选定一幢房屋，通过实地测量，徒手绘制房屋的平、立面图和剖面图。

2. 整理草图，在A3图纸上用仪器绘平、立面图和剖面图。比例自定。

19. 房屋测绘——传达室水平剖切轴测图（19－2）	班级		姓名		日期	

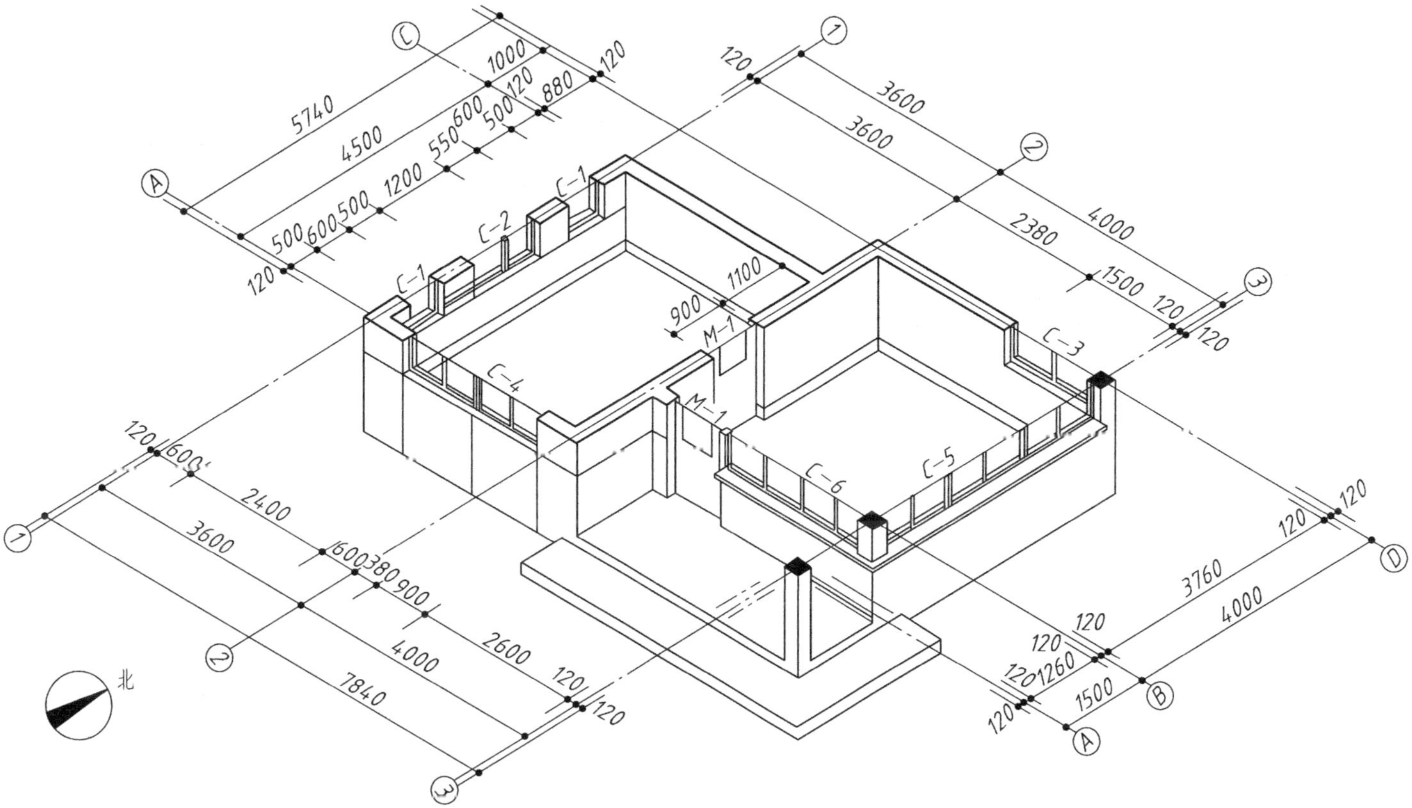

水平剖切轴测图

作业要求：分析开间尺寸、进深尺寸及门窗洞口尺寸，选择适当比例画图。

19. 房屋测绘——传达室垂直剖切轴测图、窗口详图(19-3)	班级		姓名		日期	

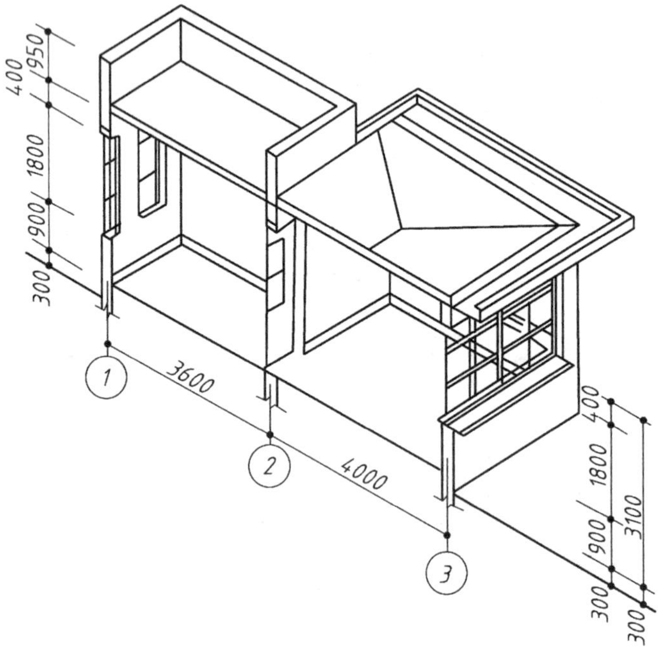

垂直剖切轴测图

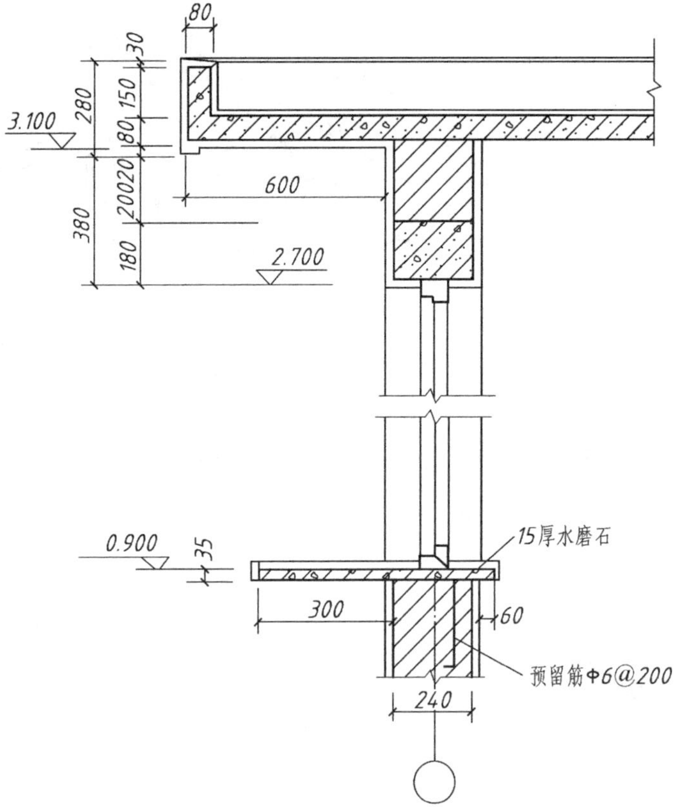

檐口及窗台详图1:15

作业要求：分析内外空间的尺寸关系，将尺寸标注在正立面图和侧立面图中。

19. 房屋测绘——别墅轴测图（19－4）	班级		姓名		日期	

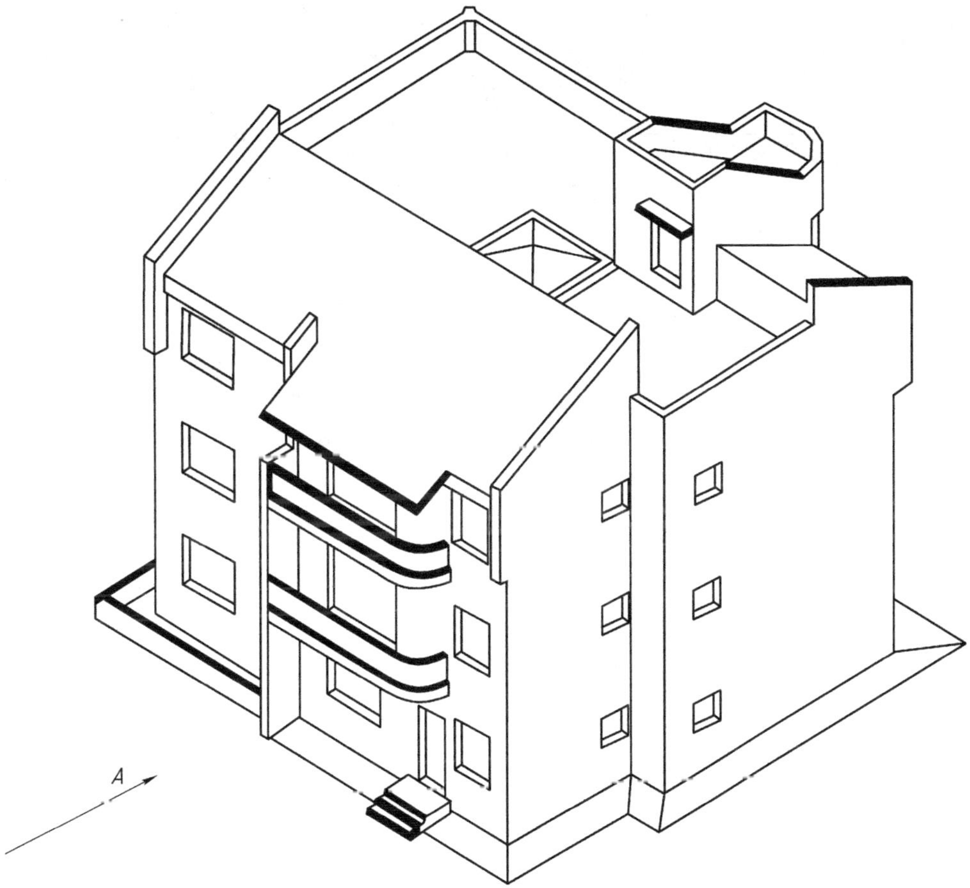

作图提示：分析立面中墙体突出部分和凹进部分墙线之间的关系，并正确反映在立面图中。

作业要求：阅读别墅建筑施工图；用 A3 图纸，1∶100 比例，画出别墅背立面图、*A* 向立面图，并标注尺寸。

20. 建筑施工图——别墅设计总说明、总平面图（20－1）	班级		姓名		日期	

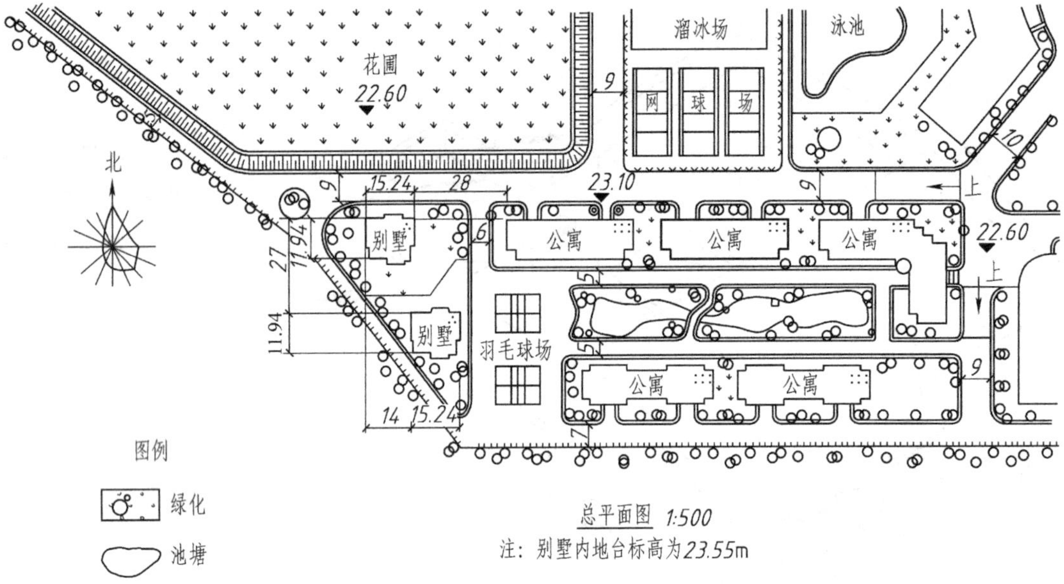

总平面图 1:500

注：别墅内地台标高为23.55m

读图自测：

1. 新建别墅的平面尺寸________。
2. 别墅与相邻建筑物的距离________。
3. 别墅的室外绝对标高为________。
4. 别墅外装修列表
   (1) 墙面________
   (2) 阳台________
   (3) 栏杆________
   (4) 门________
   (5) 窗________
   (6) 玻璃________
   (7) 勒脚________
   (8) 屋面________
5. 别墅的层数是__，公寓的层数是____。

总说明：

1. 图样目录略，其中部分建筑施工图、装修施工图与结构施工图详见教材中插图。
2. 本工程具体定位详见总平面图。±0.000标高等于本工程位置室外绝对值高再加0.45m。
3. 本工程为砖混结构，墙厚除注明外，均为240mm。
4. 门窗除车库门为木制外，其余均为铝合金门窗，车库门制作见详图。
5. 楼地面做法见图样说明，装修用料详见装修施工图。
6. 上人屋面铺贴地面砖；采用结构找坡，坡度为2%；斜屋面用波形瓦覆盖。
7. 砖墙防潮层设在±0.000以下60mm处，采用20mm厚1∶2水泥砂浆掺5%防水剂，室外勒脚高1050mm。
8. 室内装饰，详见装修施工图。
9. 外装修：外墙、超白乳胶漆；阳台、浅灰乳胶漆；栏杆，刷白漆；楼梯间隐形幕墙，浅绿色镀膜玻璃；外门窗、车库门为清漆，其余为香槟色铝合金，咖啡色玻璃。

20. 建筑施工图——别墅首层平面图、门窗表（20－2）

班级		姓名		日期	

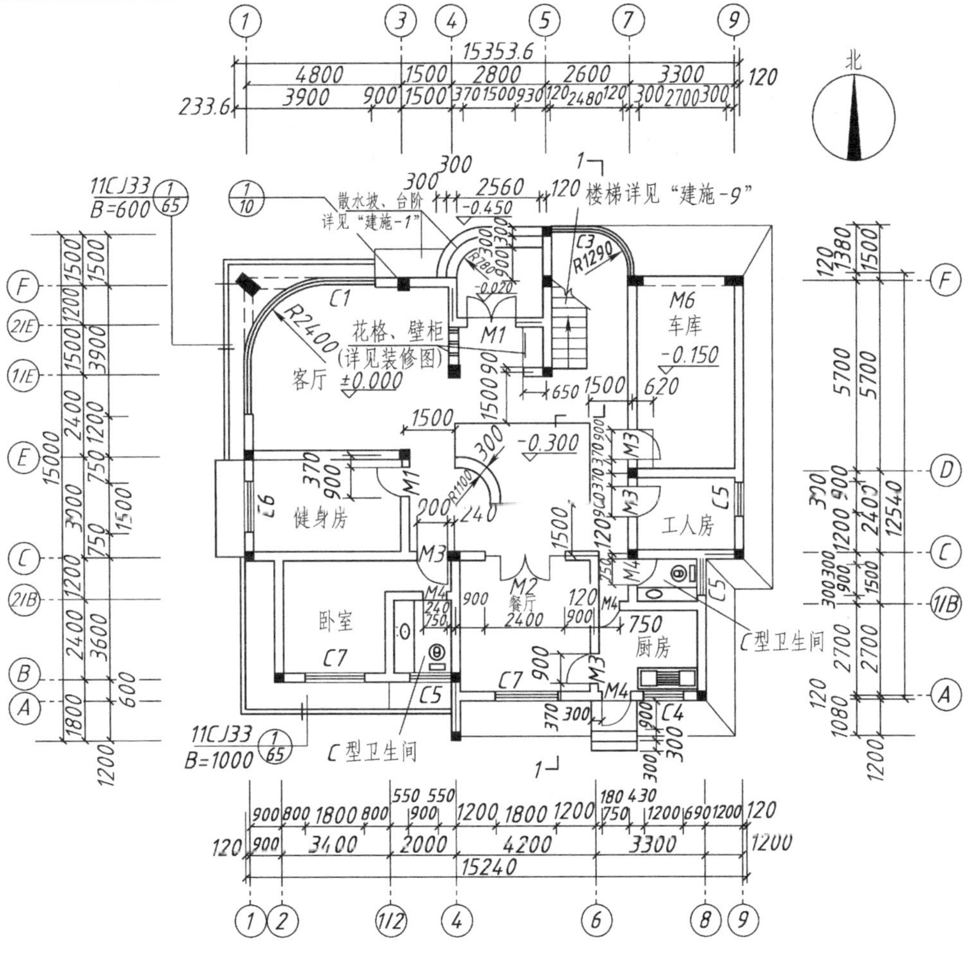

读图自测：

1. 图中共有________个索引符号。
2. $\frac{1}{10}$表示____________。
3. 首层室内地面标高为______________________。
4. 本图中门的编号有______________________。
5. 图中圆形部分的半径分别是________________。
6. 本图中窗的编号有________。
7. 卫生间的平面尺寸是________。
8. 图中虚线表达的意义是________。
9. 图中剖切位置所在的横向定位轴线编号为________。
10. 首层平面图中出现的标高分别是______________。

20. 建筑施工图——别墅二层平面图（20－3）	班级		姓名		日期	

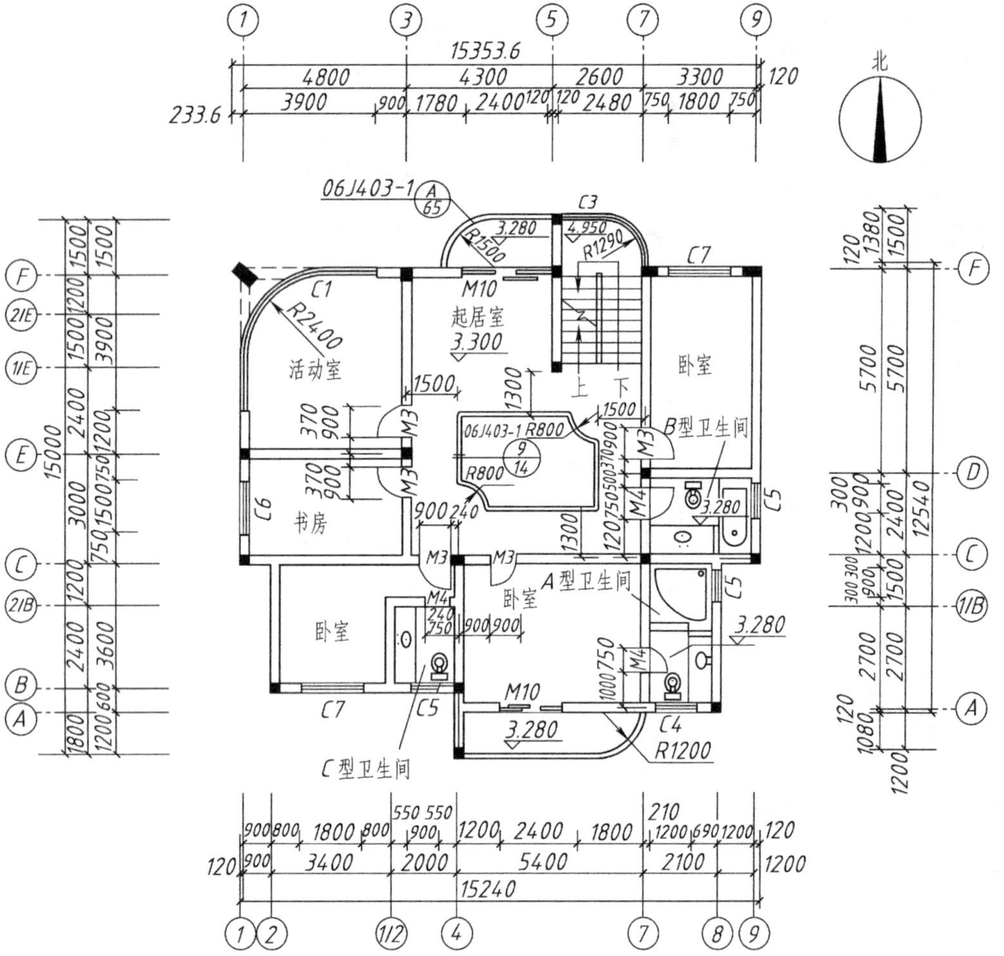

二层平面图 1:100

说明：墙厚除注明外，其余均为240mm。

读图自测：

1. 图中横向定位轴线____道，编号____；纵向定位轴线____道，编号____。
2. B型卫生间地面标高________。
3. 北卧室的开间尺寸________，进深尺寸________。
4. M4的宽度________。
5. 本图中窗子的编号有________。
6. B型卫生间平面尺寸是________。
7. 楼梯间休息平台高度与本层地面高度相差________ m。
8. 北起居室相连的阳台面积是______ m^2。
9. 南起居室相连的阳台面积是______ m^2。
10. 楼梯间休息平台的面积是______ m^2。

20. 建筑施工图——别墅屋面平面图、节点详图（20－4）	班级		姓名		日期	

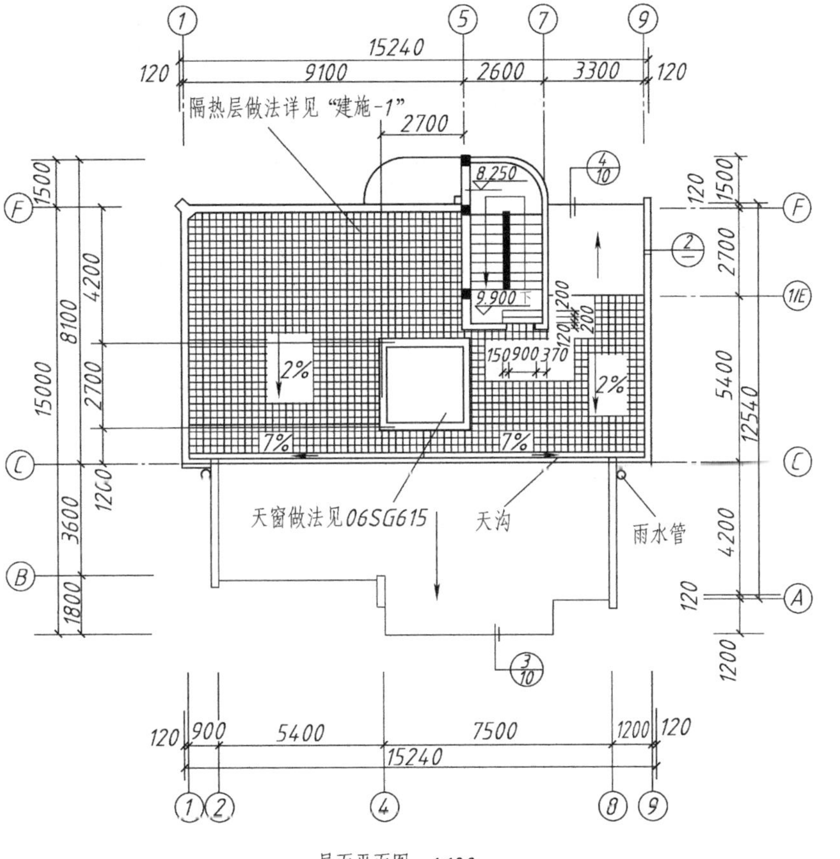

屋面平面图 1:100

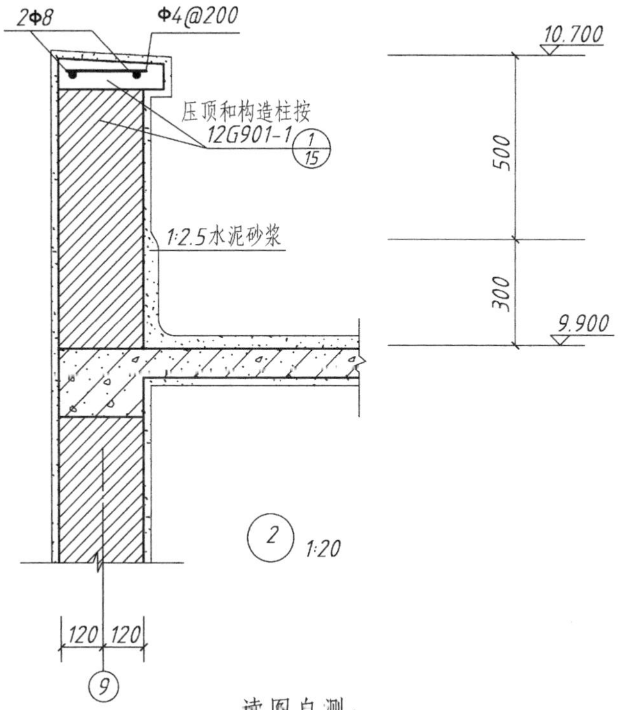

2 1:20

读图自测：

1. 女儿墙的高度为________。
2. 屋面泛水高度为________。
3. 平面图中详图索引共有____个。
4. 屋面排水坡度________。
5. 天沟排水坡度________。

20. 建筑施工图——别墅背立面图、1—1剖面图（20－5） | 班级 | | 姓名 | | 日期 |

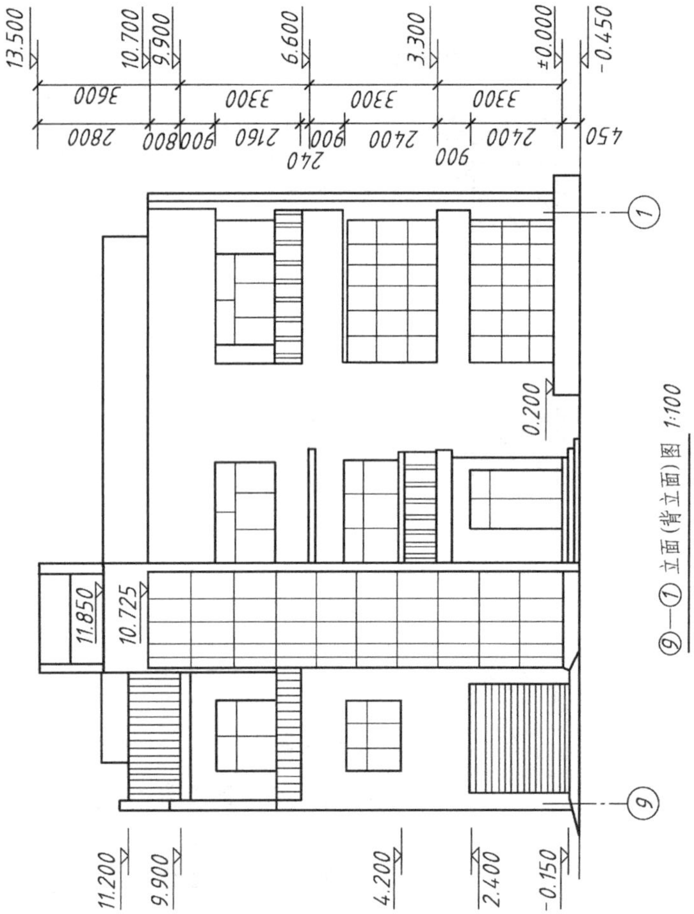

⑨—① 立面(背立面)图 1:100

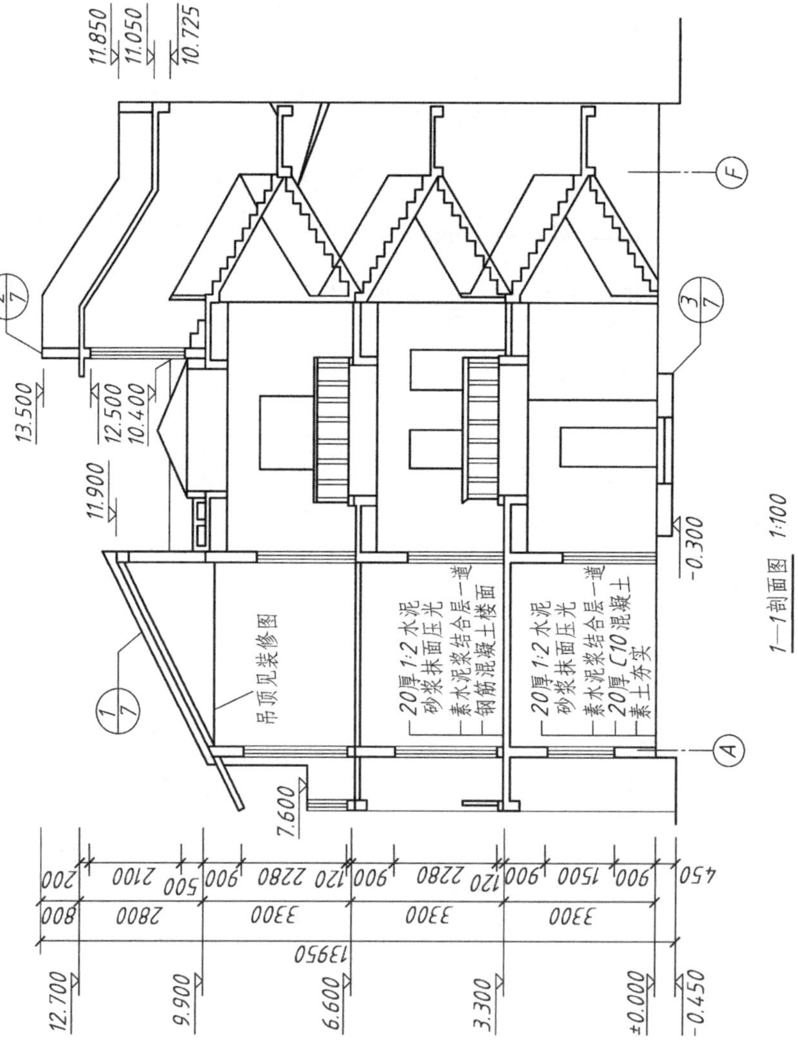

1—1剖面图 1:100

20. 建筑施工图——别墅楼梯间平面图（20-6）	班级		姓名		日期	

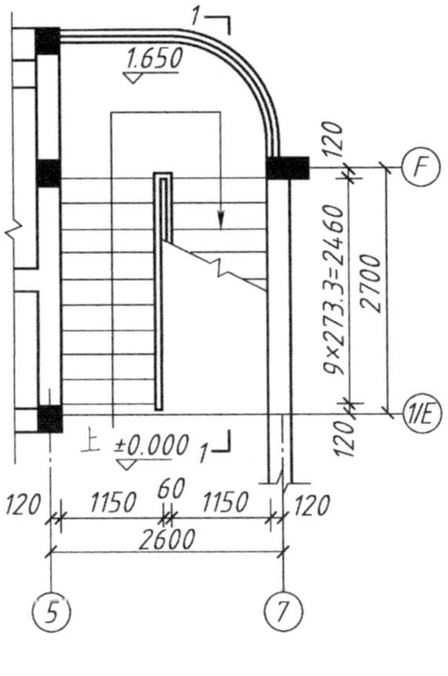

首层楼梯间平面图 1:50

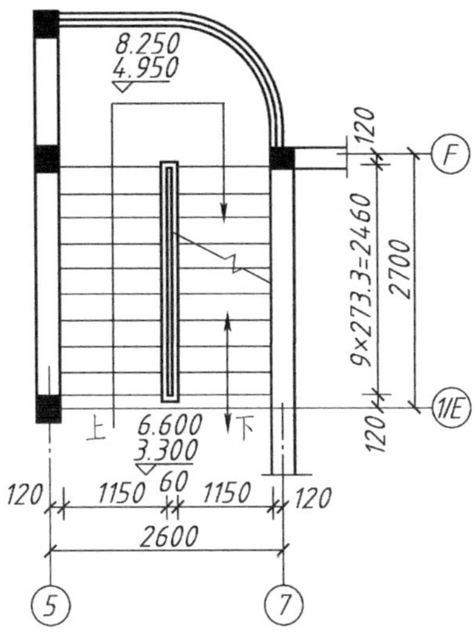

二至三层楼梯间平面图 1:50

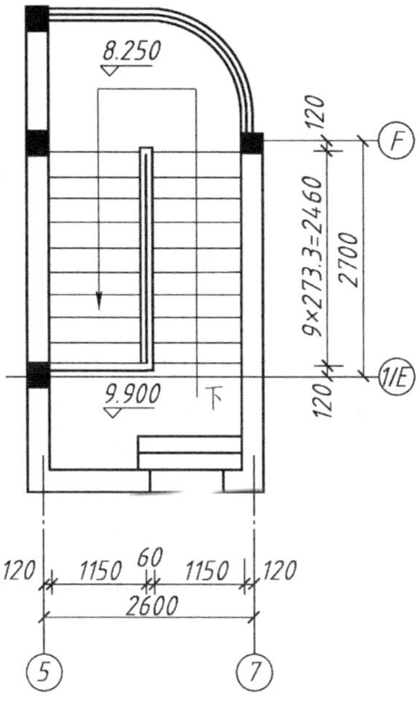

屋面层楼梯间平面图 1:50

读图自测：

1. 立面图中别墅的层高为_____。
2. 别墅室内外高差为_________。
3. 剖面图中剖切到的房间有________________________。
4. 坡屋面的构造高度为_______。
5. 窗台的高度为___________。
6. 楼梯的踏步尺寸为_________。
7. 楼梯的踏步数为_________。

20. 建筑施工图——别墅楼梯剖面图及节点详图（20－7）	班级		姓名		日期	

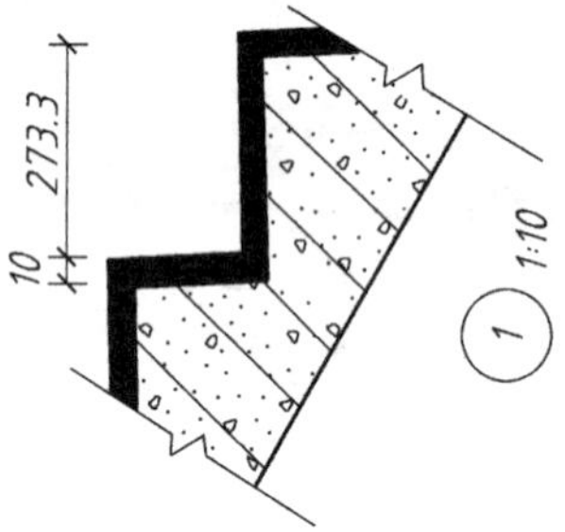

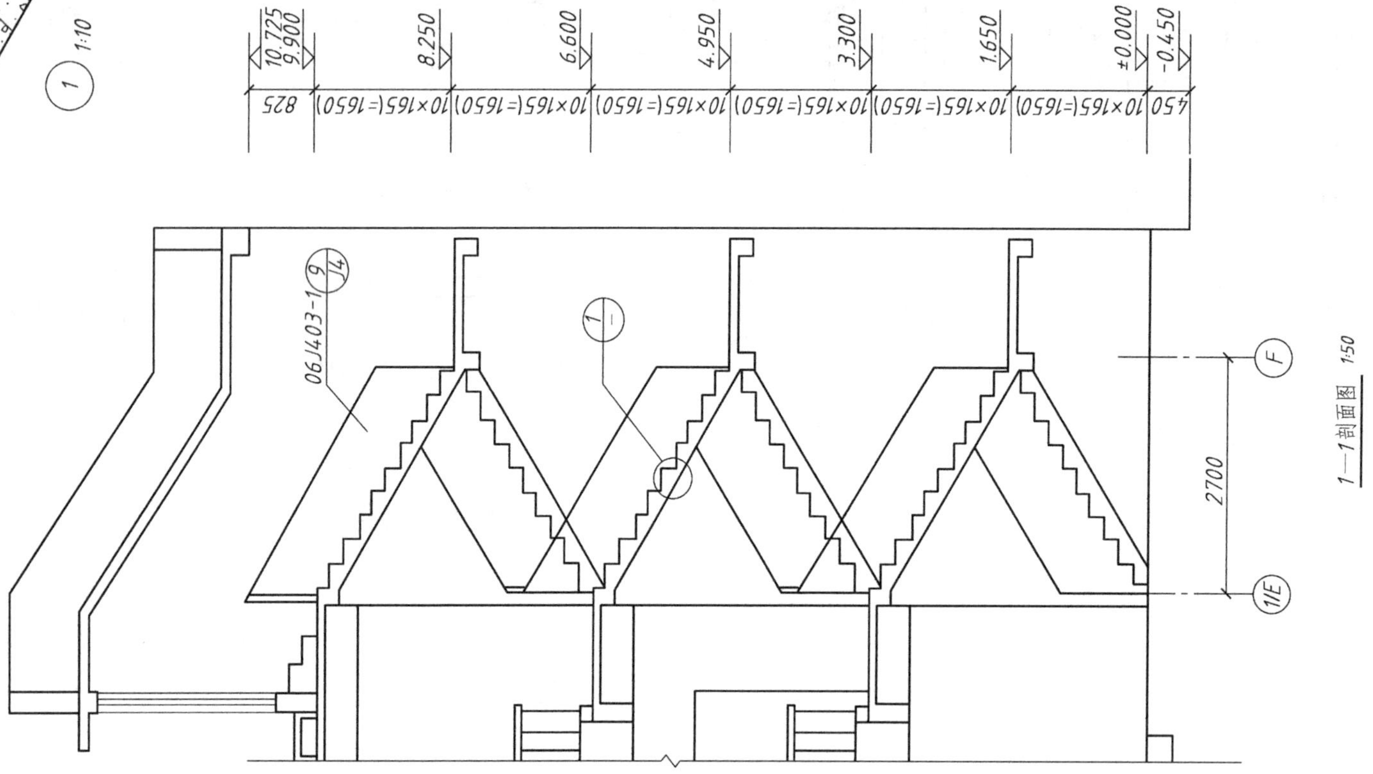

20. 建筑施工图——车库门立面图及节点详图（20－8）	班级		姓名		日期	

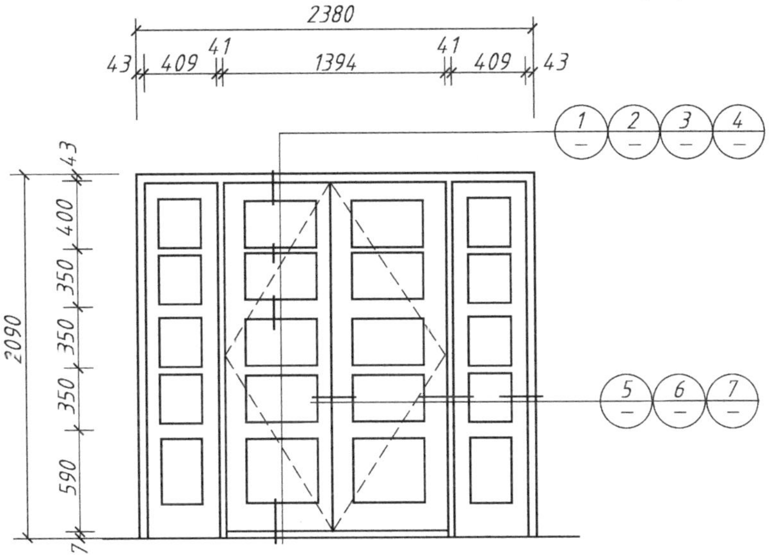

M6门立面图 1:30

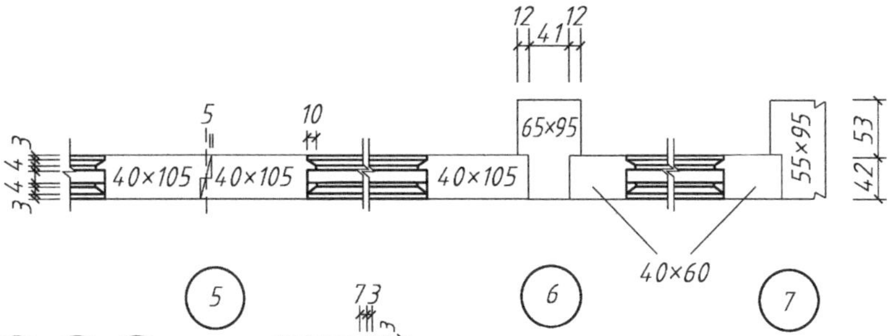

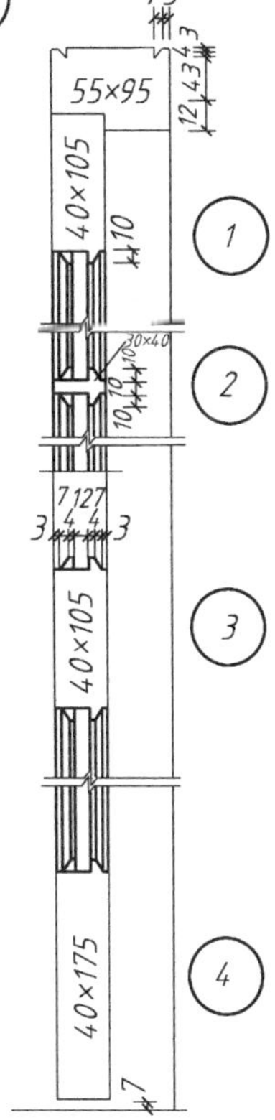

读图自测：

1. 车库门的平面尺寸________。

2. 车库门的厚度为________。

读图提示：注意索引符号与详图之间的对应关系。

M6门节点详图 1:5

20. 建筑施工图——墙身断面图（20－9）

班级　　姓名　　日期

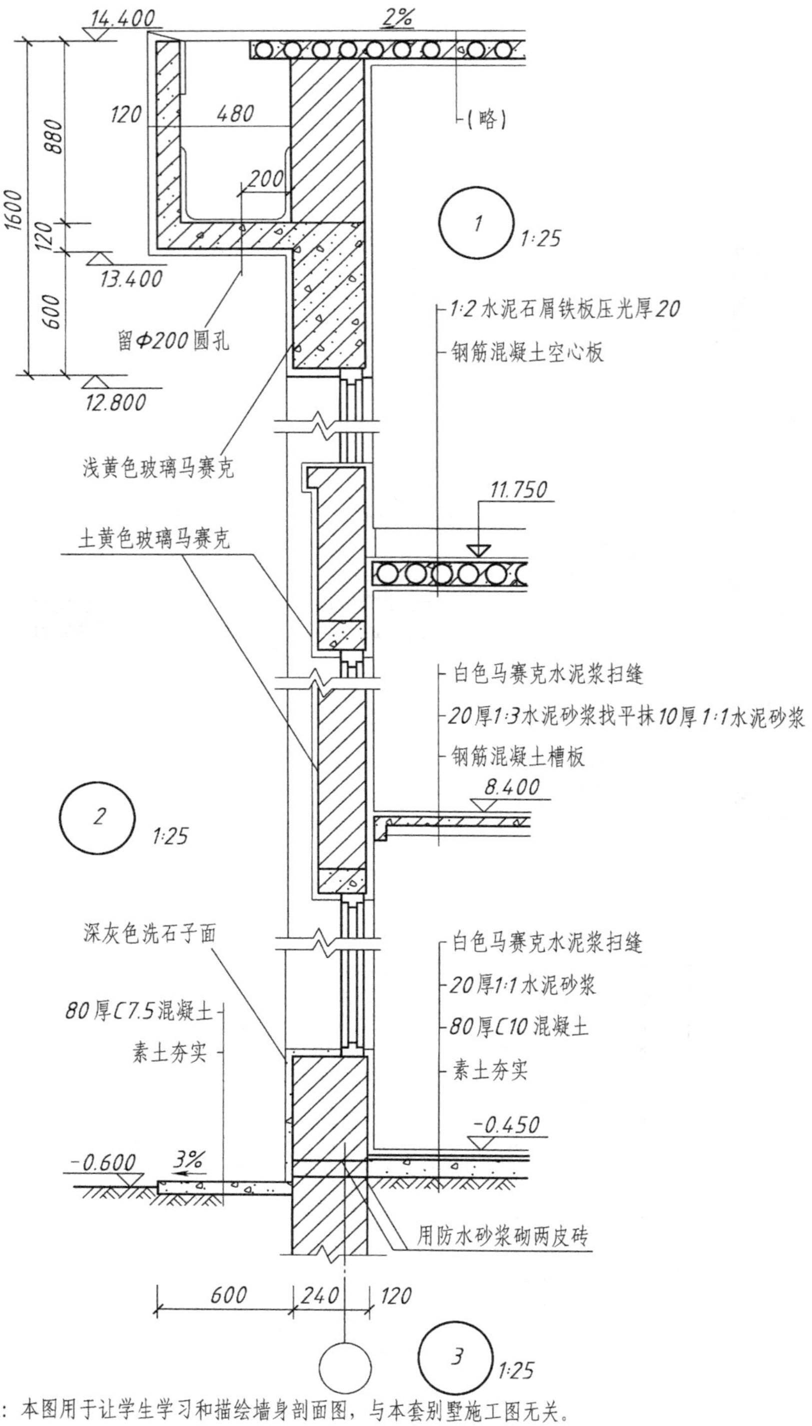

注：本图用于让学生学习和描绘墙身剖面图，与本套别墅施工图无关。

读图和画图提示：注意楼地面做法的不同，墙体及现浇结构的高度关系，屋面天沟的尺寸关系，线型和图例，文字说明用长仿宋书写，尺寸标注齐全，布图均匀。

21. 装饰施工图——别墅首层平面布置图（21－1）	班级		姓名		日期	

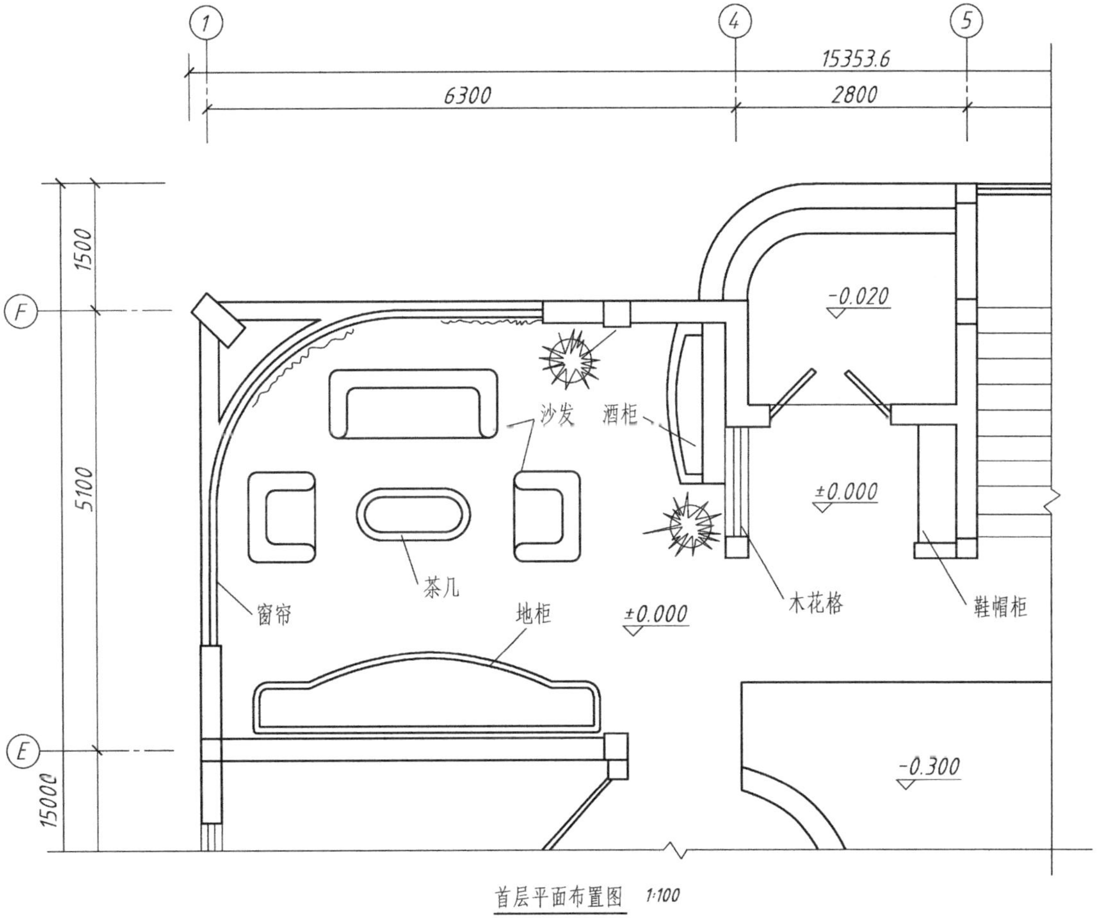

首层平面布置图 1:100

读图自测：

1. 本层装饰、装修家具有____________________。
2. 本层装修地面高差关系有_____种。

别墅装施 01

21. 装饰施工图——别墅首层地面装修平面图（21－2）	班级		姓名		日期	

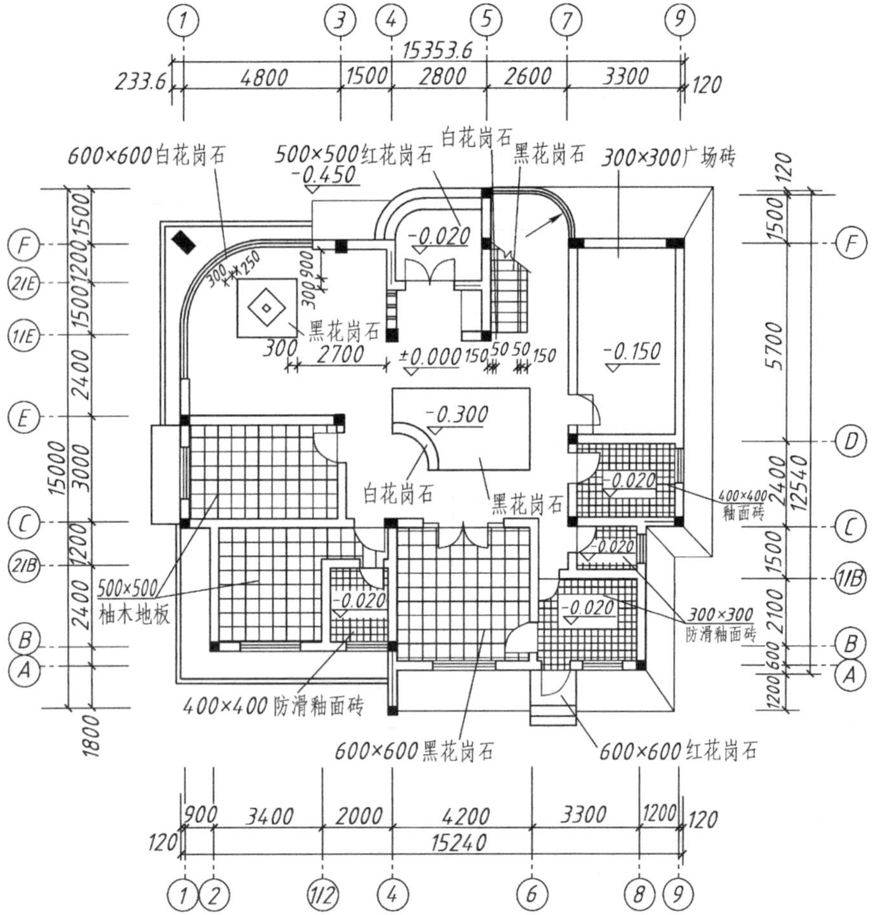

首层地面装修平面图 1:100

说明：图中各饰面材料品种另见样板。

读图自测：

1. 本层中用到的地面装饰材料有____、____、____、____、____。
2. 地面高差关系有____种。

别墅装施 02

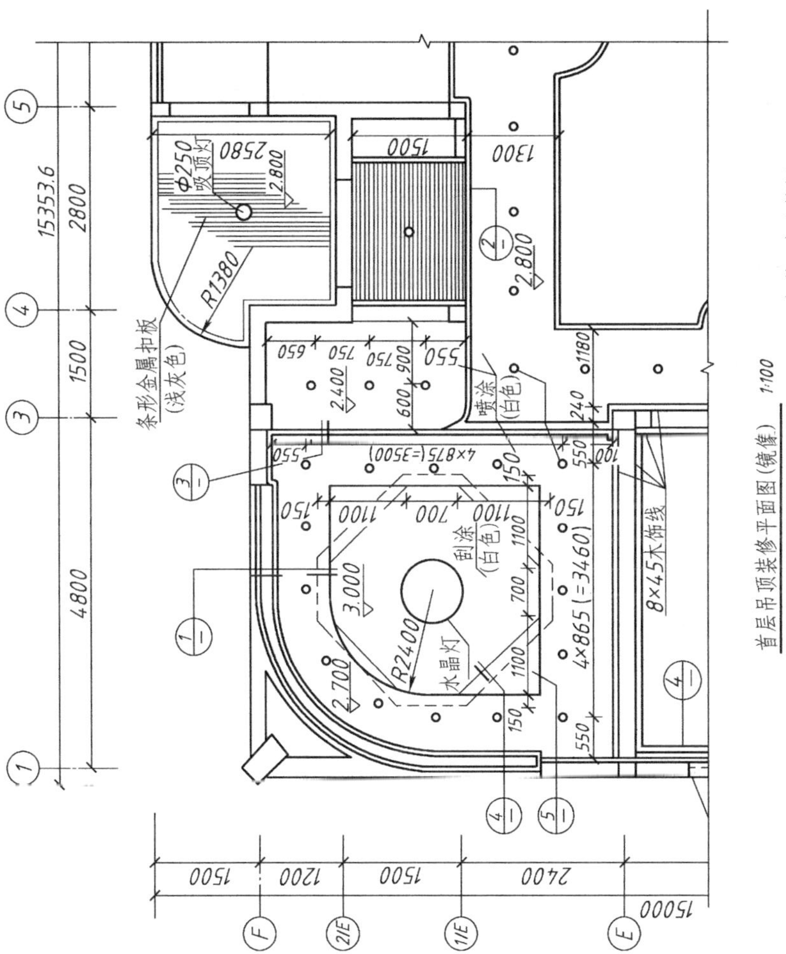

首层吊顶装修平面图(镜像) 1:100

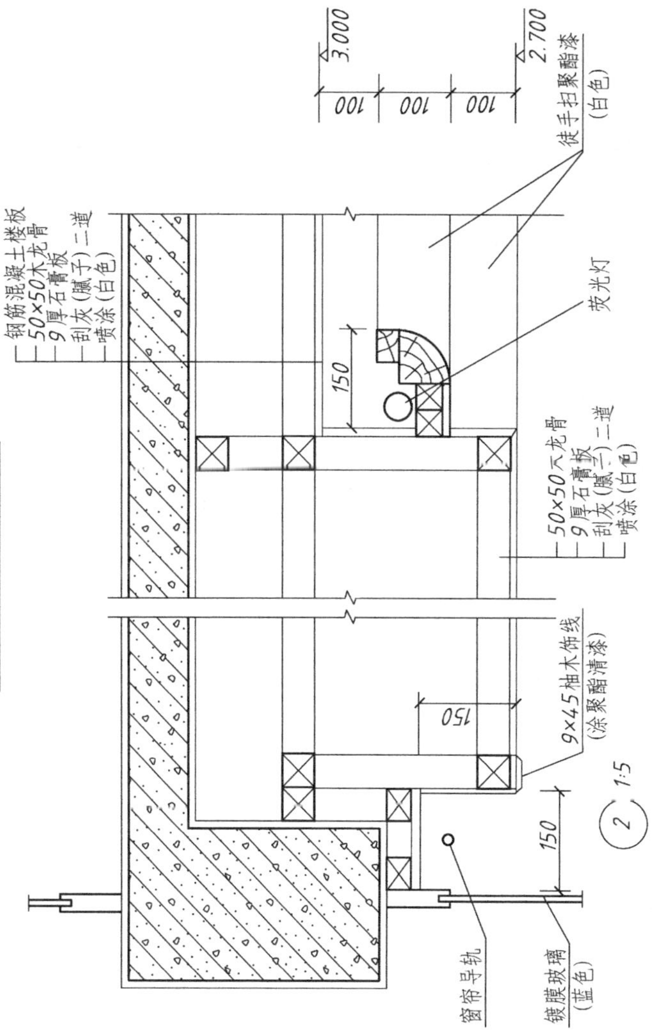

2 1:5

别墅装施03

读图自测：

1. 客厅的吊顶高度为________。

2. 装修中用到的灯具有________。

21. 装饰施工图——客厅Ⓔ墙装修立面图（21－4）	班级		姓名		日期	

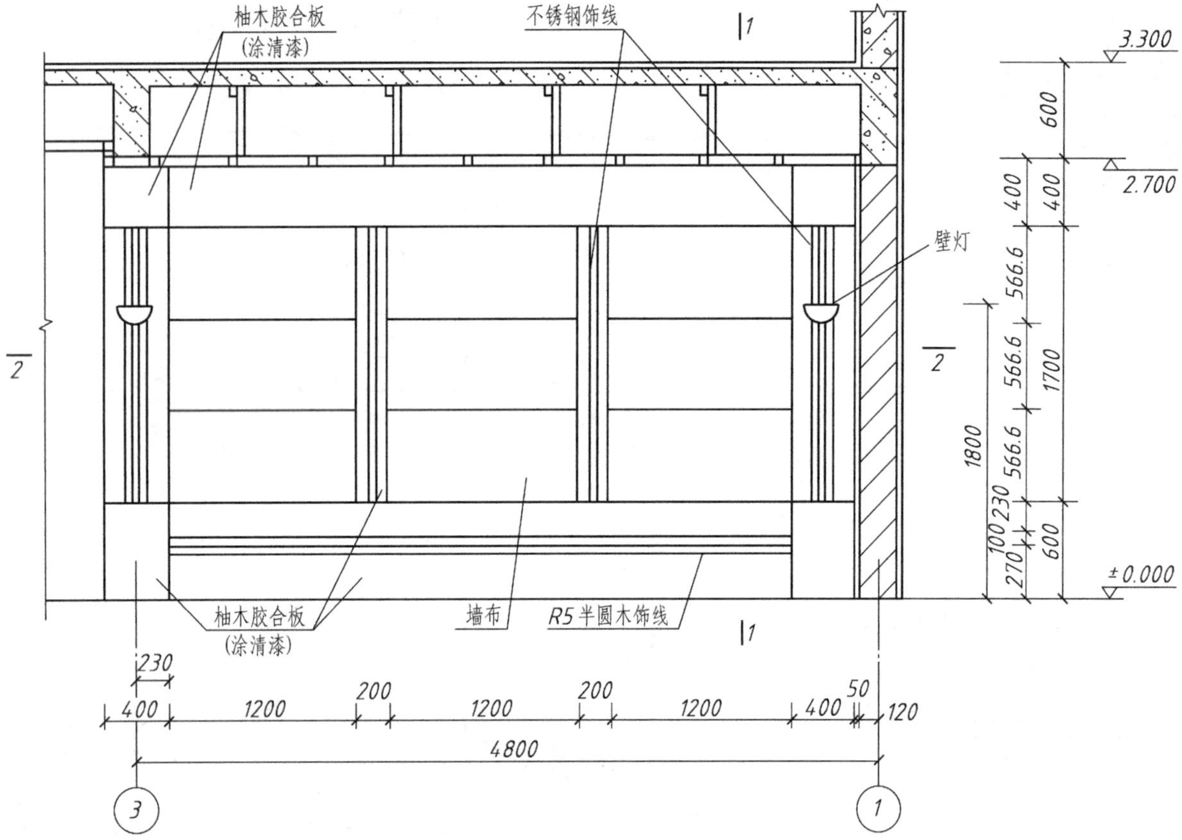

客厅Ⓔ墙装修立面图 1:30

读图自测：

1. 每块装饰墙布的尺寸为______________。
2. 壁灯高度为_________。
3. 墙面的装饰材料有______________种。
4. 墙体剖切位置有______处。

别墅装施 04

21. 装饰施工图——客厅Ⓔ墙装修 1—1、2—2 剖面图（21－5）	班级		姓名		日期	

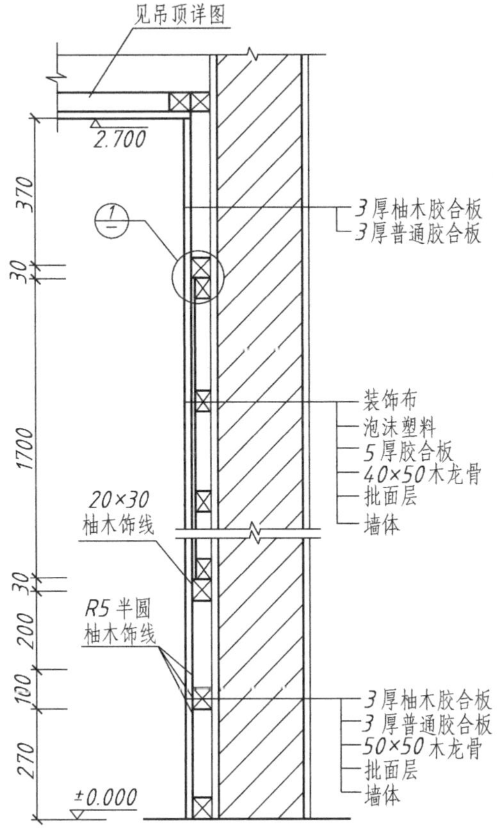

1—1剖面图 1:5

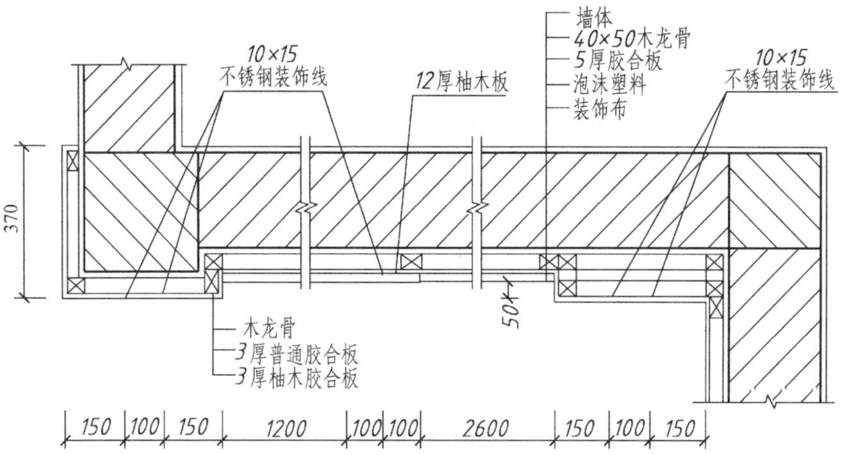

2—2剖面图 1:5

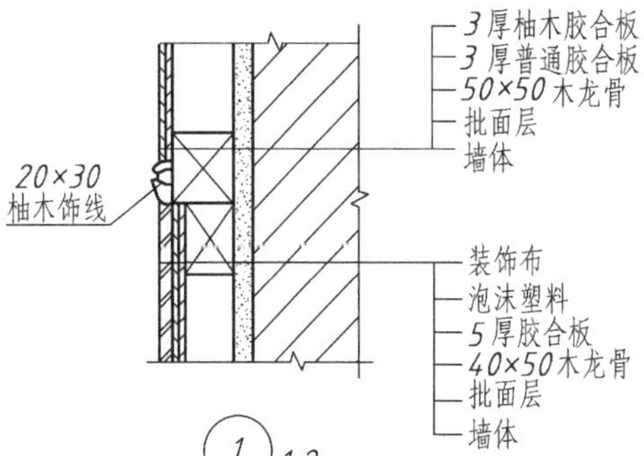

① 1:2

读图自测：

1. 1—1剖面图剖切位置为__________。

2. 本图中用到的胶合板种类有__________。

注：图中的木饰线及面层胶合板均批腻子，涂聚酯清漆。

别墅装施05

21. 装饰施工图——客厅④墙装修立面图及剖面图（21－6）	班级		姓名		日期	

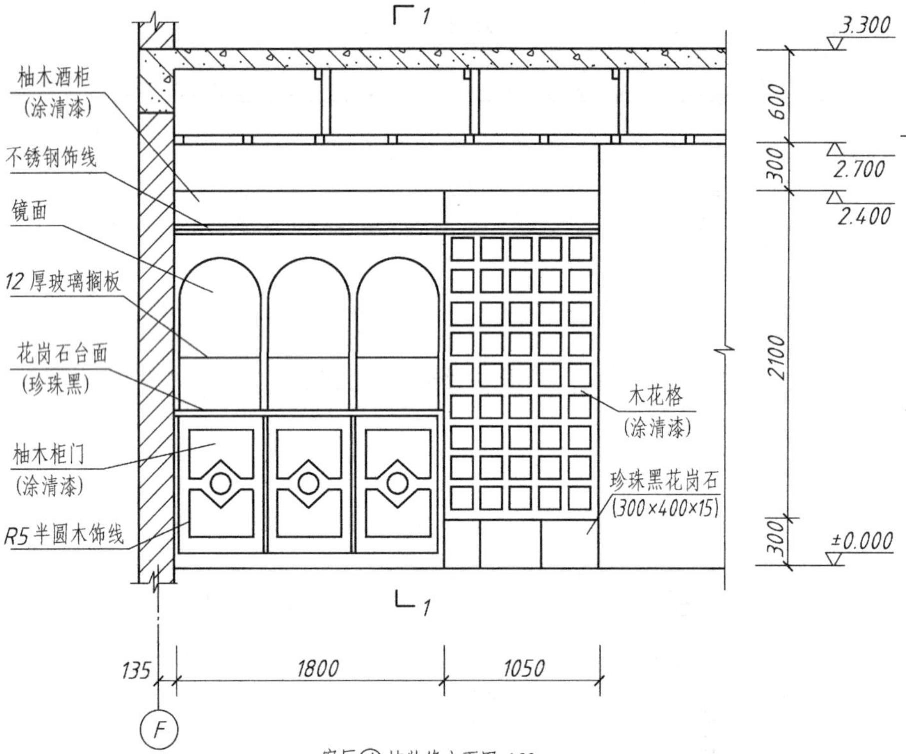

客厅④墙装修立面图 1:20

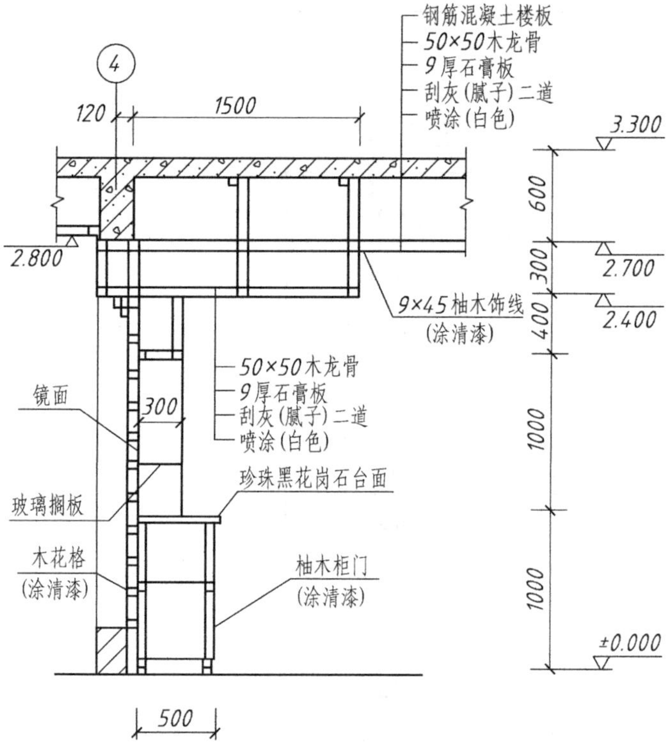

1—1 剖面图 1:20

读图自测：请列出本图的装饰备料单。

别墅装施 06

22. 结构施工图——别墅基础结构平面图及基础详图（22－1）	班级		姓名		日期	

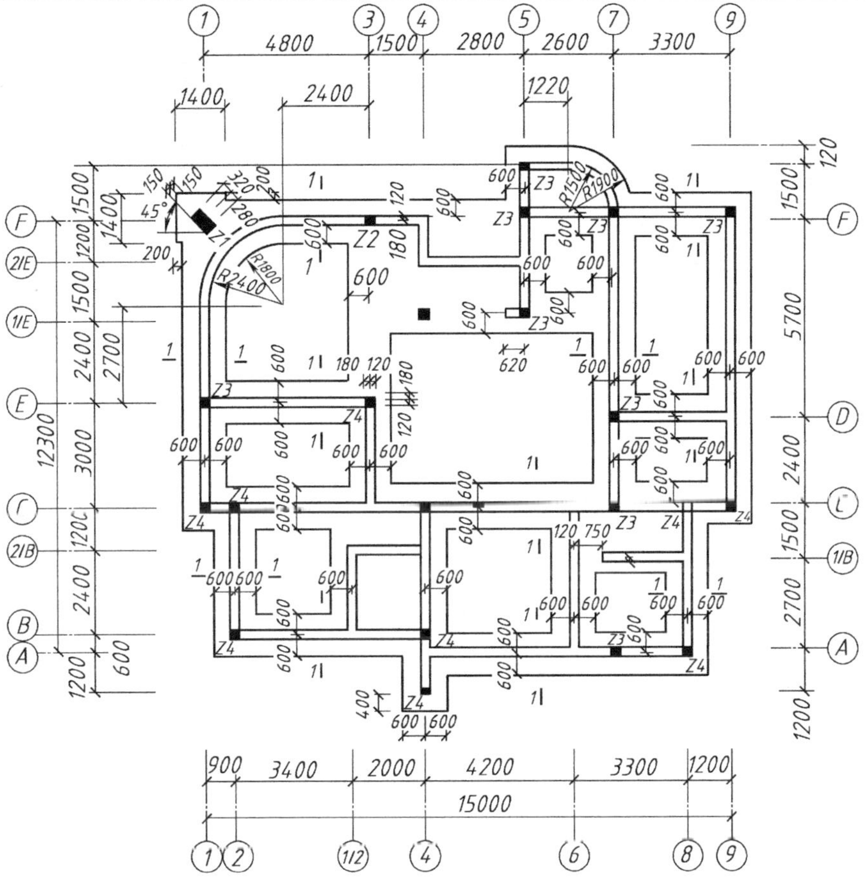

基础结构平面图 1:100

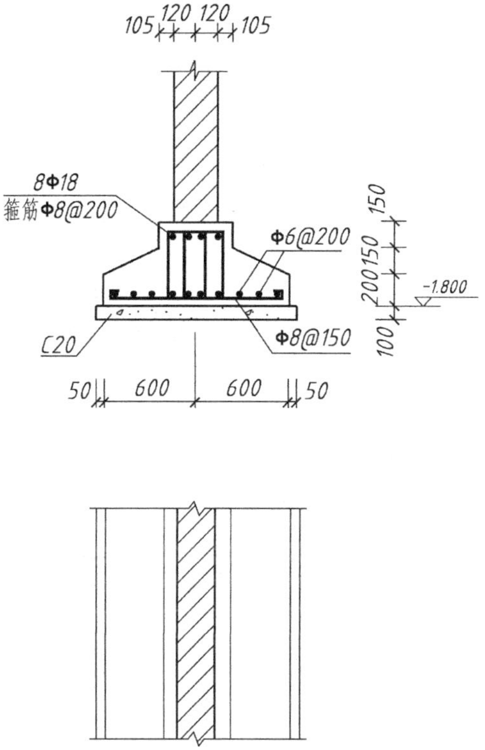

1—1 1:30

读图提示：

1. 识读一整套图纸中的结构施工图时要注意和建筑施工图相结合。
2. 结构施工图所示的内容主要是各结构构件的平面布置和构件的配筋情况。
3. 注意基础的形式、平面布置和内部配筋情况。

别墅结施 01

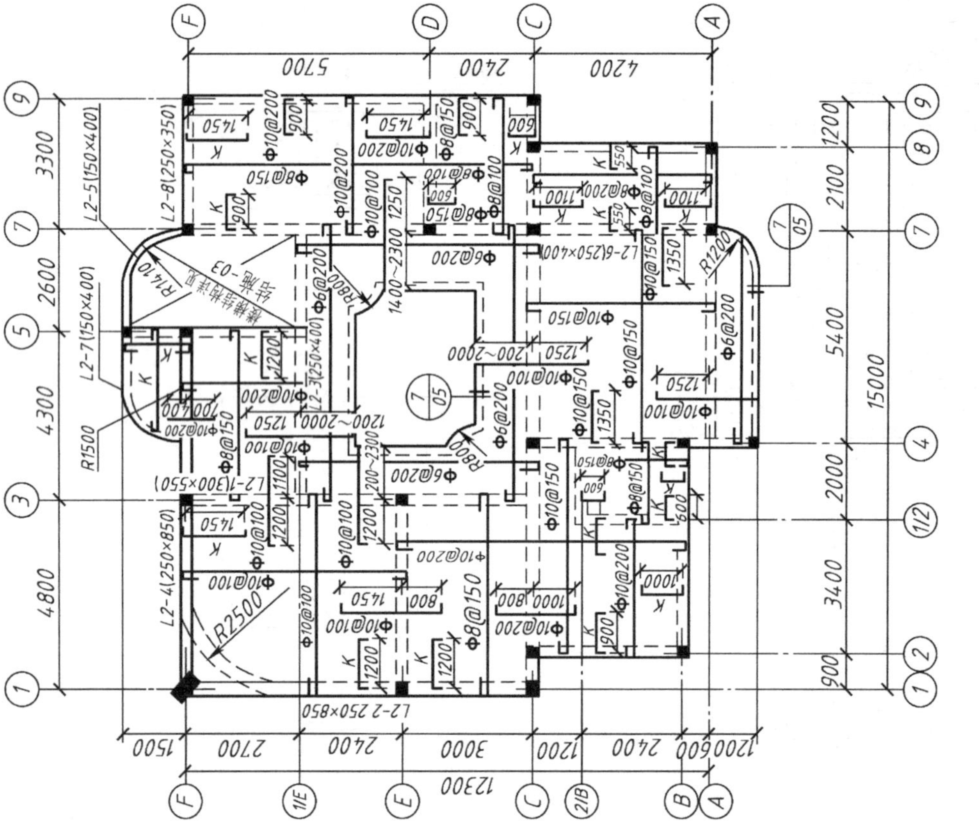

二层结构平面图 1:50

注：1.图中K代表Φ8@200。
2.未标注代号的梁均为QL(240×240)。
3.楼板厚均为120。

读图提示：

1. 在识读结构平面图中构件的平面布置时要抓住定位轴线这个关键。
2. 注意图中构件轮廓实线与虚线的含义。
3. 注意识读板的配筋情况，并要根据钢筋弯钩的方向判断是板底还是板顶配筋。

别墅结施 02

22. 结构施工图——别墅 L2－1 梁配筋立面图、钢筋详图（22－3）	班级		姓名		日期	

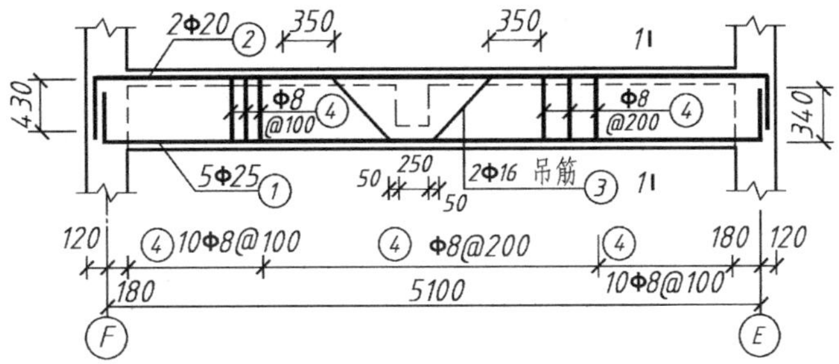

L2-1梁配筋立面图 1:30

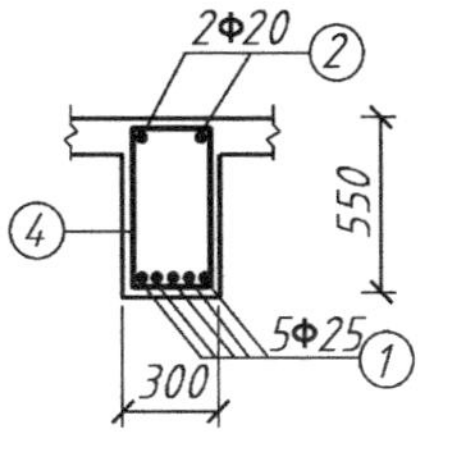

1—1 1:20

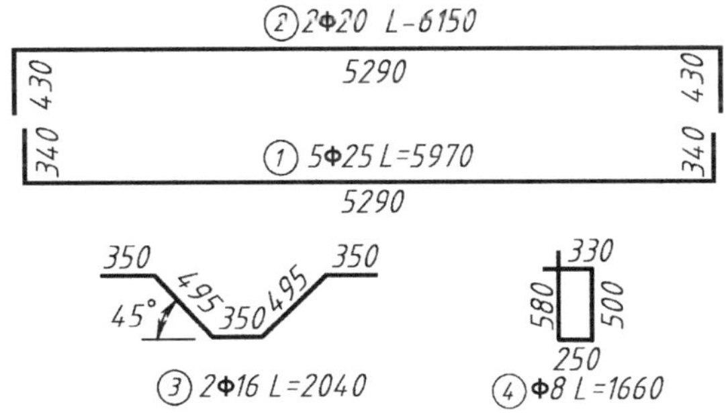

钢筋详图 1:30

钢筋表

钢筋编号	钢筋规格	钢筋简图	单根长度	数量/根
①	Φ25	340 5290 340	5970	5
②	Φ20	430 5290 430	6150	2
③	Φ16	350 350 350 495 495	2040	2
④	Φ8	250 580 330 500	1660	34

作业要求：

1. 根据梁的配筋立面图和断面图读懂梁内钢筋的布置情况。
2. 根据钢筋的详图及钢筋表读懂钢筋的外形、等级尺寸及数量等相关内容。

别墅结施 03

22. 结构施工图——别墅 L3－1 梁配筋立面图、钢筋详图（22－4）	班级		姓名		日期	

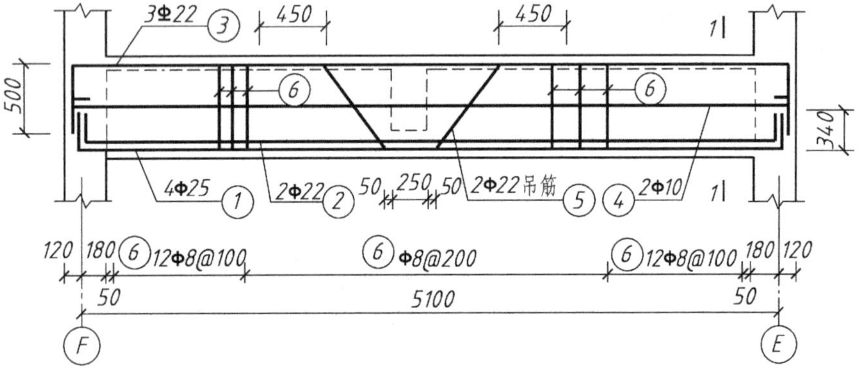

L3－1梁配筋立面图 1:30

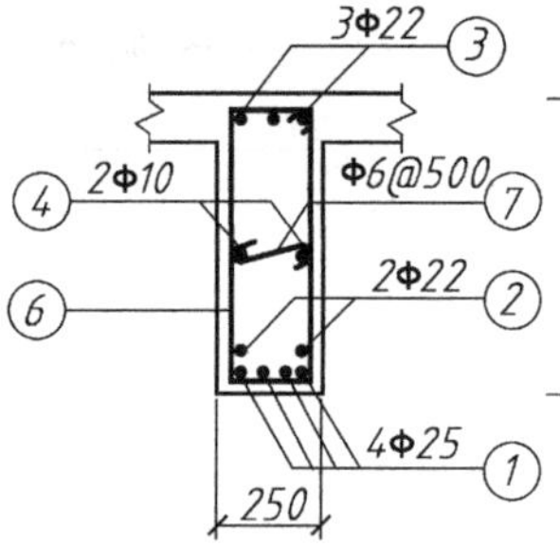

1—1 1:20

作业要求：

1. 读图时注意箍筋的配置情况，弄懂加密区与非加密区的不同配置情况。
2. 注意与 L2－1 梁配筋图相比较，箍筋的形式有何不同？
3. 根据 L3－1 梁配筋立面图和断面图列出钢筋表。

别墅结施 04

22. 结构施工图——别墅 Z1 配筋图及钢筋表（22－5）

班级 | 姓名 | 日期

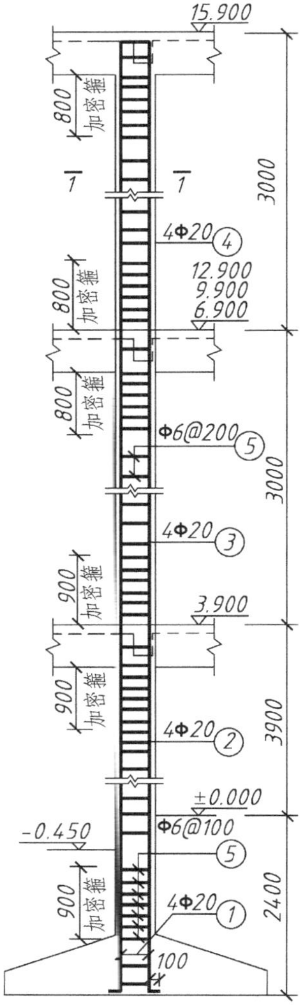

Z1 配筋图 1:50

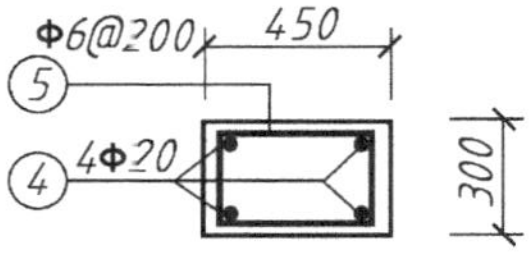

1—1 1:20

钢筋表

钢筋编号	钢筋规格	钢筋简图	数量/根	长度/mm	总长度/m
①	Φ20	100 1650	4	1930	7.72
②	Φ20	6400	4	6580	26.32
③	Φ20	3800	4	3980	15.92
④	Φ20	2975	4	3155	12.62
⑤	Φ6	400 250	105	1400	147.0

说明:
1. 基础部分做法见基础详图。
2. 钢筋混凝土柱采用C20混凝土。
3. 钢筋Φ为HPB300。

作业要求：

1. 注意根据图的标注识读柱的标高及断面尺寸。

2. 由配筋立面图与断面图相结合读懂柱的配筋情况，如纵筋、箍筋的尺寸形状等。

3. 根据钢筋表确定钢筋的外形、尺寸，从而了解某一型号钢筋的下料情况。

别墅结施 05

22. 结构施工图——梯段板配筋图（22－6）	班级		姓名		日期	

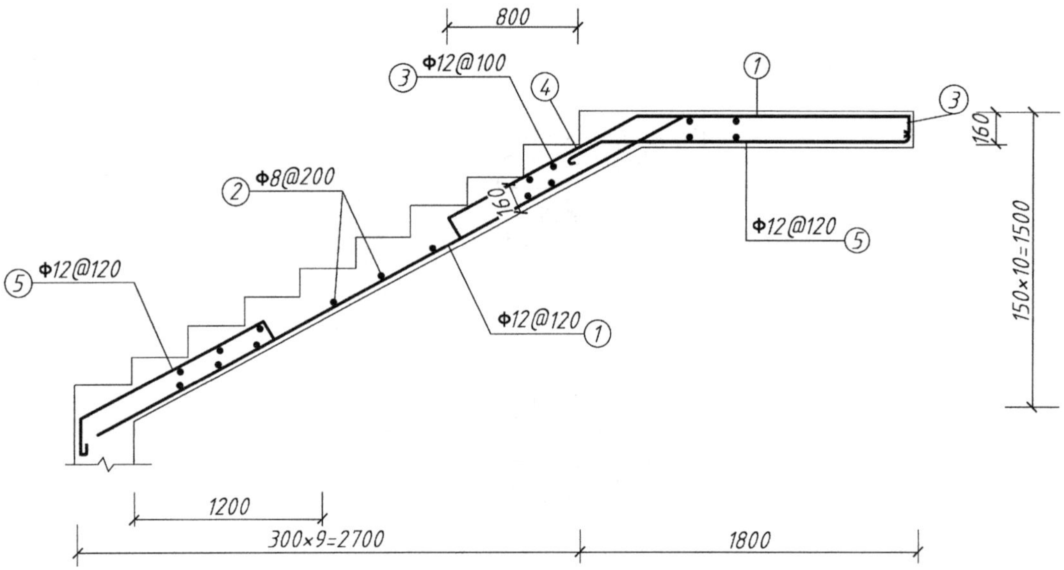

TB-1 1:25

作业要求：

1. 试读出该梯段板结构图中踏步的数量高度及踏步板的厚度。
2. 根据该梯段板的配筋图读懂梯段板的配筋情况，如钢筋编号、形状、尺寸等。
3. 试以①号钢筋为例画出钢筋的外形图。

22. 结构施工图——梁平法识图（22－7）	班级		姓名		日期	

梁截面注写方式示例

层号	标高/m	层高/m
屋面2	65.670	
塔层2	62.370	3.30
屋面1（塔层1）	59.070	3.30
16	55.470	3.60
15	51.870	3.60
14	48.270	3.60
13	44.670	3.60
12	41.070	3.60
11	37.470	3.60
10	33.870	3.60
9	30.270	3.60
8	26.670	3.60
7	23.070	3.60
6	19.470	3.60
5	15.870	3.60
4	12.270	3.60
3	8.670	3.60
2	4.470	4.20
1	-0.030	4.50
-1	-4.530	4.50
-2	-9.030	4.50

结构层楼面标高
结构层高

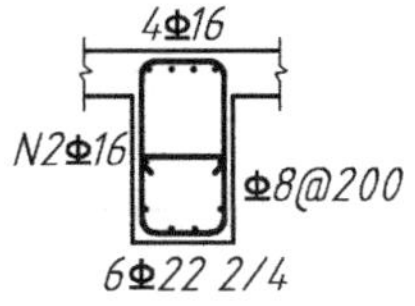

1—1
300×550

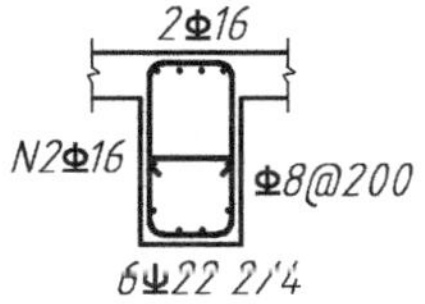

2—2
300×550

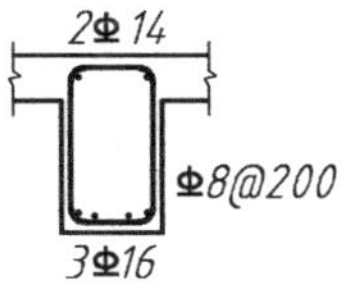

3—3
250×450

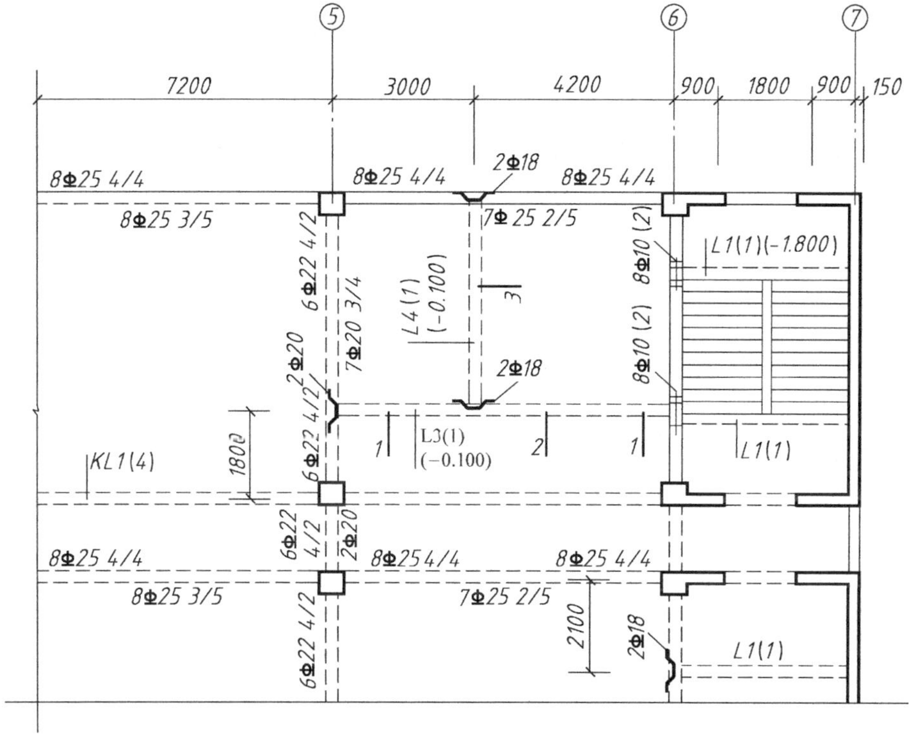

15.870—26.670梁平法施工图(局部)

注：可在结构层楼面标高、结构层高表中加设混凝土强度等级等栏目。

作业要求：试读出梁平法施工图的图示内容，并解释梁平法标注内容的含义。

22. 结构施工图——板平法识图（22－8）

班级		姓名		日期	

板平面注写方式示例

屋面2	65.670	
塔层2	62.370	3.30
屋面1 （塔层1）	59.070	3.30
16	55.470	3.60
15	51.870	3.60
14	48.270	3.60
13	44.670	3.60
12	41.070	3.60
11	37.470	3.60
10	33.870	3.60
9	30.270	3.60
8	26.670	3.60
7	23.070	3.60
6	19.470	3.60
5	15.870	3.60
4	12.270	3.60
3	8.670	3.60
2	4.470	4.20
1	-0.030	4.50
-1	-4.530	4.50
-2	-9.030	4.50
层号	标高/m	层高/m

结构层楼面标高
结构层高

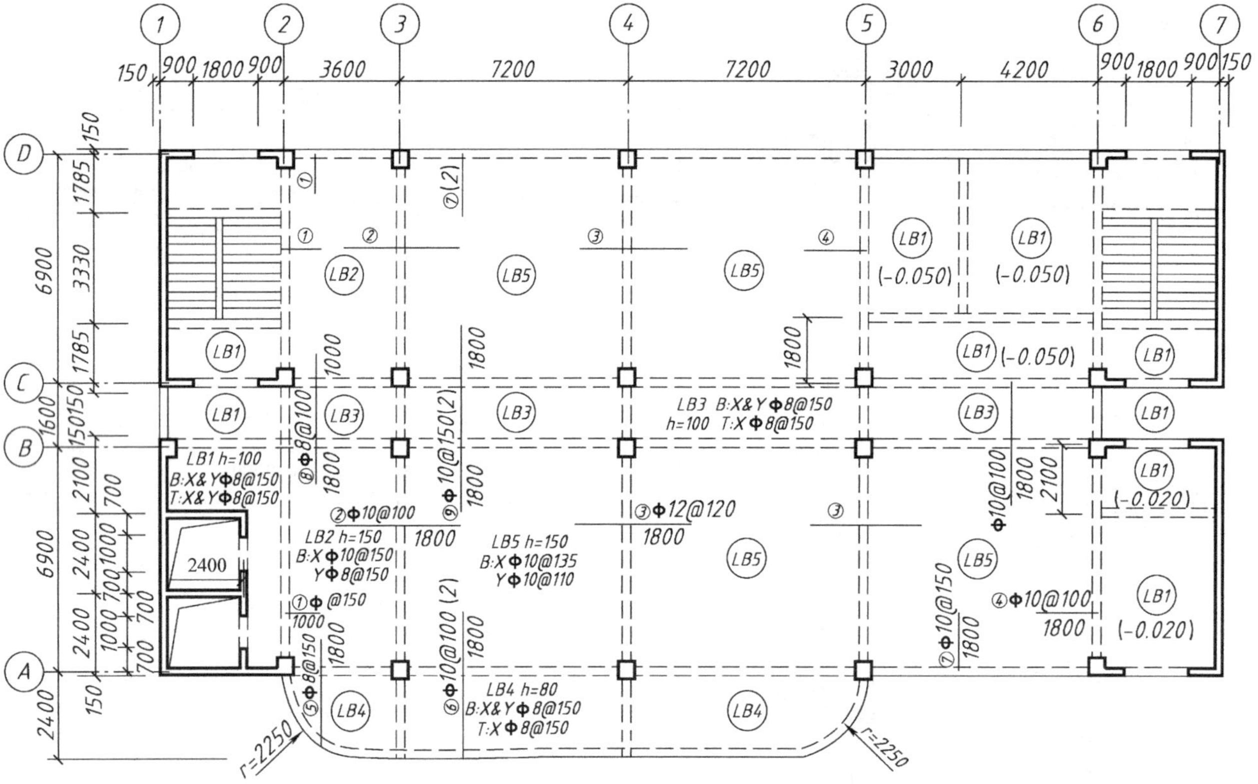

板平法施工图

注：1. 可在结构层楼面标高、结构层高表中加设混凝土强度等级等栏目。
2. 未注明分布筋为Φ8@250。

作业要求：试读出板平法施工图的图示内容，并解释板平法标注内容的含义。

22. 结构施工图——柱平法识图（22-9）

班级		姓名		日期	

柱截面注写方式示例

层号	标高/m	层高/m
屋面2	65.670	
塔层2	62.370	3.30
屋面1（塔层1）	59.070	3.30
16	55.470	3.60
15	51.870	3.60
14	48.270	3.60
13	44.670	3.60
12	41.070	3.60
11	37.470	3.60
10	33.870	3.60
9	30.270	3.60
8	26.670	3.60
7	23.070	3.60
6	19.470	3.60
5	15.870	3.60
4	12.270	3.60
3	8.670	3.60
2	4.470	4.20
1	-0.030	4.50
-1	-4.530	4.50
-2	-9.030	4.50

结构层楼面标高
结构层高

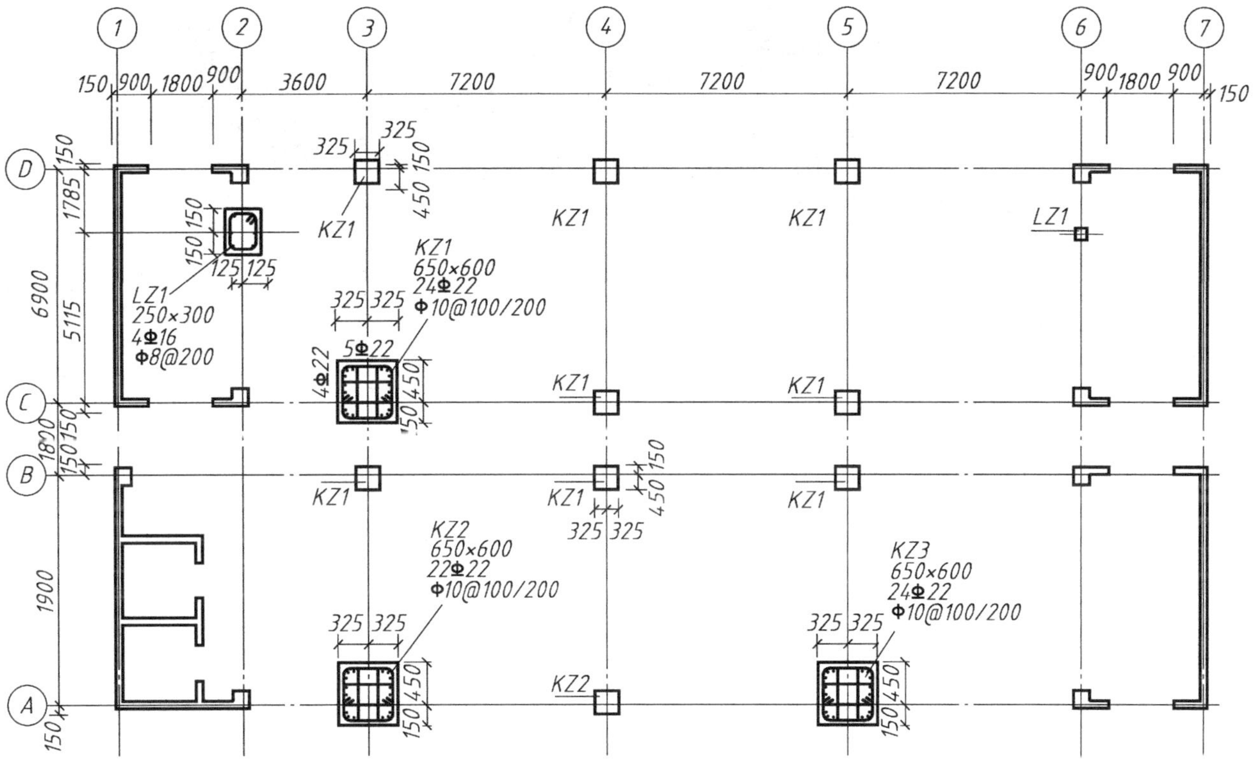

柱平法施工图

作业要求：试读出柱平法施工图的图示内容，并解释柱截面注写内容的含义。

22. 结构施工图——单层工业厂房结构图（22－10）	班级		姓名		日期	

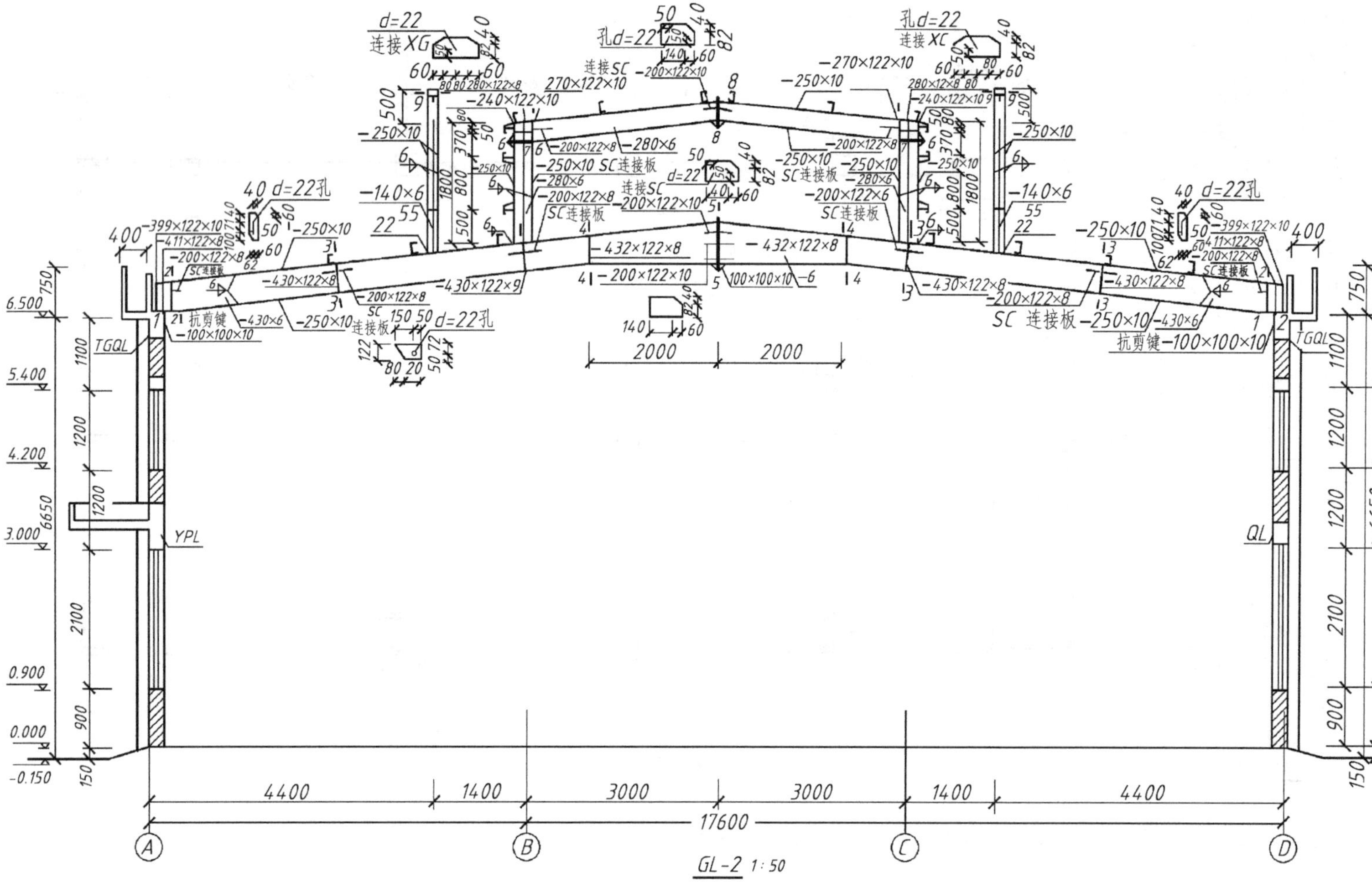

GL-2 1:50

22. 结构施工图——单层工业厂房结构图（22－10）	班级		姓名		日期	

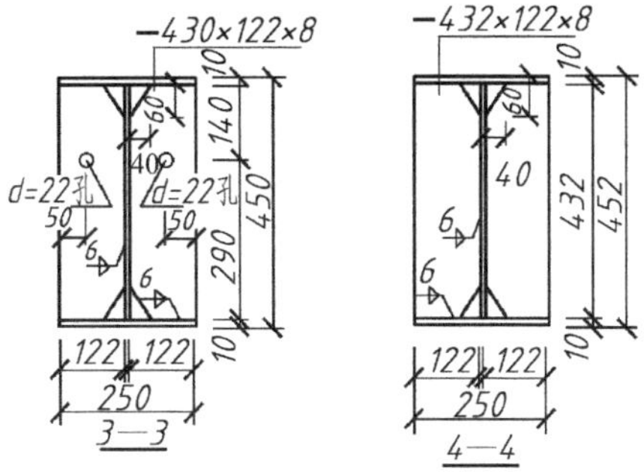

作业要求：

1. 上图为某单层工业厂房结构施工图，识读时注意钢结构部分的标注，可结合 3—3、4—4 剖面图。

2. 试列出单层排架工业厂房主要组成部分。

3. 试说明 3—3 断面图中标注的含义。

4. 试说明钢屋架在 4—4 断面处的组成情况以及标注−432×122×8 的含义。

5. 说明 TGQL 上部与屋架相接处抗剪键的作法。

6. 根据 3—3、4—4 断面图画出钢梁的金属件翻样图。

23. 钢结构详图——设水平抗风桁架的山墙墙架（23－1）	班级		姓名		日期	

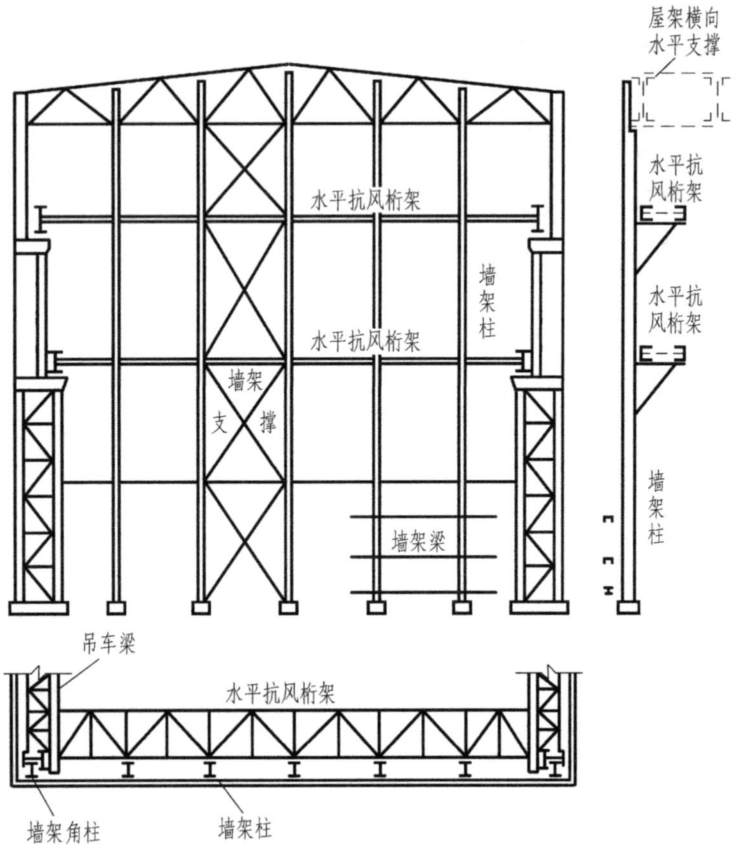

读图自测：

1. 山墙墙架柱的类型及根数________。
2. 墙架梁________________道。
3. 水平抗风桁架________________道。
4. 屋架横向水平支撑________________组。
5. 墙架垂直支撑________________组。
6. 吊车梁________________道。
7. 墙架连系梁________________道。

23. 钢结构详图——双铰门式实腹刚架（23－2）	班级		姓名		日期	

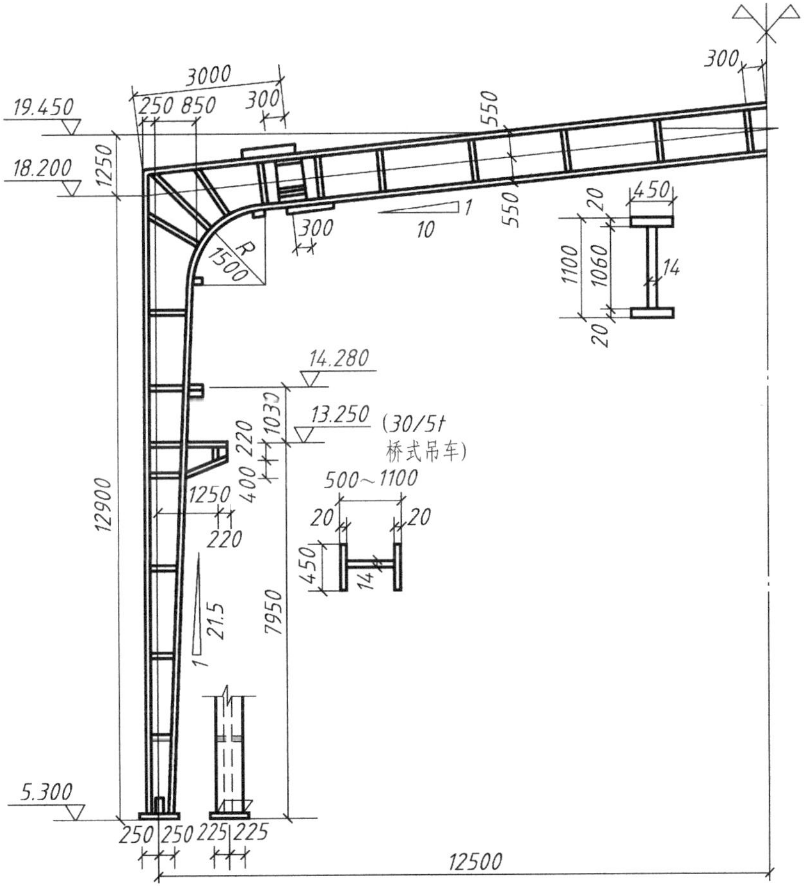

读图自测：

1. 双铰门式实腹刚架的材料类型及尺寸为________。
2. 刚架梁的定位倾斜比例为________。
3. 刚架柱的定位斜度为________。
4. 拼式吊车的定位高度为________。
5. 刚架转角半径为________。
6. 刚架柱的断面尺寸为________。
7. 双铰门式实腹刚架的总跨长为________。

23. 钢结构详图——山墙墙架柱与屋架的连接（23－3）	班级		姓名		日期	

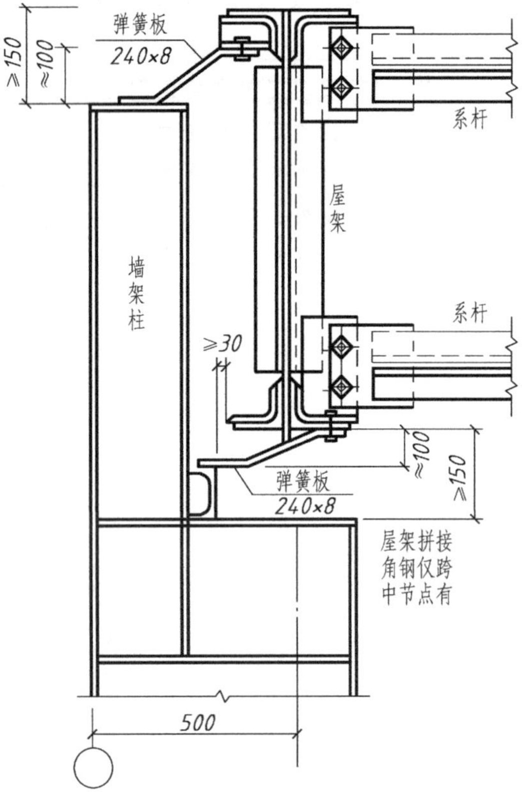

读图自测：

1. 墙架柱与屋架连接的定位尺寸为_____________。
2. 系杆与屋架连接方式是_____________。
3. 屋架与墙架柱的连接件是_____________。
4. 屋架拼接角钢存在_____________。
5. 说明图中数字 100 和 150 的适用条件是_____________。
6. 尝试画出节点轴测草图。

23. 钢结构详图——梁柱刚性连接（23－4）	班级		姓名		日期	

梁柱刚性连接

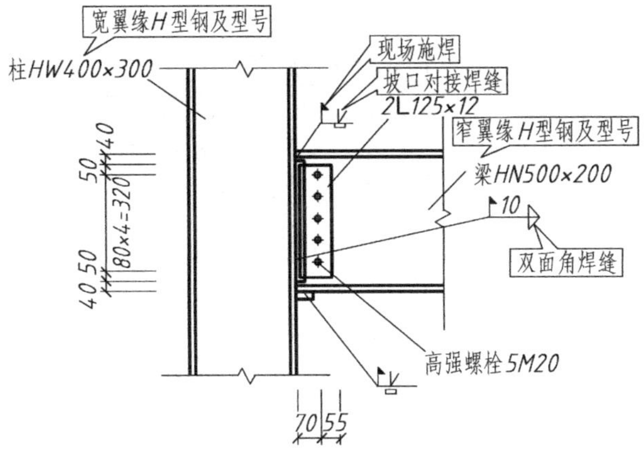

变截面柱偏心拼接连接

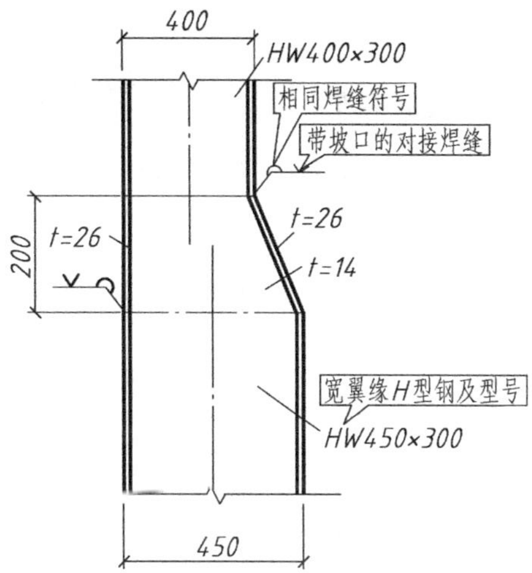

读图自测：

1. 梁截面类型及尺寸为____________。
2. 柱截面类型及尺寸为____________。
3. 梁柱连接方式为____________。
4. 刚性连接指____________。
5. 变截面柱偏心拼接方式为____________。
6. 变截面柱过渡区尺寸为____________。

23. 钢结构详图——梁柱铰接和半刚性连接（23－5）	班级		姓名		日期	

梁柱铰支连接

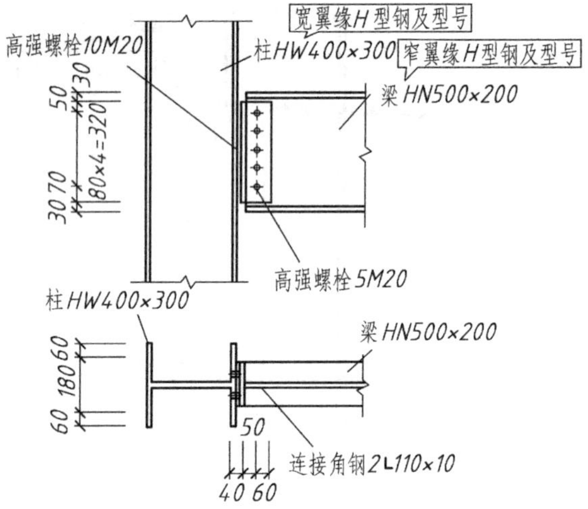

梁柱半刚性连接

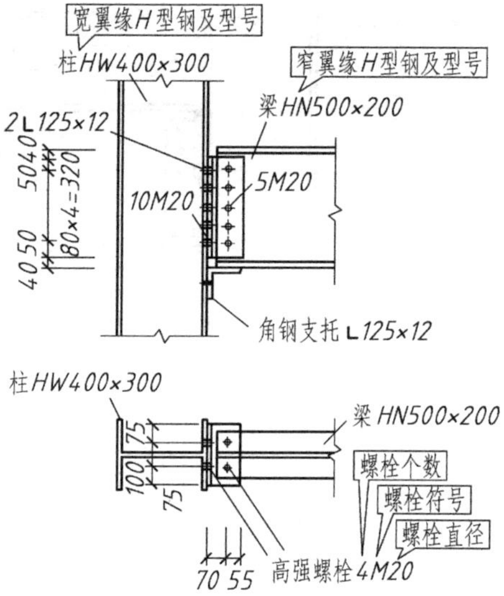

读图自测：对比两种连接方式，找出区别。

23. 钢结构详图——轻型薄壁型钢双铰门式刚架（23－6）

班级		姓名		日期	

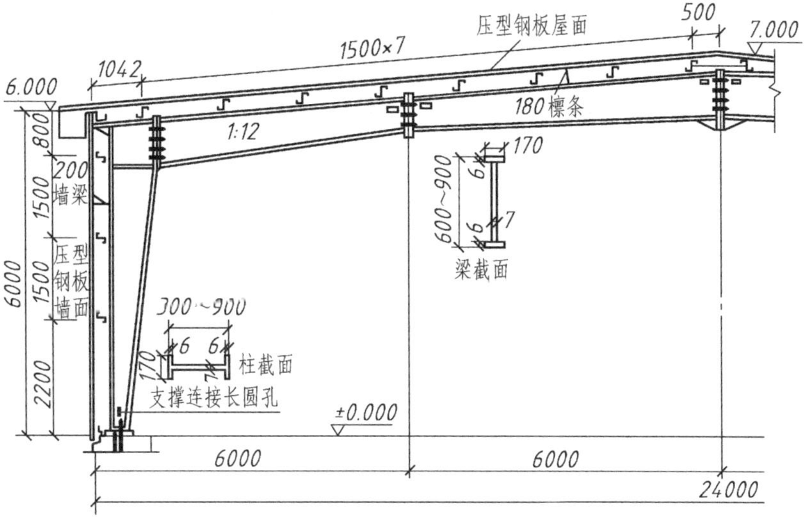

读图自测：

1. 门式刚架总长为____________。
2. 檩条定位高度为____________。
3. 柱间支撑连接方式是____________。
4. 屋面墙面材料是____________。
5. 柱截面形式及尺寸为____________。
6. 梁截面形式及尺寸为____________。
7. 梁拼接的方式是____________。
8. 梁安装倾斜比例为____________。

23. 钢结构详图——钢柱构造节点（23－7） | 班级 | | 姓名 | | 日期 |

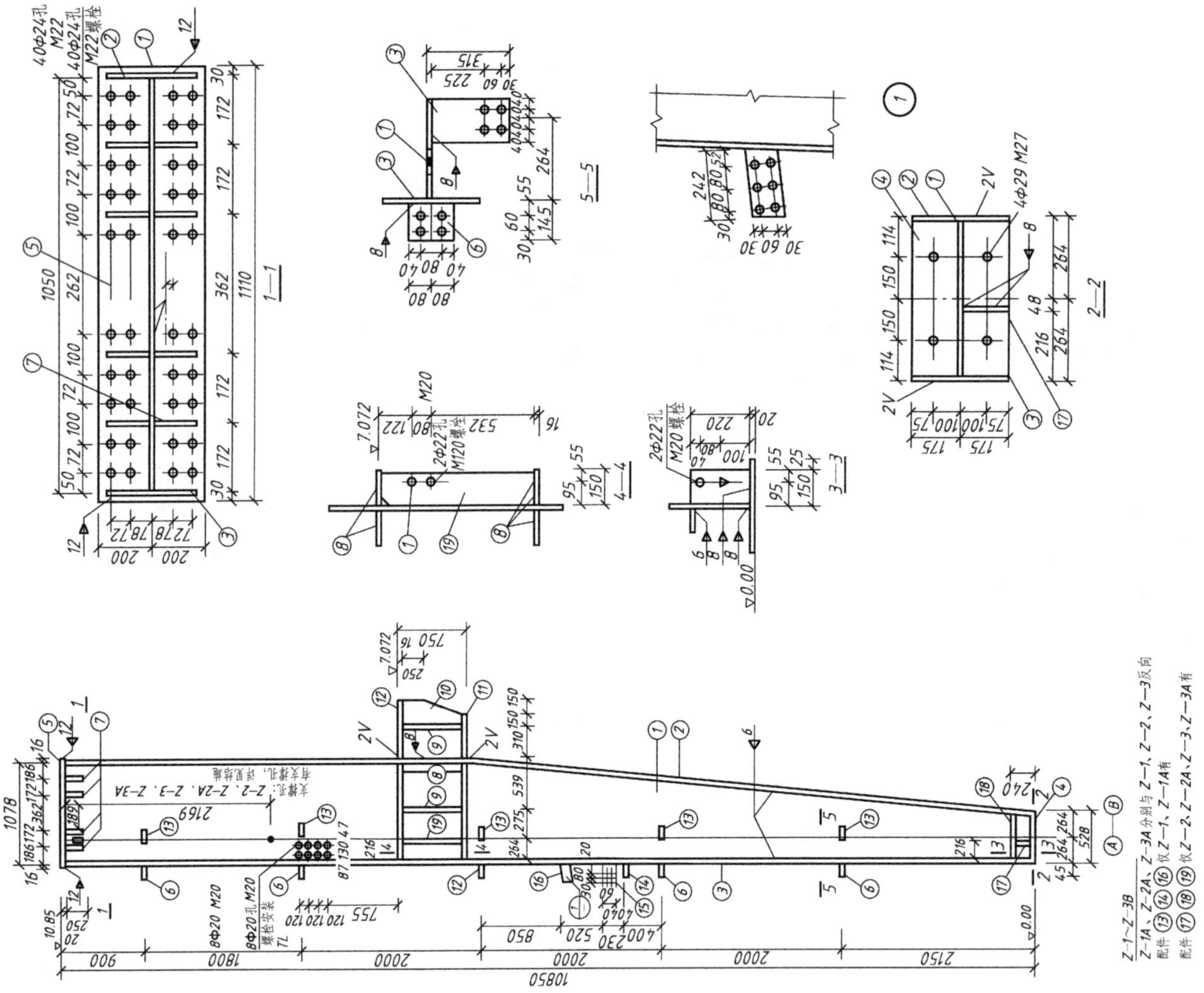

23. 钢结构详图——钢柱构造节点（23－7）	班级		姓名		日期	

钢柱构件材料统计表

配件编号	构件编号	规格型号	长度/mm	数量		质量/kg		
				正	反	单件质量	合计质量	总计
Z-1(2件)	①	(−500~1050×10) +(−500×10)	6322 4488	1		754.5	754.5	
	②	−350×14	10834	1		416.7	416.7	
	③	−350×14	10810	1		415.8	415.8	
	④	−350×20	525	1		29.0	29.0	
	⑤	−400×20	1110	1		69.7	69.7	
	⑥	−145×6	160	5		11	5.6	1928
	⑦	−180×8	250	4	4	2.8	22.4	
	⑧	−150×16	1050	2	2	19.8	79.2	
	⑨	−150×12	718	2	2	10.1	40.4	
	⑩	−610×10	718	1		34.4	34.4	
	⑪	−300×16	460	1		17.3	17.3	
	⑫	−350×16	610	1		26.8	26.8	
	⑬	−160×6	315	5		2.4	12.0	
	⑭	−145×6	160	1		1.1	1.1	
	⑮	−140×6	240	1		1.4	1.4	
	⑯	−120×8	242	1		1.8	1.8	
	总质量=2×1928kg=3856kg							
Z-1A(2件)	Z-1A与Z-1反向　总质量=2×1928kg=3856kg							
Z-2(2件)	配件①—⑫与Z-1同						1912	
	⑮	−140×6	240			1.4	1.4	
	⑰	−150×10	240	1		2.8	2.8	1926
	⑱	−100×8	502	1		3.2	3.2	
	⑲	−150×8	718	1		6.7	6.7	
	总质量=2×1926kg=3852kg							
Z-2A(2件)	Z-2A与Z-2反向　总质量=2×1926kg=3852kg							
Z-3(2件)	与Z-2同但无配件⑮ 总质量=2×1925kg=3850kg							
Z-3A(2件)	Z-3A与Z-3反向　总质量=2×1925kg=3850kg							
Z-3B(6件)	配件①~⑫与Z-1同　总质量=6×1912kg=11472kg							

作业要求：对照钢柱立面图、断面图详图，读懂钢柱的构件材料统计表。

23. 钢结构详图——钢屋架结构（23－8）	班级		姓名		日期	

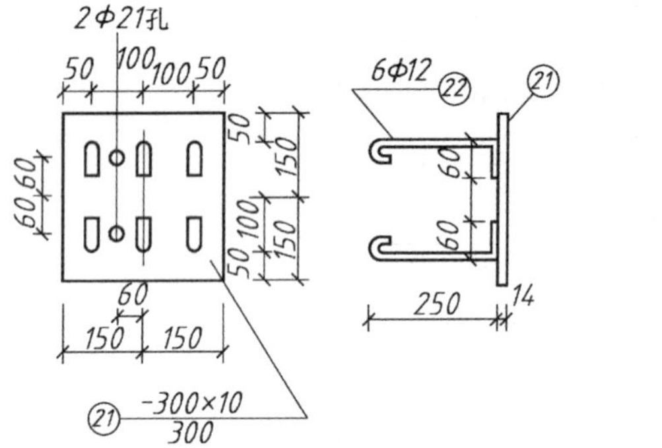

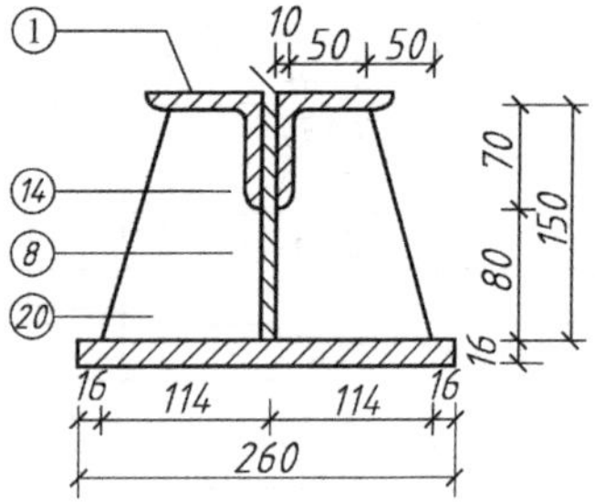

2—2

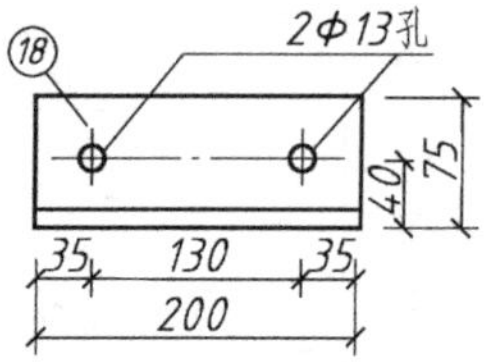

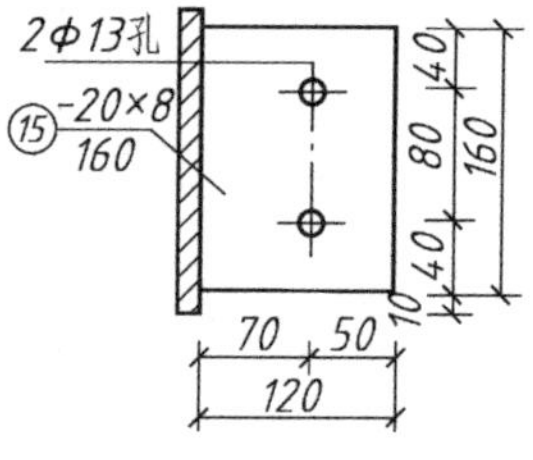

3—3

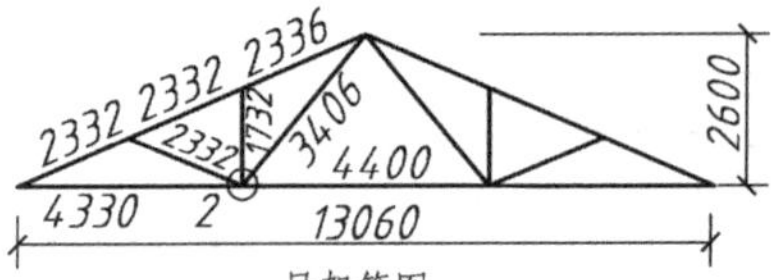

屋架简图

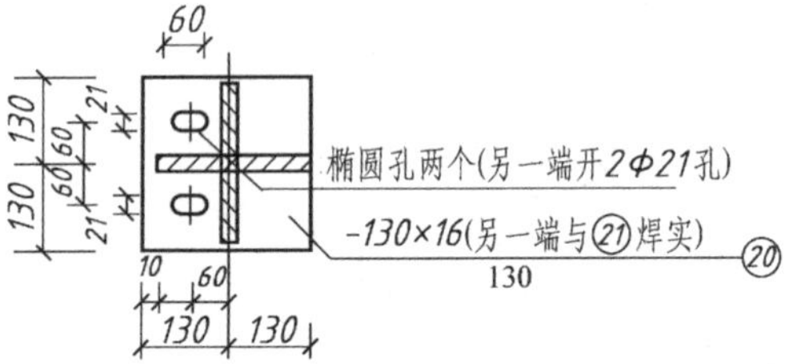

1—1

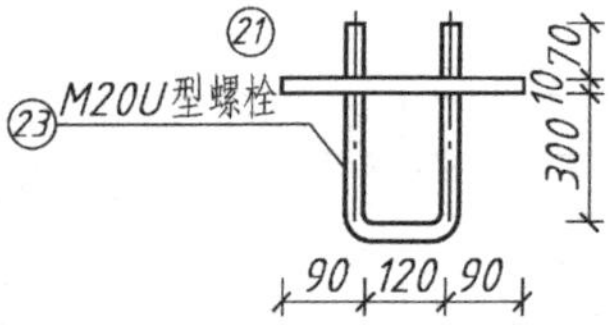

23. 钢结构详图——钢屋架结构（23－8）	班级		姓名		日期	

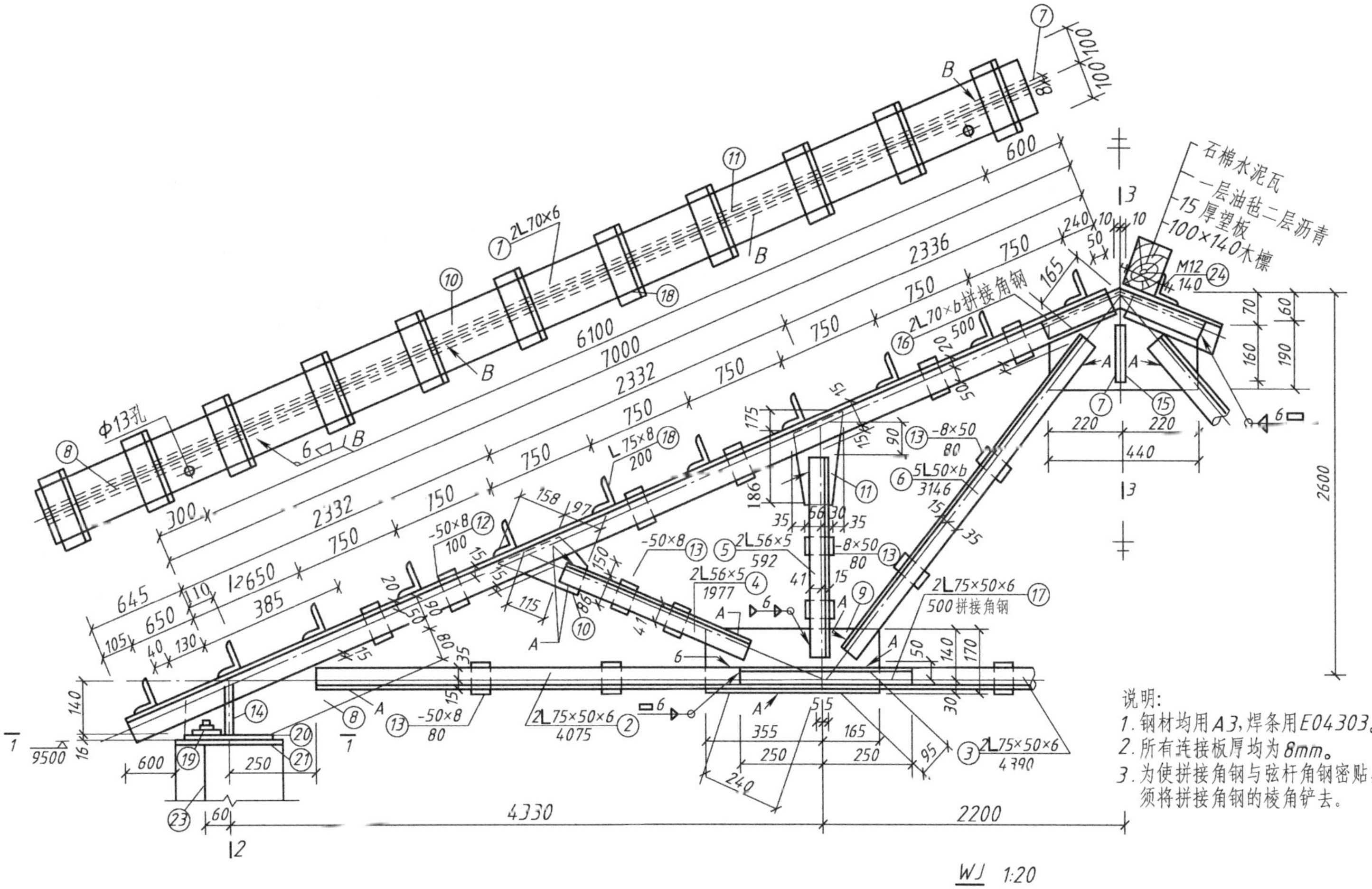

说明:
1. 钢材均用A3,焊条用E04303。
2. 所有连接板厚均为8mm。
3. 为使拼接角钢与弦杆角钢密贴，须将拼接角钢的棱角铲去。

读图自测：参考前钢柱详图（图23－7），对照钢屋架构件详图，列出钢屋架材料统计表。

23. 钢结构详图——轻型钢架（23－9）	班级		姓名		日期	

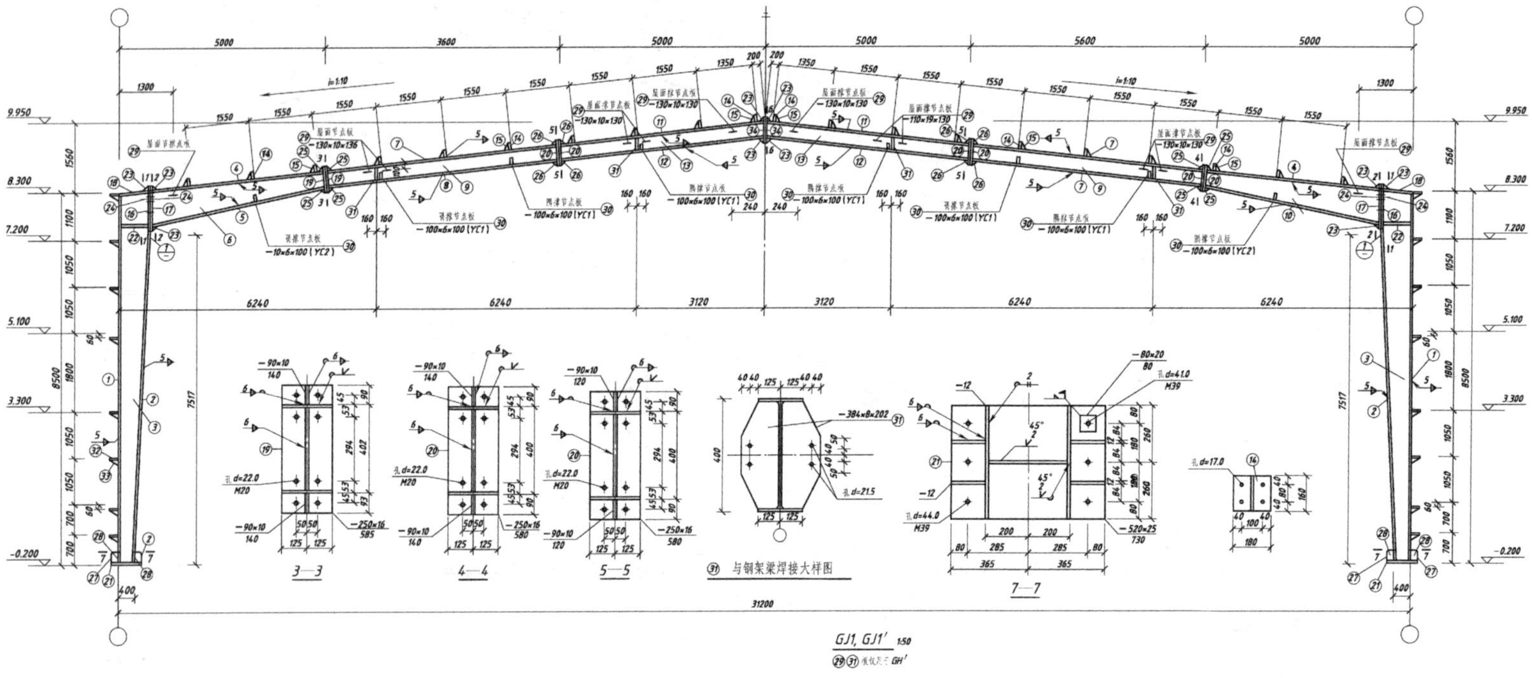

班级		姓名		日期	

材 料 表

构件编号	零件编号	规格	长度/mm	数量 正	数量 反	质量/kg 单数	质量/kg 共量	质量/kg 总重	注
GJ1	1	−350×8	8447	2		185.7	371.3	3503.56	
	2	−350×8	7500	2		164.8	329.7		
	3	−738×6	8524	2		232.4	464.9		
	4	−250×8	4230	2		66.4	132.8		
	5	−250×8	4341	1		68.1	68.1		
	6	−819×6	4380	2		122.2	244.3		
	7	−250×8	5596	3		87.9	263.6		
	8	−250×8	5594	1		87.8	87.8		
	9	−384×6	5596	2		101.2	202.4		
	10	−250×8	4339	1		68.1	68.1		
	11	−250×8	4993	2		78.4	156.8		
	12	−250×8	4954	2		77.8	155.5		
	13	−384×6	4992	2		89.9	179.9		
	14	−160×6	180	20		1.4	27.1		
	15	−100×6	160	20		0.8	15.1		
	16	−350×16	1135	2		49.9	99.8		
	17	−350×16	1035	2		45.5	91.0		
	18	−350×8	750	2		16.5	33.0		
	19	−250×16	585	2		18.4	36.8		
	20	−250×16	580	6		18.2	109.3		
	21	−520×25	730	2		74.5	149.0		
	22	−120×8	738	4		5.6	22.2		
	23	−90×10	130	10		0.9	9.2		
	24	−170×10	170	8		2.3	18.1		
	25	−90×10	140	8		1.0	7.9		
	26	−90×10	120	8		0.8	6.8		
	27	−165×12	250	8		3.9	31.1		
	28	−85×12	250	8		2.0	16.0		
	29	−130×10	130	24		1.3	31.2		
	30	−100×6	100	24		0.5	12.0		
	31	−202×8	384	8		4.9	39.0		
	32	−160×6	180	16		1.36	21.7		
GJ1′	33	−160×6	100	16		0.75	12.06	3573.76	
	34	−410×16	585	2		30.1	60.2		

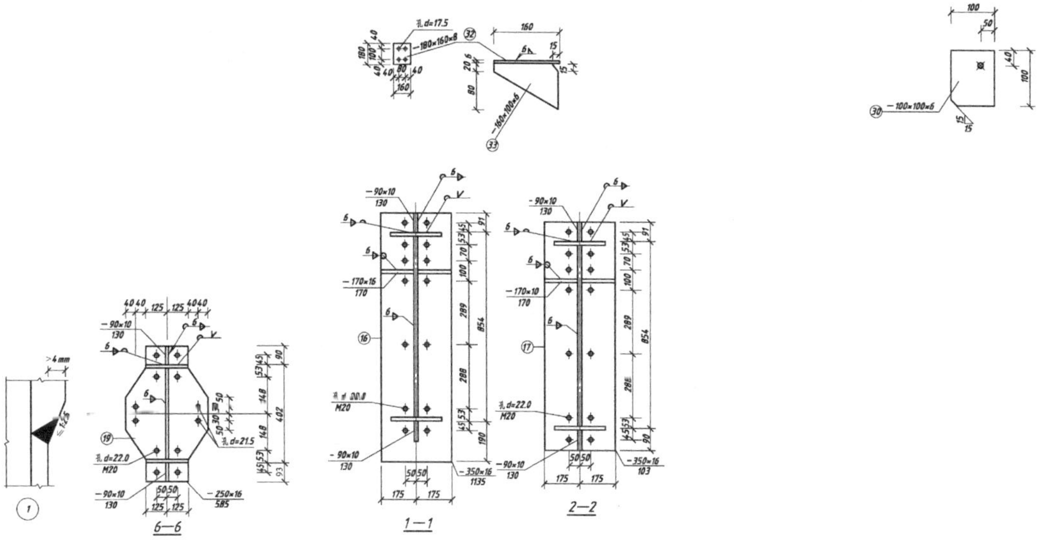

说明：1. 本设计按《钢结构设计规范》(GB 50017−2003)和《门式测架轻型房屋钢结构技术焊接》(CECS 102:2002)进行设计。

2. 材料：钢板及塑钢为Q345钢，焊条为系列焊条。
3. 构件的拼接连接采用8.8级摩擦型连接高强度螺本，连接接面的处理采用钢丝刷清除厚锈。
4. 柱脚基础混凝土强度等级为C20，锥栓钢号为Q235钢。
5. 图中未注明的角焊缝最小焊脚尺寸为6mm，一律满焊。
6. 对接焊缝的焊缝质量不低于二级。
7. 钢结构的制作和安装需按照《钢结构工程施工及验收规范》(GB 5020−2001)的有关规定进行施工。
8. 钢构件表面除锈后用两道红丹打底，构件的防火等级按建筑要求处理。

作业要求：读懂该轻型钢架的立面图、断面图及材料表。

24. 给水排水施工图——住宅半地下室给水排水平面图（24－1）

班级		姓名		日期	

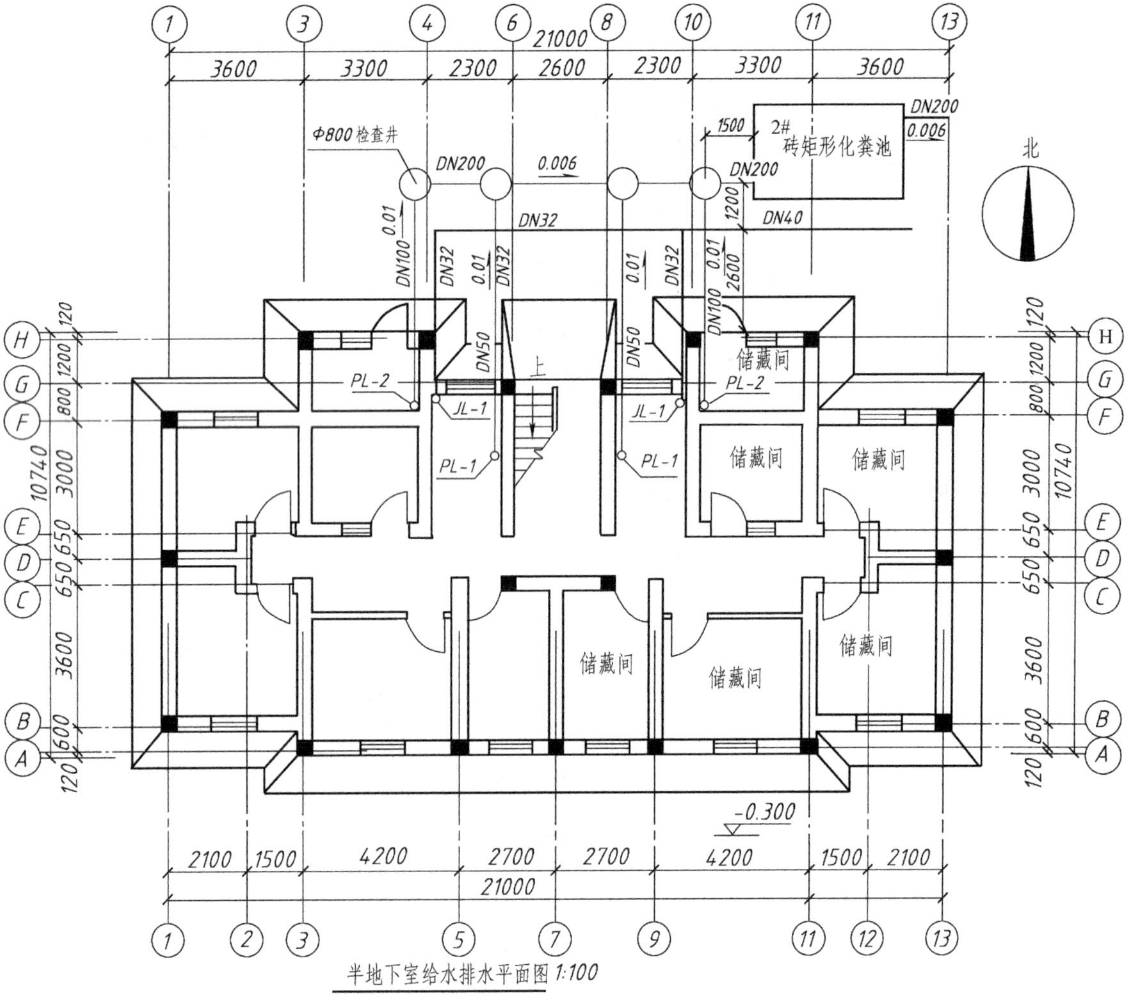

半地下室给水排水平面图 1:100

读图自测：

1. 给水引入管入口____，管径____。
2. 给水立管编号____，给水立管所在房间的定位轴线____。
3. 排水立管编号____、____根。
4. 污水排出管的直径____，坡道____。
5. 与污水排管相连的检查井数量____，化粪池编号____。

24. 给水排水施工图——卫生间、厨房给水排水平面图(24-2)	班级		姓名		日期	

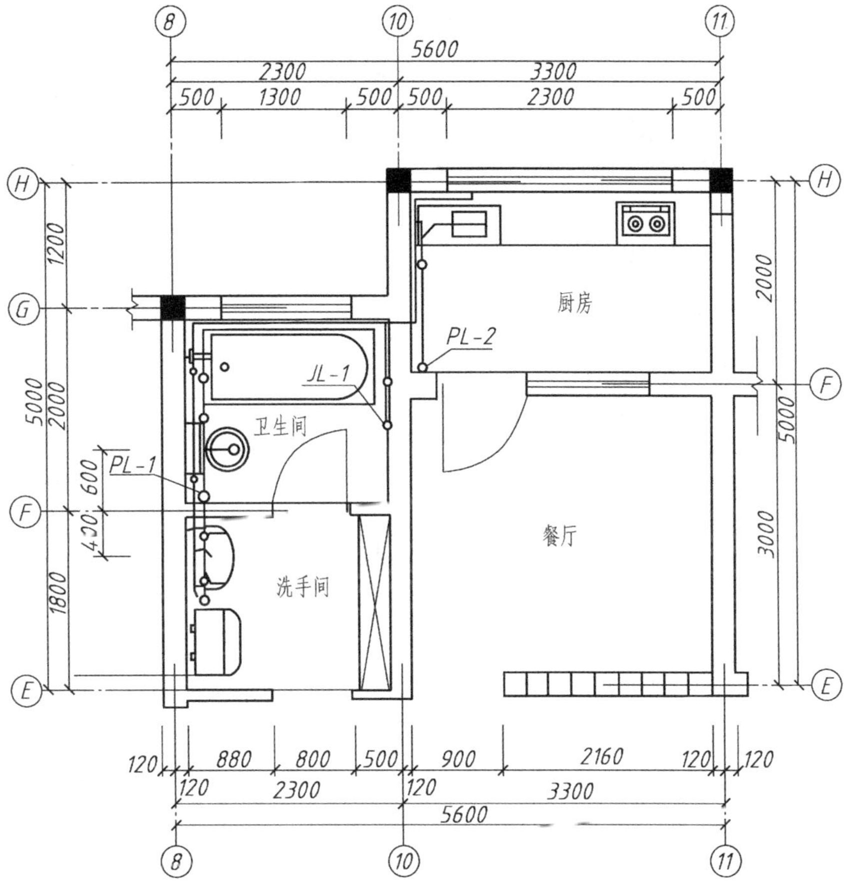

卫生间、厨房给水排水平面图 1:50

读图自测：

1. JL－1 所供应的用水设备__________________。

2. PL－1 所连接的用水设备__________________。

3. PL－2 接纳的污水来自__________________。

24. 给水排水施工图——住宅给水排水系统图（24－3）	班级		姓名		日期	

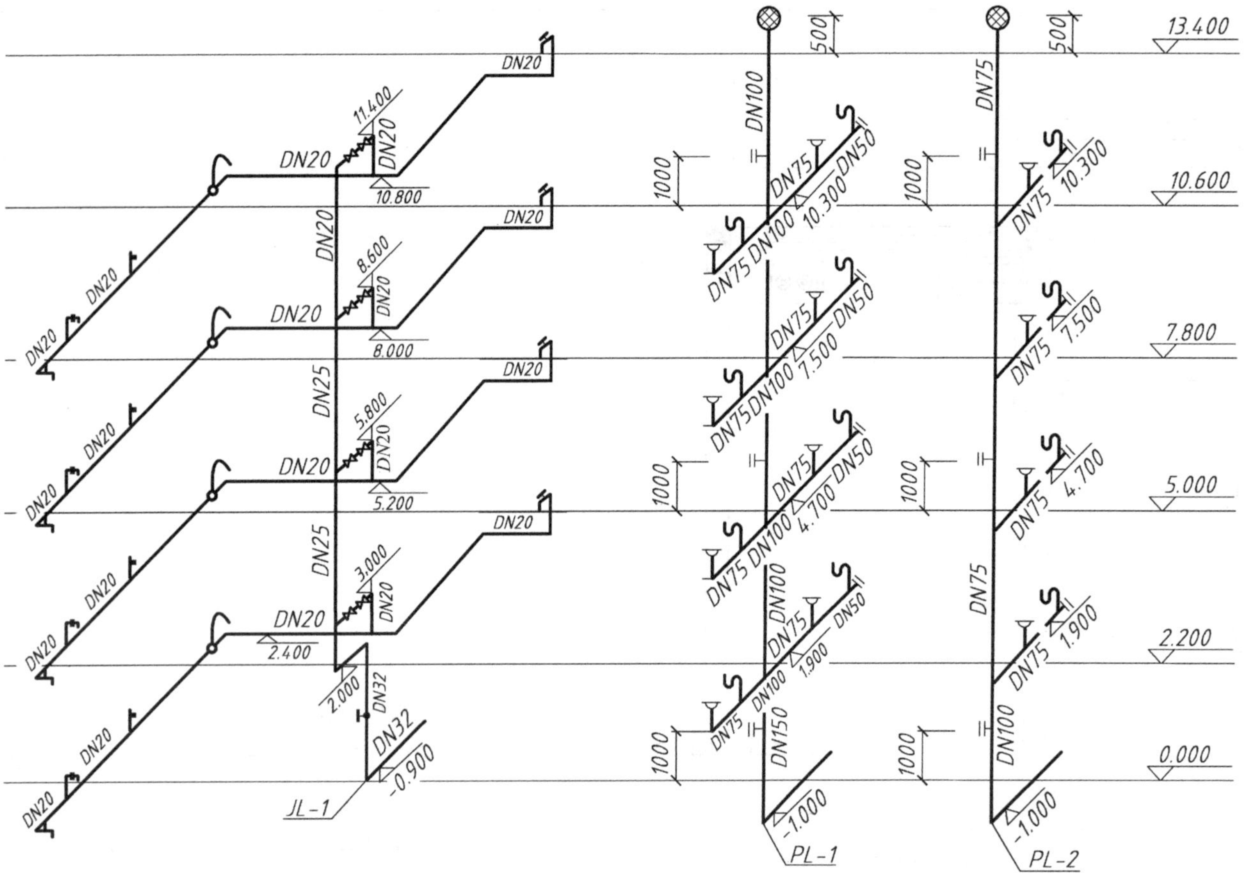

给水排水系统图 1:100

读图自测：

1. 给水排水系统采用的下行上给式，还是上行下给式？是环形布置，还是枝形布置？
2. 与 JL－1 相连的管径由粗到细依次是____________________________。
3. 与 PL－1 相连的管径由细到粗依次是____________________。
4. 给水引水管埋深________。
5. 污水排出管埋深________。
6. 检查口________个距离本层楼面________。
7. 给水水平支管与本层楼面高差________。

25. 采暖施工图——住宅半地下室采暖平面图（25-1）	班级		姓名		日期	

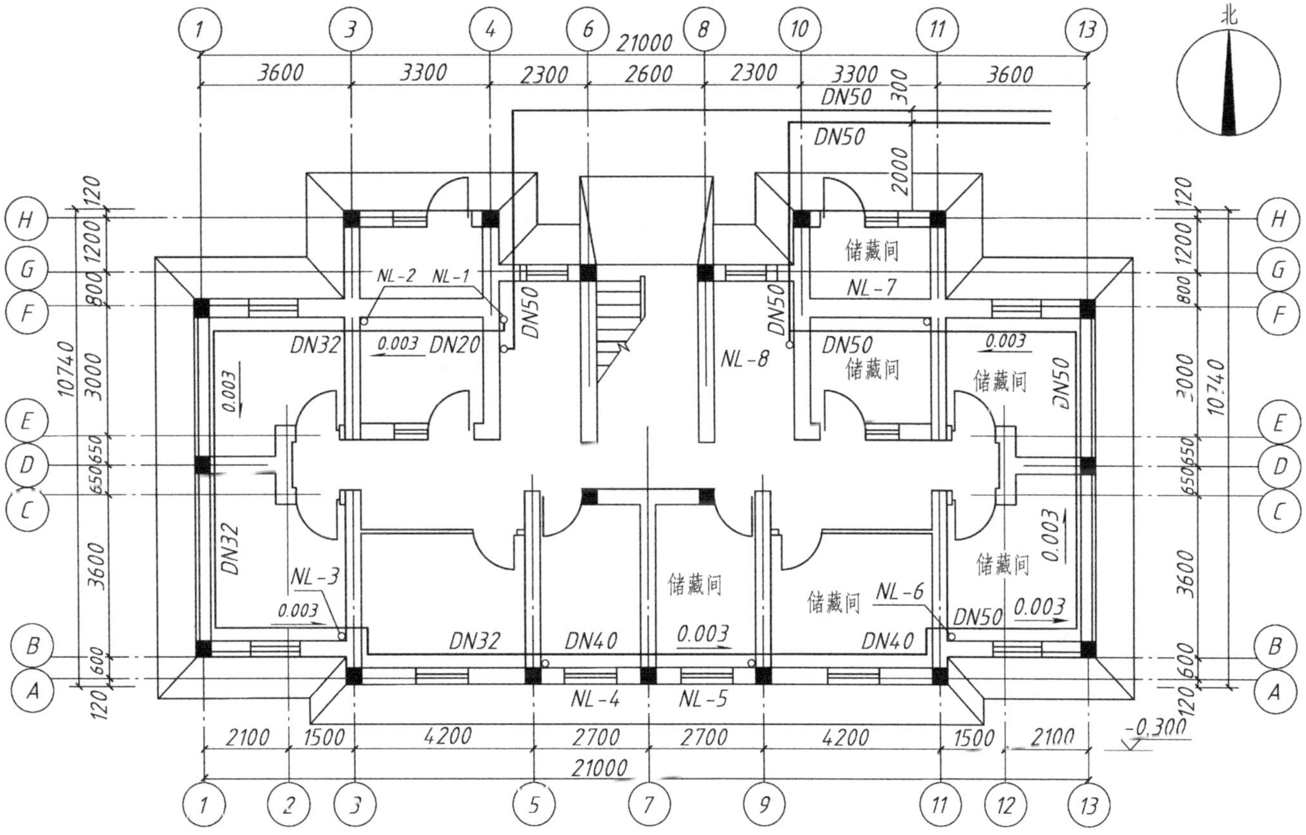

半地下室采暖平面图 1:100

读图自测：

1. 本图采暖立管编号＿＿＿＿＿＿。
2. 采暖横管的坡度＿＿＿＿＿＿。
3. 采暖横管的管径＿＿＿＿＿＿。
4. 采暖总管道从＿＿＿＿＿＿轴线入楼内。

25. 采暖施工图——住宅一至四层采暖平面图（25－2）	班级		姓名		日期	

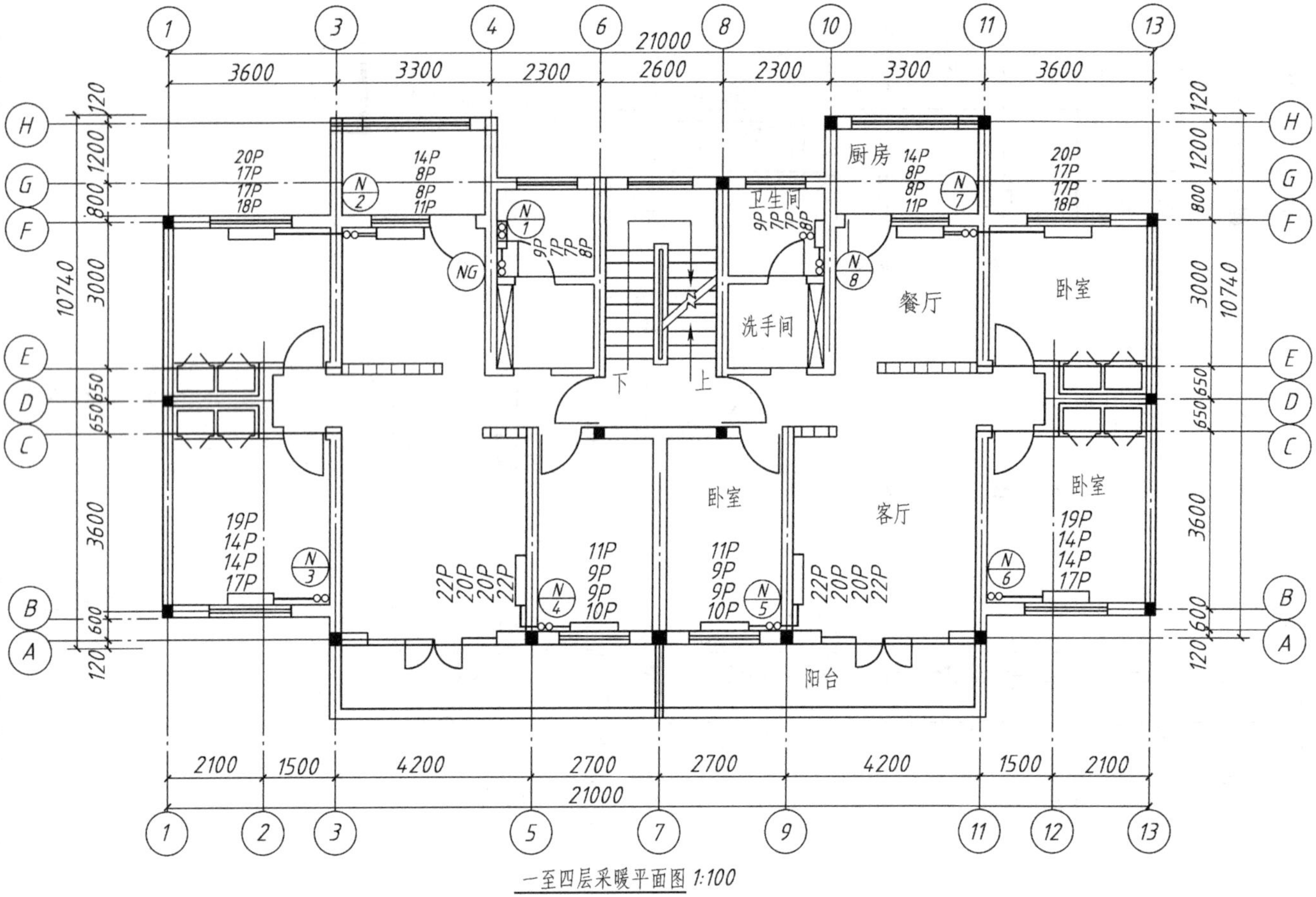

一至四层采暖平面图 1:100

读图自测：

1. 本图中没有布置散热器的房间是________。
2. 观察客厅与小卧室散热器片数的差别。
3. 分析同一房间散热器在不同楼层的片数变化原因。
4. 采暖总管道从________轴线入楼内。

25. 采暖施工图——住宅屋面采暖平面图（25－3）	班级		姓名		日期	

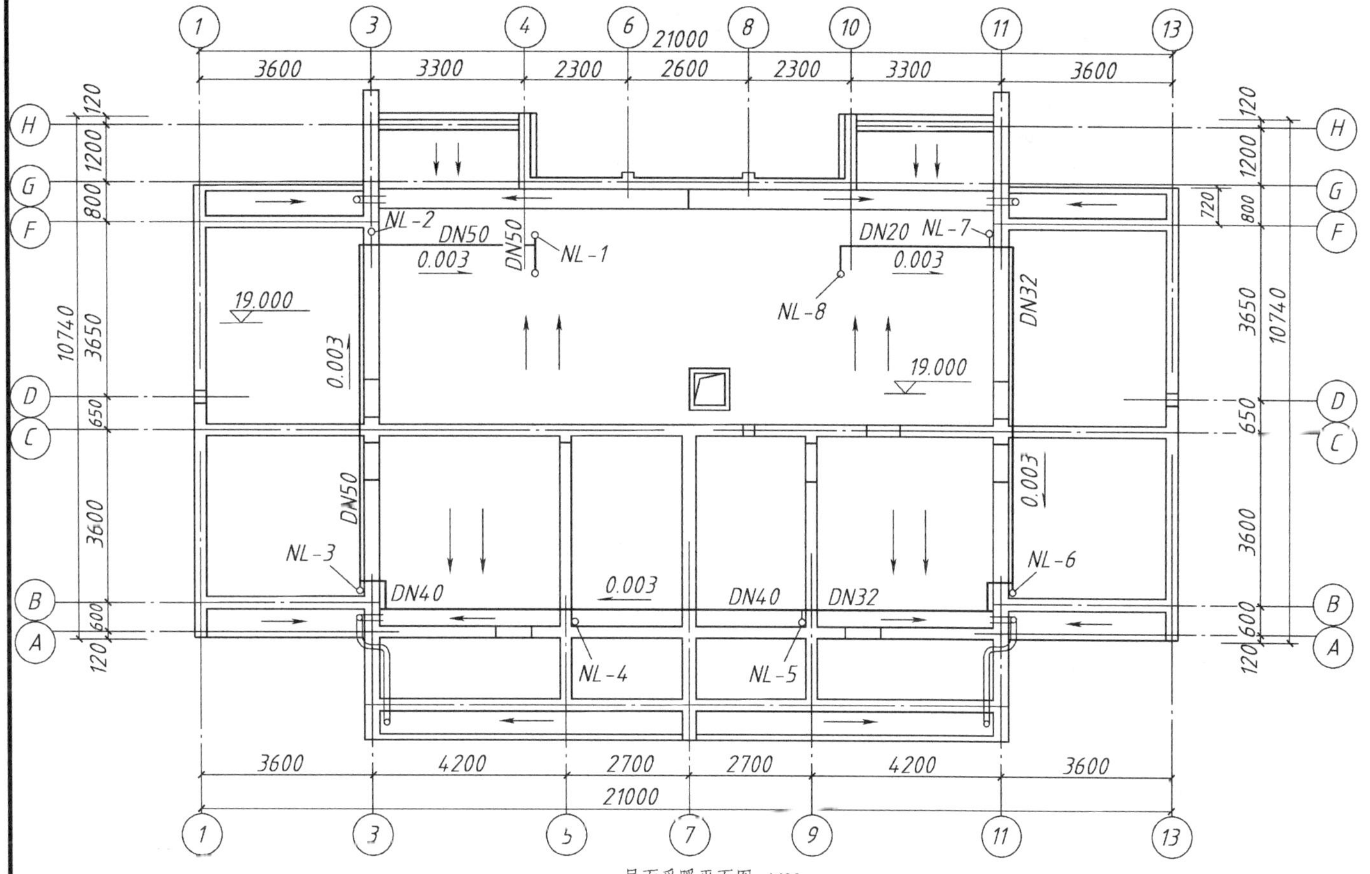

屋面采暖平面图 1:100

读图自测：

1. 本图采暖立管编号为______。
2. 比较 NL－1 与 NL－8 的屋面标高相差______。
3. 本图采暖横管的管径为____。

25. 采暖施工图——住宅采暖系统图（25－4）	班级		姓名		日期	

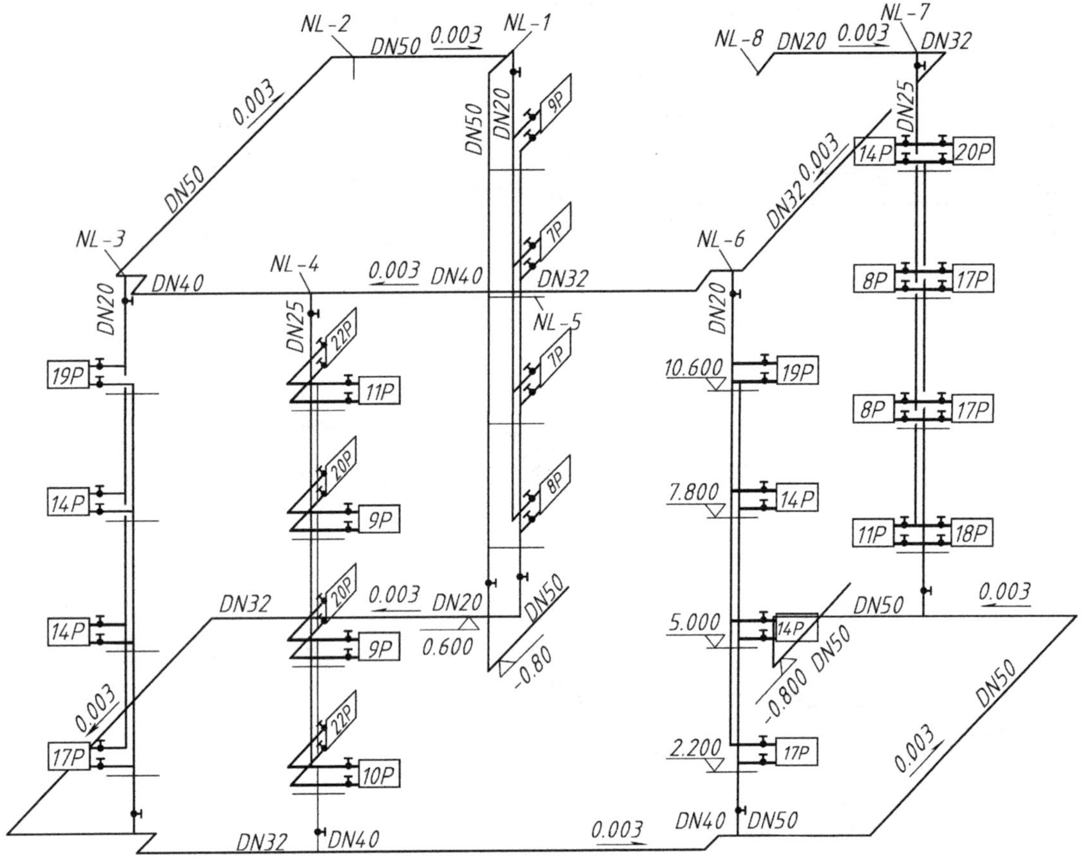

采暖系统图 1:100

读图自测：

1. 观察各采暖立管上连接的散热器，判断是双管式还是单管式？
2. 补充完整 NL－2、NL－5、NL－8 上的散热器。
3. 本采暖系统工程采用的是上供上回式，还是下供下回式？
4. 管道坡道指向与管径变化有何规律？

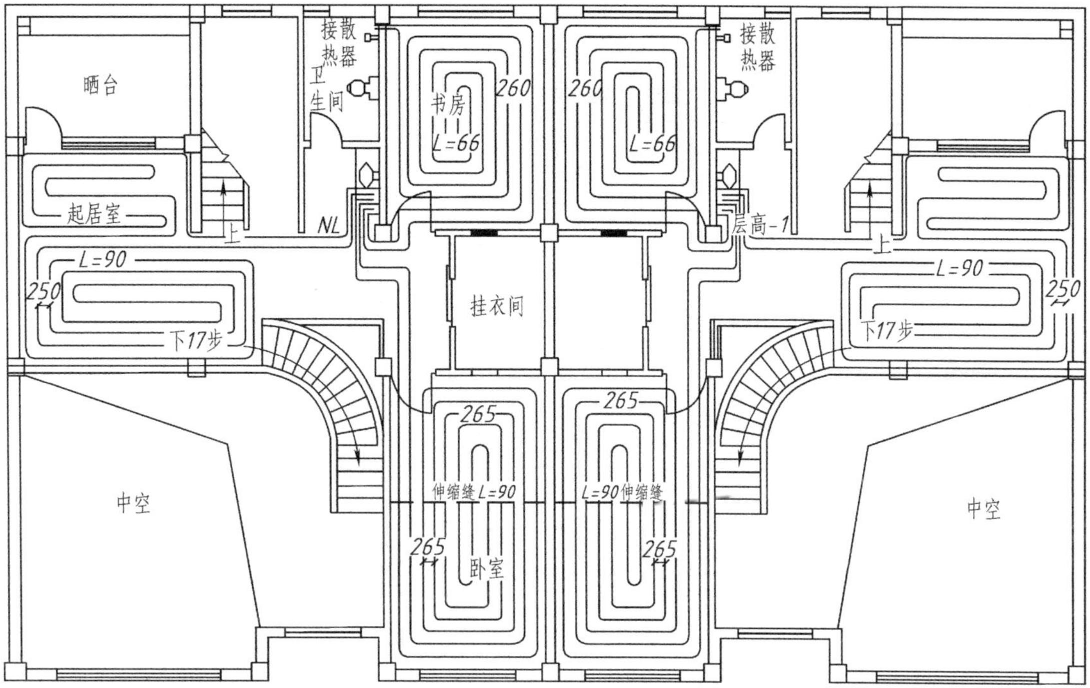

某住宅楼二层采暖平面图 1:100

注：L的单位是m。

读图自测：

1. 采暖立管布置在＿＿＿＿＿＿＿。
2. 卫生间的采暖设备有＿＿＿＿＿＿＿。
3. 识读二层采暖平面图填表。

房间	采暖盘管长度	采暖盘管间距
起居室		
书房		
卧室		

25. 采暖施工图——住宅采暖系统图（25－6）	班级		姓名		日期	

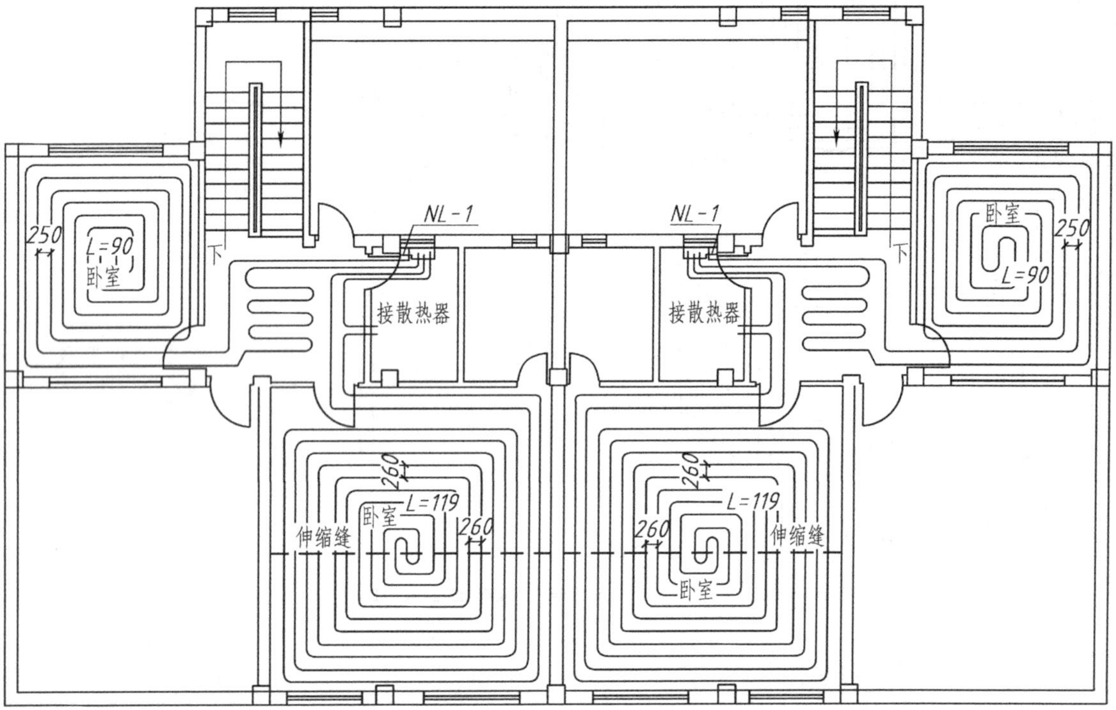

某住宅楼三层采暖平面图 1:100

读图自测：

1. 采暖立管布置在＿＿＿＿＿＿。
2. 卫生间的采暖设备有＿＿＿＿＿＿。
3. 识读三层采暖平面图填表。

房间	采暖盘管长度	采暖盘管间距
大卧室		
小卧室		

26. 电气施工图——图例（26－1）

班级		姓名		日期	

图例	名称	型号	规格	备注
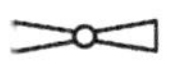	电风扇		ϕ1200	
	花灯			
	节能灯		32W	
	天棚灯		60W	
	防水防尘灯		40W	
	乳白玻璃球形灯		40W	
	座灯		45W	
	五孔插座	B8/10US	250V 10A	
	五孔插座（带开关）	B827US	250V 10A	带防溅板
	三孔插座	B8/16CS	250V 15A	空调用
	单极单控开关	B81/1	250V 10A	
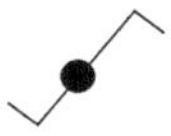	单极双控开关	B81/2	250V 10A	
	双极单控开关	B82/1	250V 10A	
	调速器	YM3		

26. 电气施工图——住宅半地下室电气平图（26－2）	班级		姓名		日期	

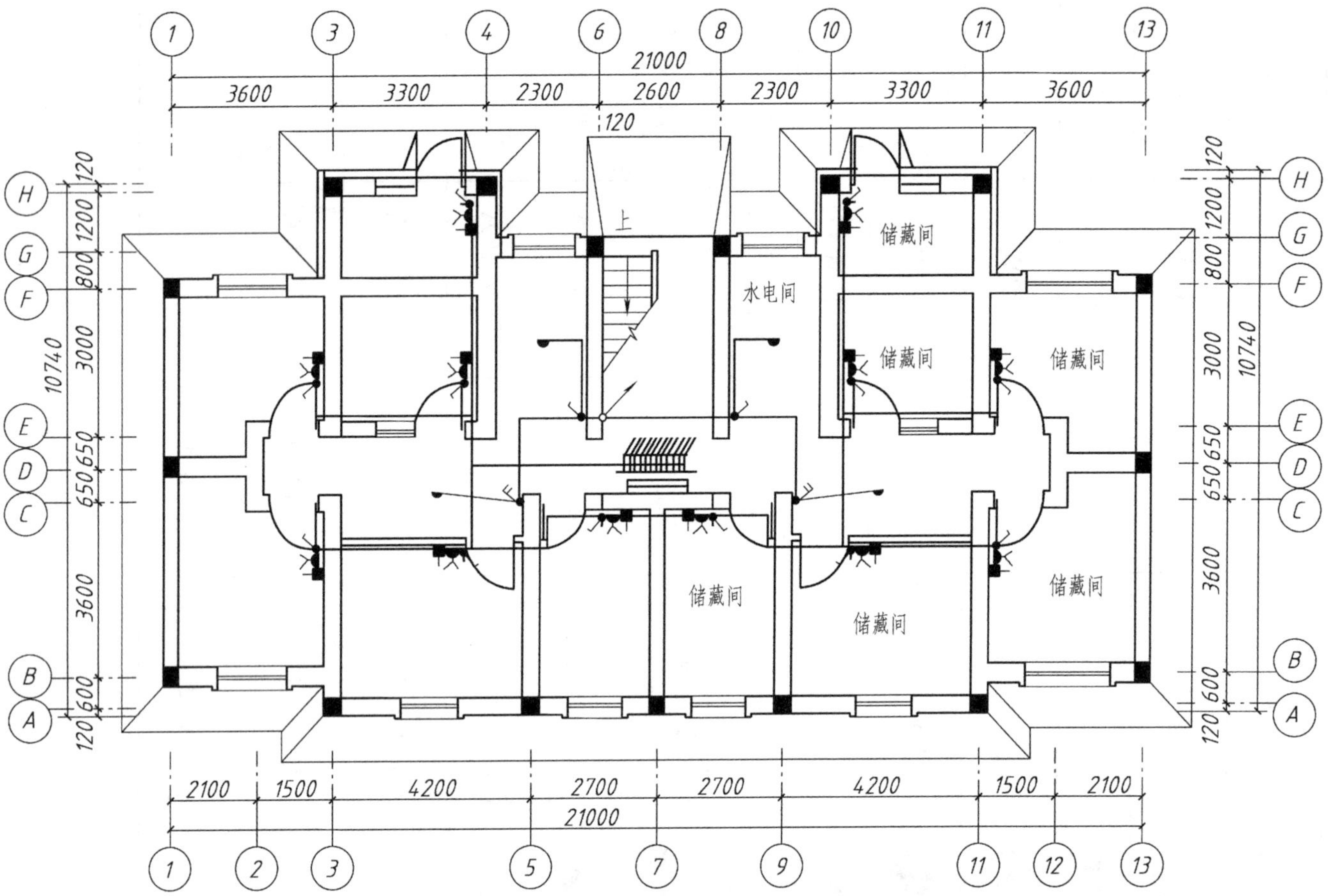

半地下室电气平面图 1:100

读图自测：

1. 本图中线路为________。
2. 每个储藏间的用电设备有____。
3. 水电间的用电设备有______。
4. 过道的用电设备有__________________。

26. 电气施工图——住宅一至六层电气平面图（26－3）	班级		姓名		日期	

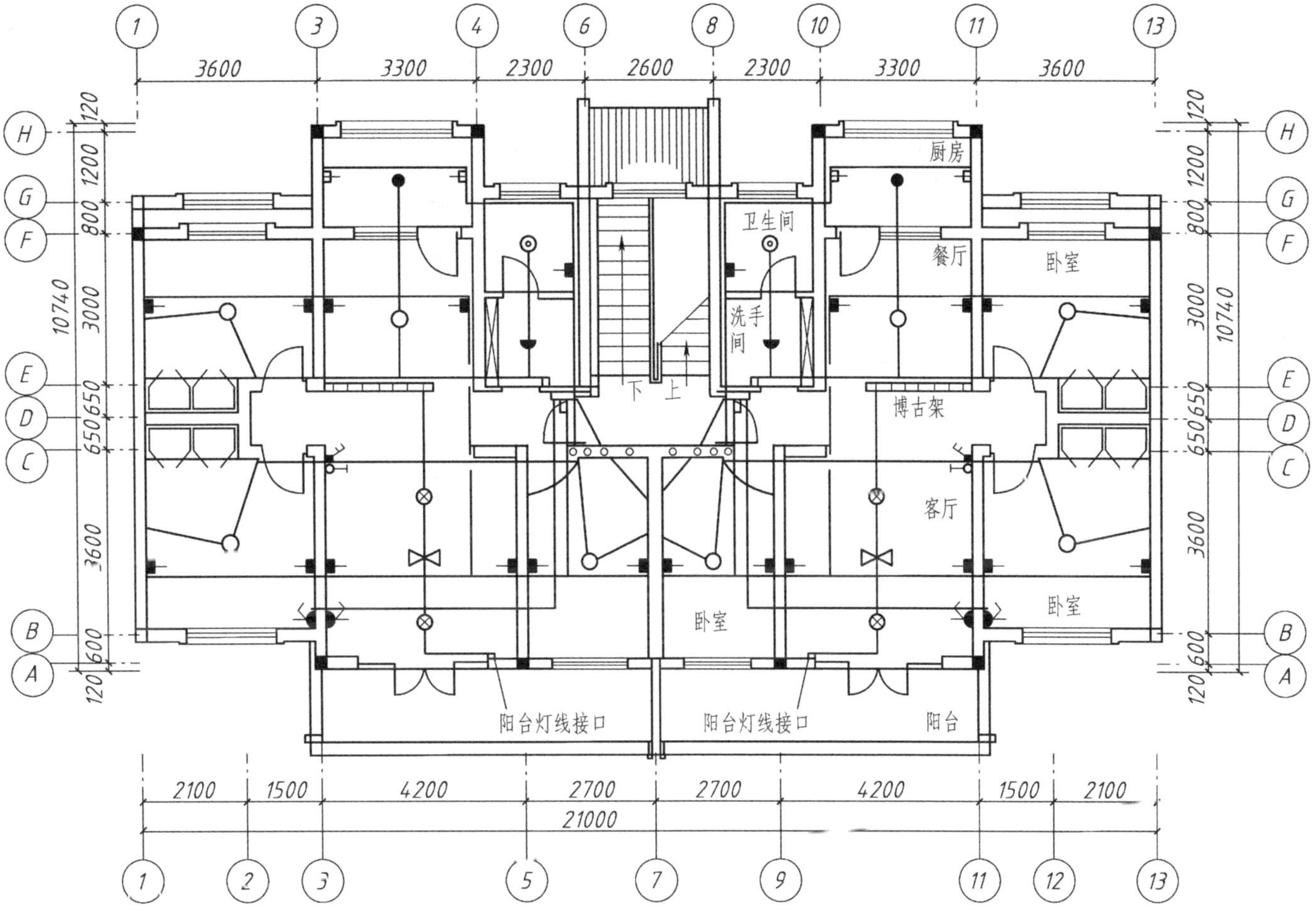

一至六层电气平面图 1:100

读图自测：

1. 每户灯具类型有________。
2. 卧室的用电设备有________。
3. 餐厅的用电设备有________。
4. 厨房的用电设备有________。
5. 客厅的用电设备有________。
6. 洗手间的用电设备有________。
7. 卫生间的用电设备有________。

26. 电气施工图——配电系统图（26－4）	班级		姓名		日期	

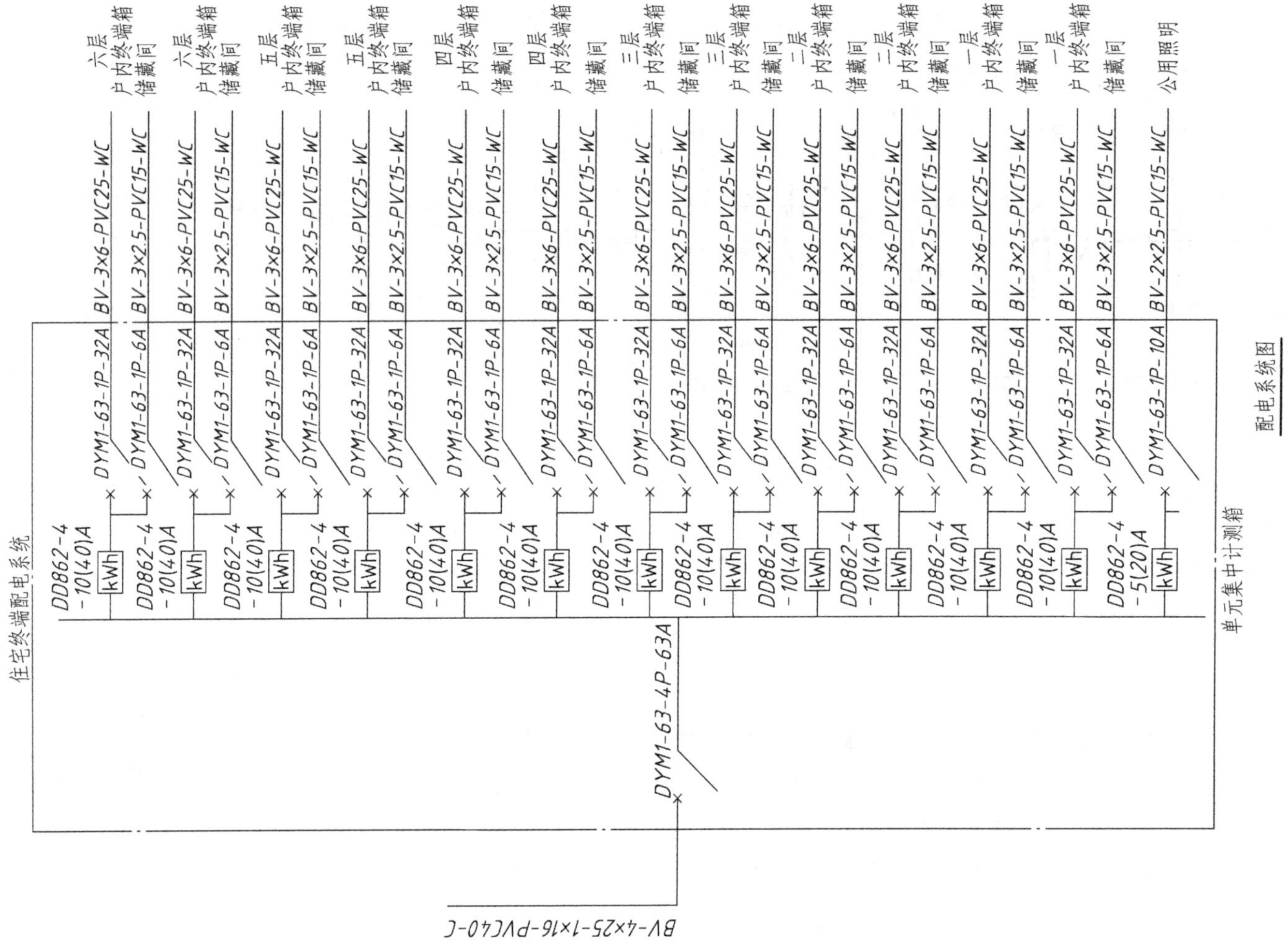

配电系统图

读图自测：

1. 每层有____条线路，供电设备有____。
2. 线缆为____，配线方式为____。
3. 单元集中计测箱内有____（个）电表。

26. 电气施工图——户内配电系统图（26－5）	班级		姓名		日期	

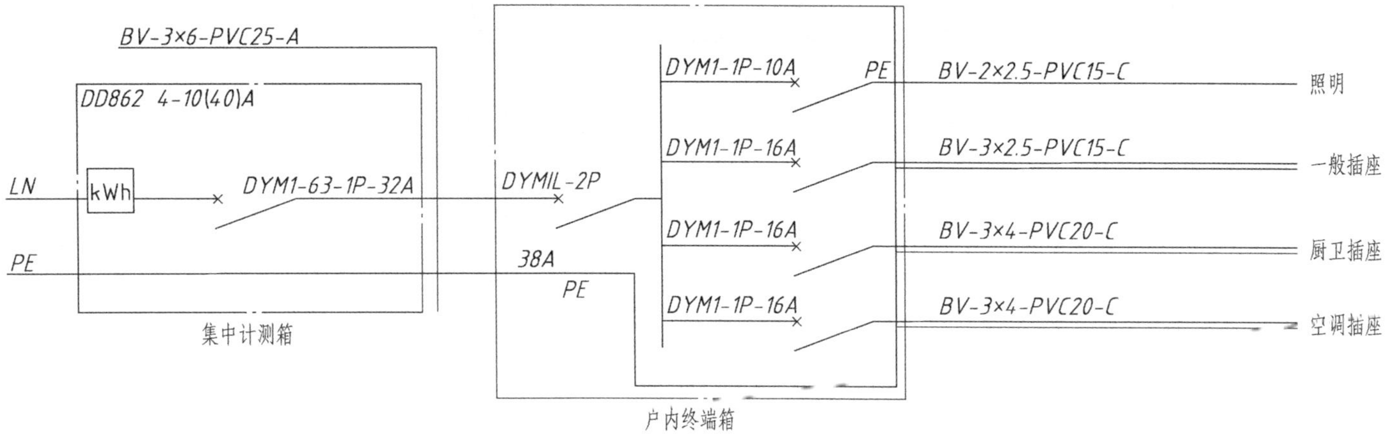

户内配电系统图

读图自测：

解释户内配电系统图中的符号：

BV－3×6－PVC25－A ______________________________。

BV－2×2.5－PVC15－C ______________________________。

DYM1－1P－10A ______________ PE ______________，kWh ______________。

27. 综合布线施工图——综合布线系统图（27－1）	班级		姓名		日期	

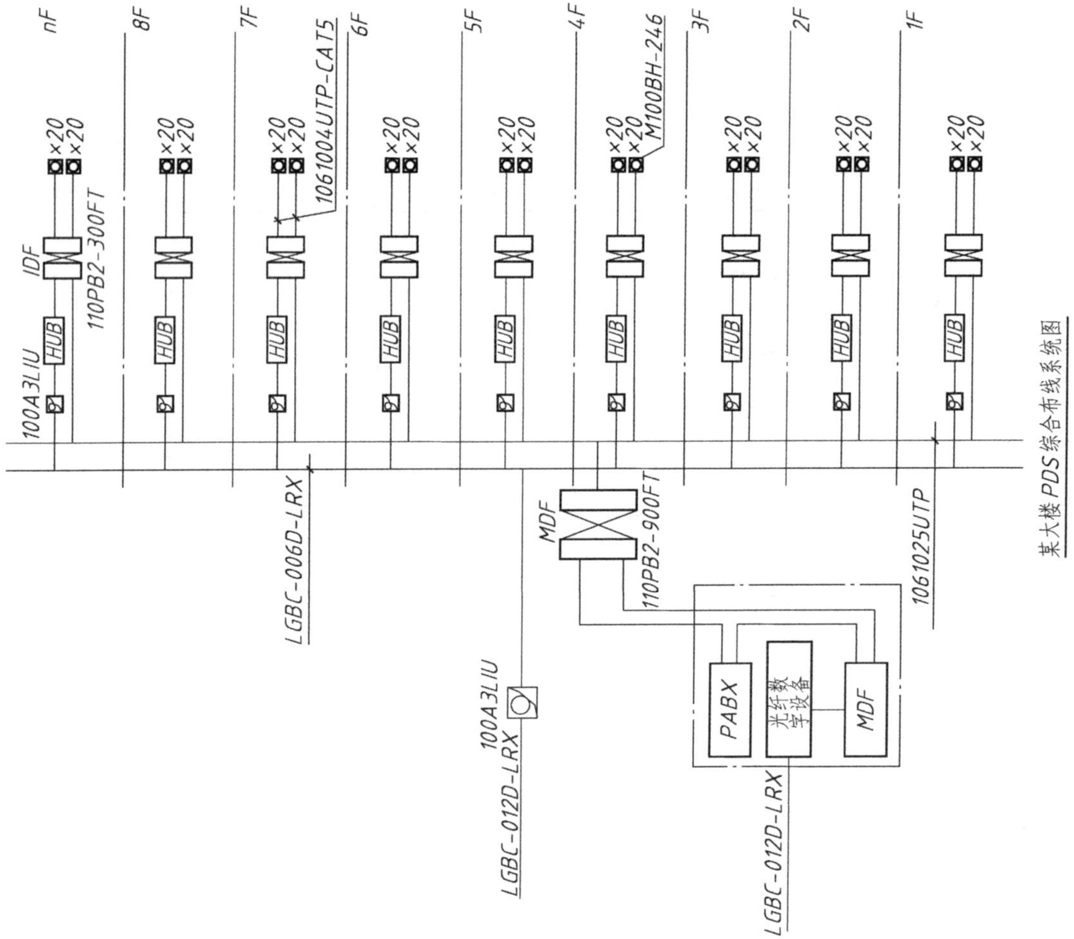

读图自测：

解释本图中符号含义：

LGBC－012D－LRX ________。

100A3LIU ________。

LGBC－006D－LRX ________。

PABX ________。

MDF ________。

1061025UTP ________。

27. 综合布线施工图——综合布线系统图（27-2）	班级		姓名		日期	

综合布线设计说明

1. 系统进线采用电缆直埋方式，埋设深度−700mm，入户时穿保护钢管。
2. 垂直子系统干线电缆沿桥架敷设，水平子系统采用双绞线沿汇线槽再穿电线管暗敷在吊顶内至信息点。线管配合如下：1～2 根 DG15 管；3 根 DG20 管；4～6 根 DG25 管。
3. 信息插座与电源插座在同一位置时应并列排布整齐。
4. 系统进线采用开端模块、保安座及避雷子，并设防止过电压、过电流装置，以及接地保护装置。
5. 系统接地装置与防雷接地装置共用，接地电限小于 1Ω。
6. 系统的垂直与水平金属管线均保持连续的电气连接，并与接地装置相连。

CATV 系统设计说明

1. CATV 系统采用由户外埋地引入的方式，埋设深度距室外地坪−700mm，入户时穿钢管保护。主干线选用 SYWV−9−DG25，支干线选用 SYWV−5 穿电线管暗敷。支干线的线管配合如下：一根穿 DG16 管，两根穿 DG25 管，在有线槽处沿线槽敷设。
2. 电视插座墙内暗装，高度 300mm。当与电源插座在同一位置时应并列排布，并做好屏蔽。
3. CATV 系统共用箱、分支器箱均墙内暗装。下口安装高度：共用箱 1800mm，分支器箱安装在吊顶内。
4. CATV 系统进线处应做好接地，接地电阻小于 4Ω。

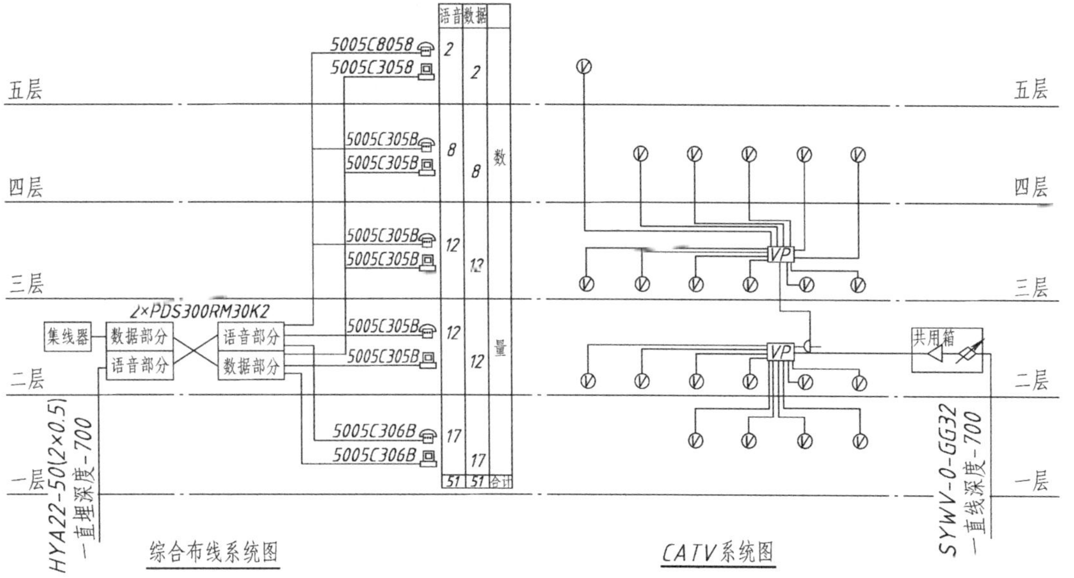

综合布线系统图　　　　CATV系统图

读图提示：

1. 综合布线：进线采用 HYA22—50（2×0.5）通信电缆，埋入地下−700mm。然后引入二层的集线器，从交接箱的语音出口接入各层的电话，从交接箱的数字出口接入各层的计算机。
2. CATV 系统图：CATV 系统图上可以看出，进户线采用 SYWV−0 电缆线，埋入地下深度为−700mm，穿钢管 GG32 保护。引入二层共用箱，共用箱里设可变均衡器、信号放大器。信号从共用箱出来后经一个二分配器，一路供应一、二层使用，一路供应三、四层使用。从二分配器出来的信号，进入一、二层的集成器，再由集成器出来，供给各个用户的有线电视插座。

27. 综合布线施工图——综合布线系统图（27－3）

班级		姓名		日期	

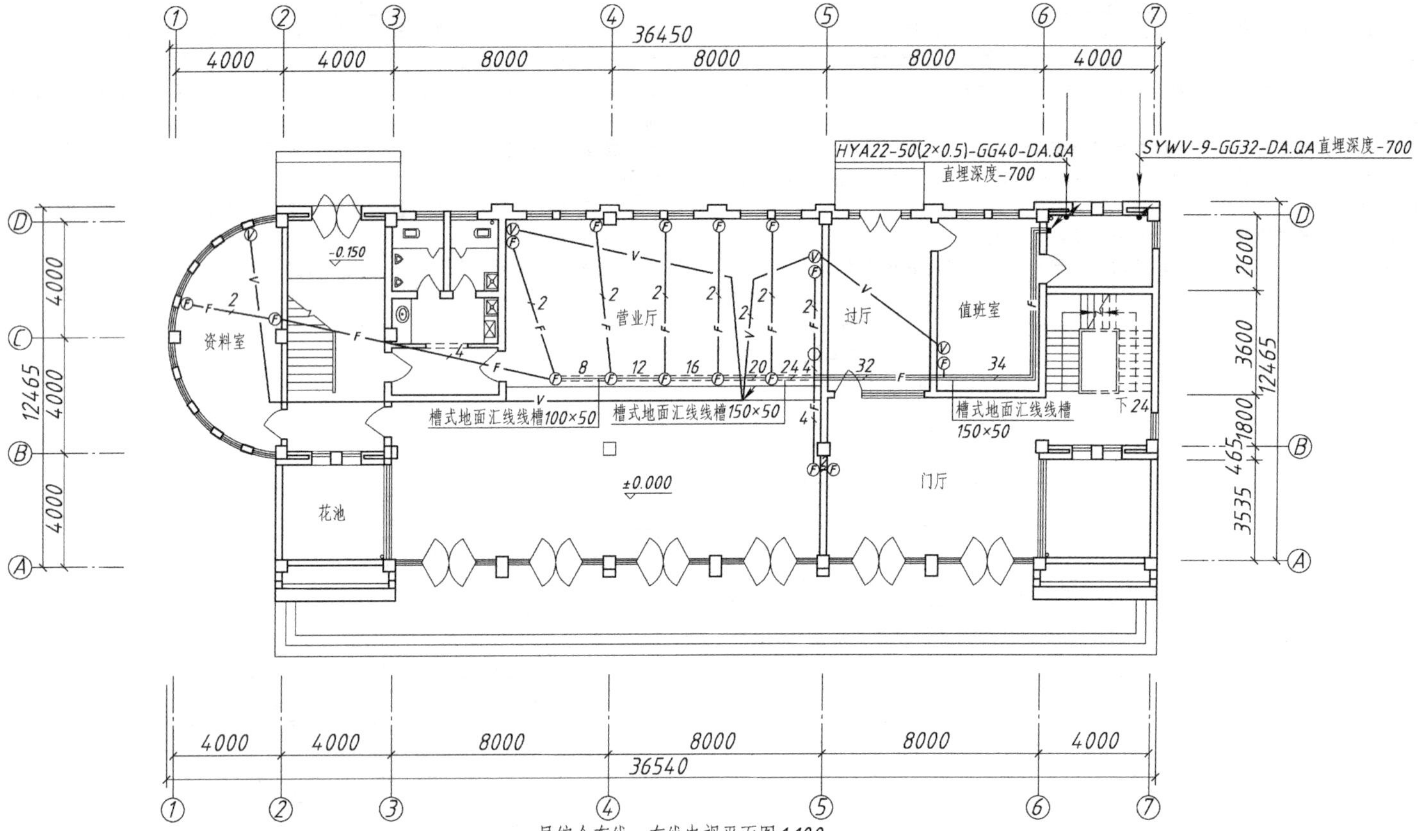

一层综合布线　有线电视平面图 1:100

读图提示：

1. 一层综合布线：本图画出了双位信息（电话、数字、信号）插座的具体位置，画出了连接线的具体位置。综合布线接口在楼梯间的休息平台处，由二楼从上引下来。
2. 一层有线电视平面图：本张图画出了每个房间的有线电视插座的具体位置，以及插座之间的连接线。从图中可以看出，除门厅以外，所有的房间都配有有线电视插座。

27. 综合布线施工图——综合布线系统图（27－4）	班级		姓名		日期	

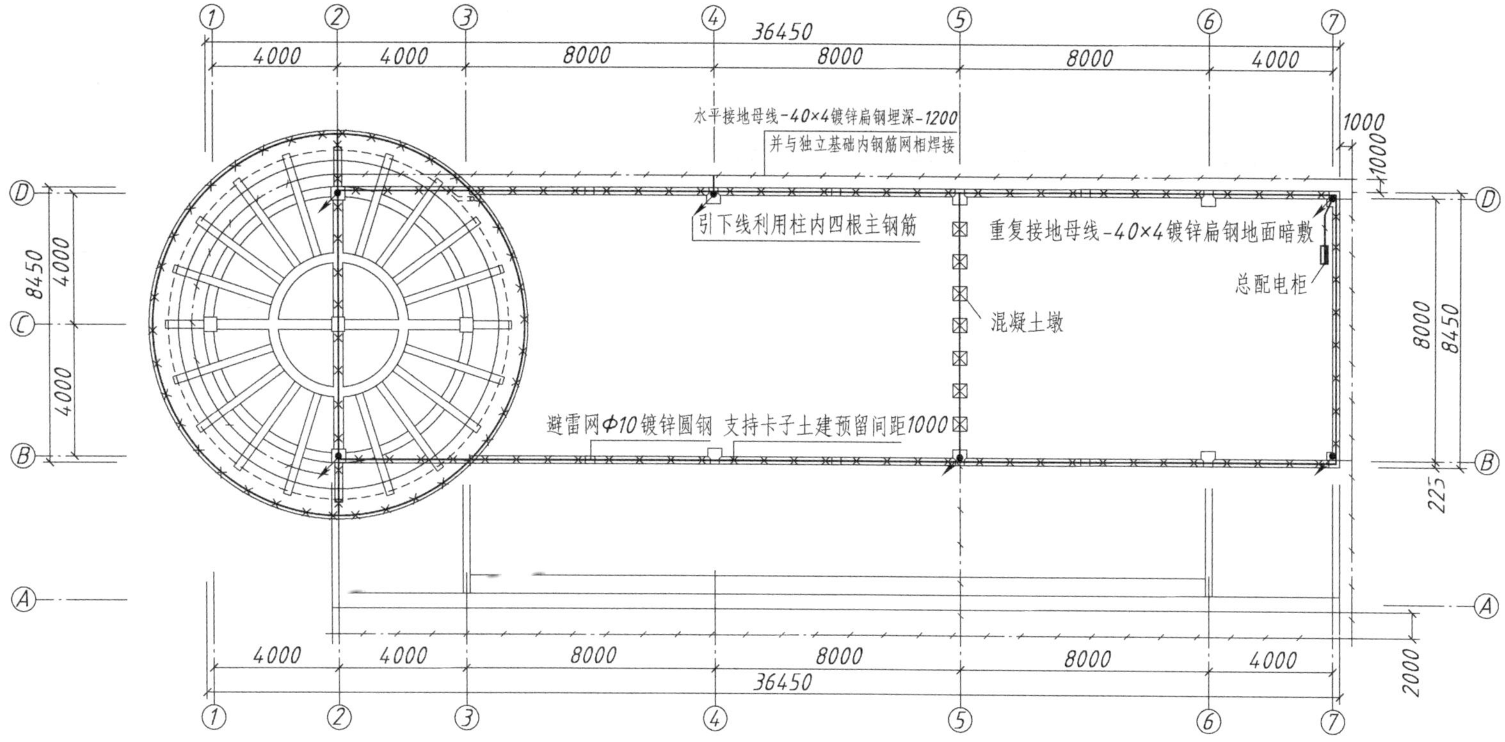

屋顶防雷 接地平面图 1:100

注：1. 接地装置利用独立基础内的钢筋网。要求引下线，建筑四周围的水平接地母线与独立基础内的钢筋网做好焊接。

2. 接地装置的接地电阻不大于1Ω。如接地电阻不能满足要求则由引下线的引出连接板增设人工垂直接地装置。

3. 四角的引下线在距室外地坪+1800mm处设引出连接板，引出连接板为暗装形式。所有引下线在距地-500mm处设引出连接板。

4. 屋面上的所有金属构件均与避雷网相连接。

5. 具体施工时参见有关的建筑电气安装工程图集。

读图提示：上图是某建筑物屋顶防雷布置图，用支持卡子（间距1000mm）支持避雷网（ϕ10镀锌圆钢）；引下线利用柱内主筋，并在建筑物四周做水平接地母线，母线用－40×4扁钢埋深－1200mm；说明中写出了防雷接地的具体做法。

28. AutoCAD 绘图——绘制图框和标题栏（28－1）	班级		姓名		日期	

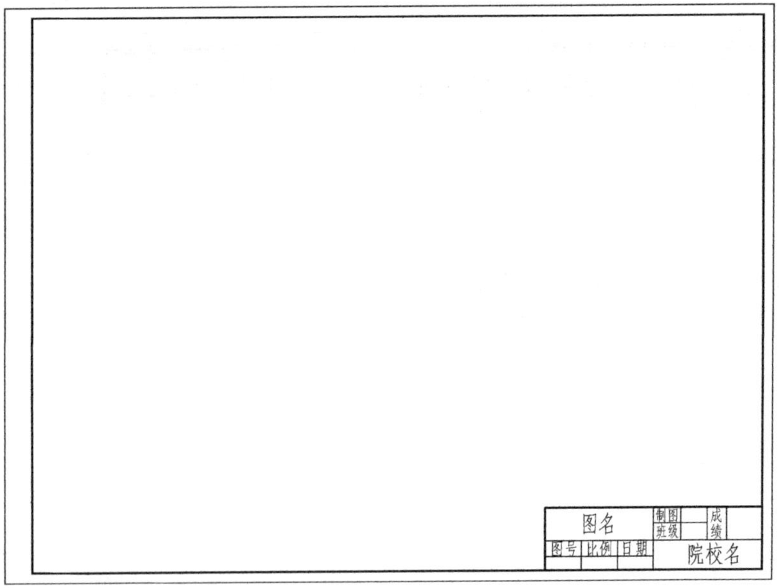

操作步骤：

作业要求：

1. 按照 1∶1 比例，绘制本习题集的图框及标题栏，并保存为“dwg”格式文件。
2. 在总结操作认识的基础上，写出你认为最方便、快捷的绘图操作步骤。

28. AutoCAD 绘图——绘花饰图样（28－2）	班级		姓名		日期	

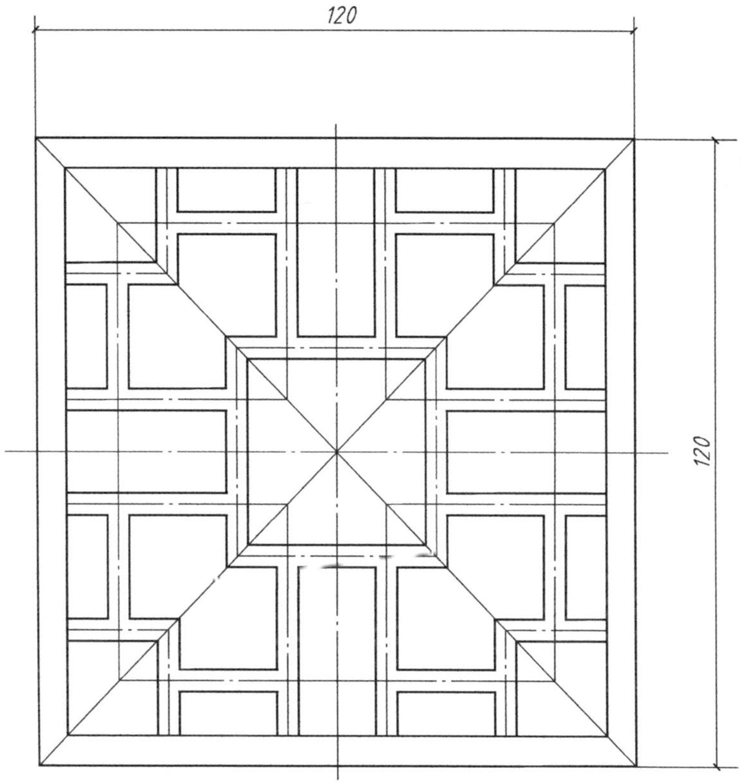

操作步骤：

作业要求：

1. 按照 1∶1 比例，综合使用绘图和编辑命令，绘花饰图样。
2. 分析图形，写出你认为最方便、快捷的绘图操作步骤。

28. AutoCAD绘图——绘花饰图样（28－3）	班级		姓名		日期	

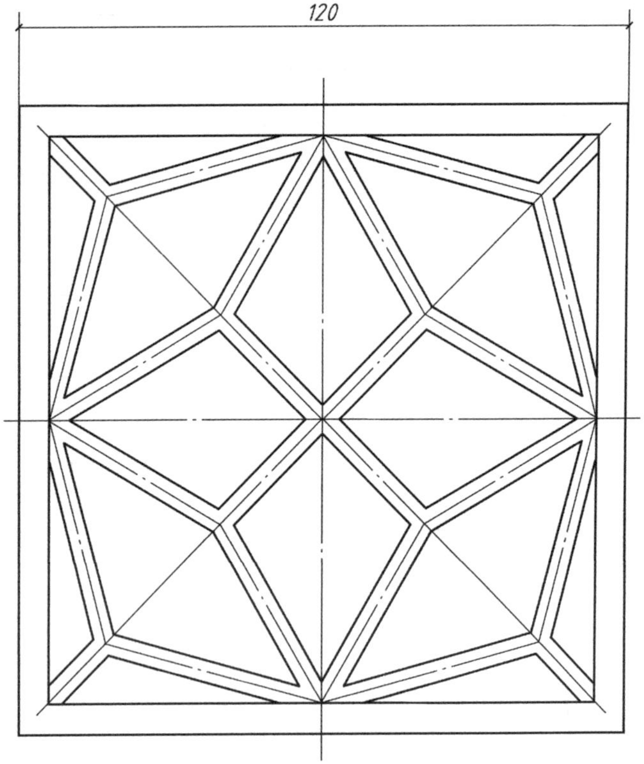

操作步骤：

作业要求：

1. 按照1∶1比例，综合使用绘图和编辑命令，绘花饰图样。
2. 分析图形，写出操作步骤。

28. AutoCAD 绘图——绘楼梯详图（28－4）	班级		姓名		日期	

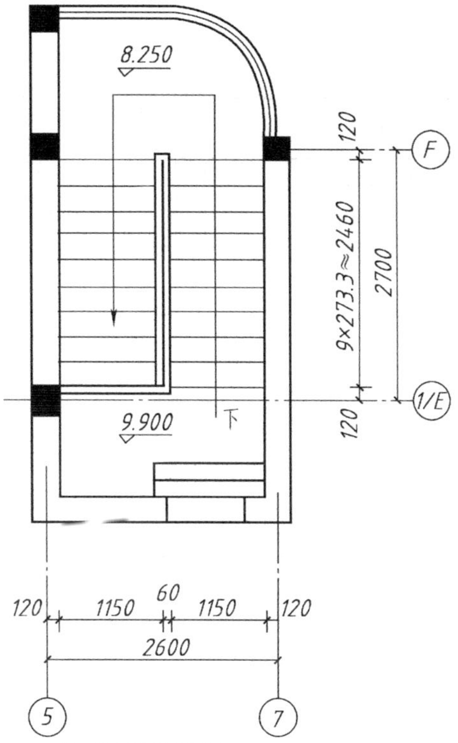

屋面层楼梯间平面图 1:50

作图步骤：

作业要求：

1. 按 1∶50 比例，绘楼梯详图，标注比例，插入图框和标题栏。

2. 分析图形，写出作图步骤。

28. AutoCAD 绘图——绘住宅立面图（28－5）	班级		姓名		日期	

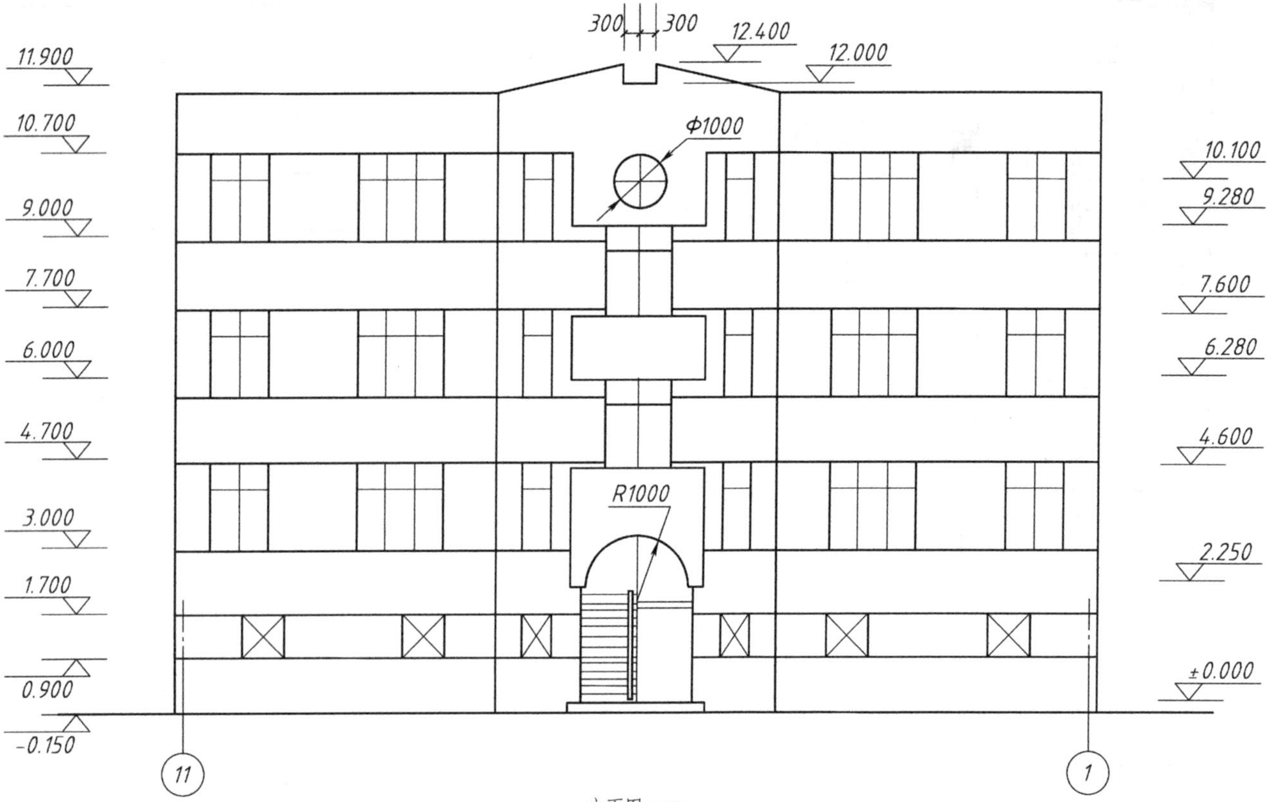

立面图 1:100

作业要求：抄绘住宅立面图，采用比例注释性标注尺寸，插入图框和标题栏。

28. AutoCAD 绘图——绘住宅底层平面图（28－6）	班级		姓名		日期	

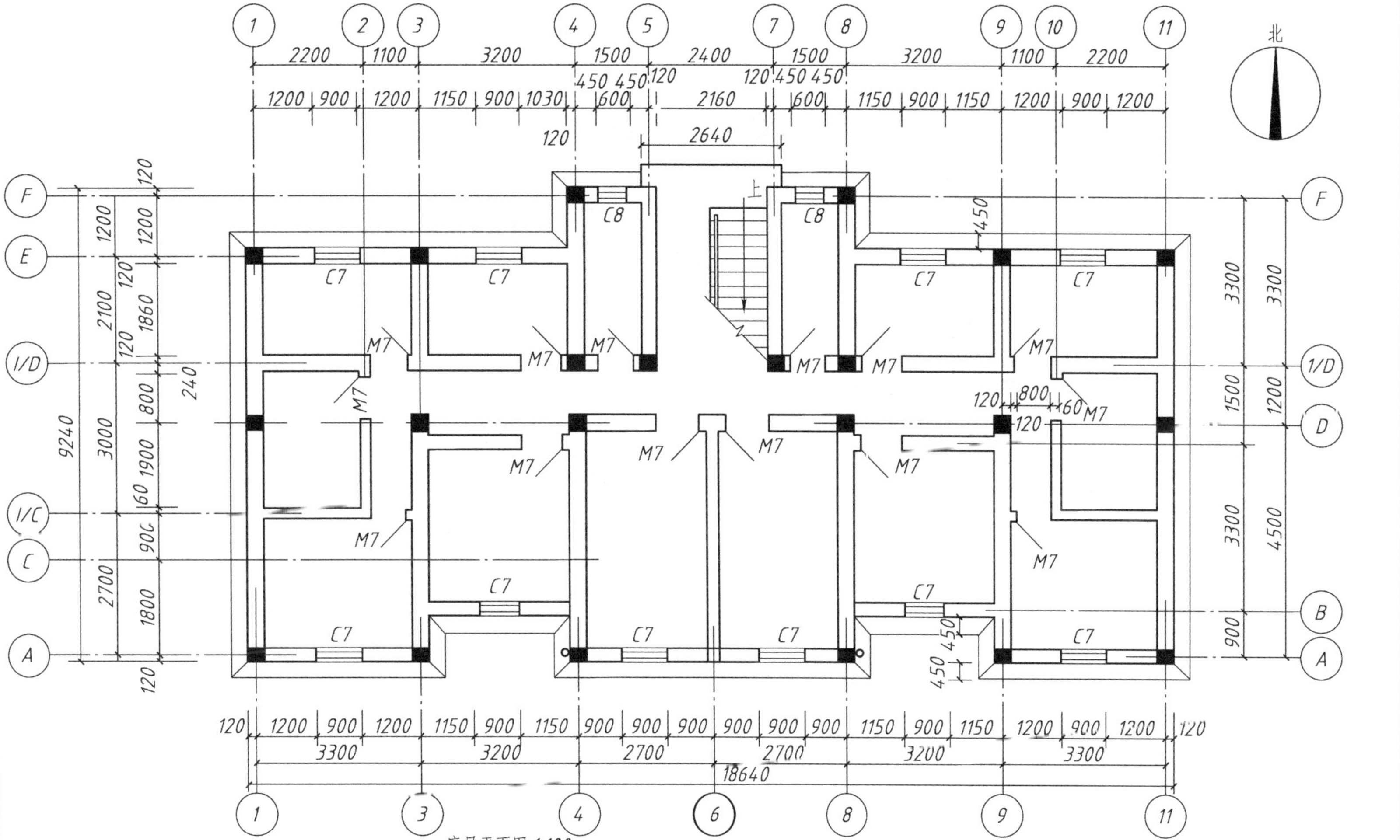

底层平面图 1:100

作业要求：抄绘住宅底层平面图，标注尺寸，插入图框和标题栏，并打印图形。

29. 公路桥隧与涵洞工程图——路线平面图（29－1）

班级		姓名		日期	

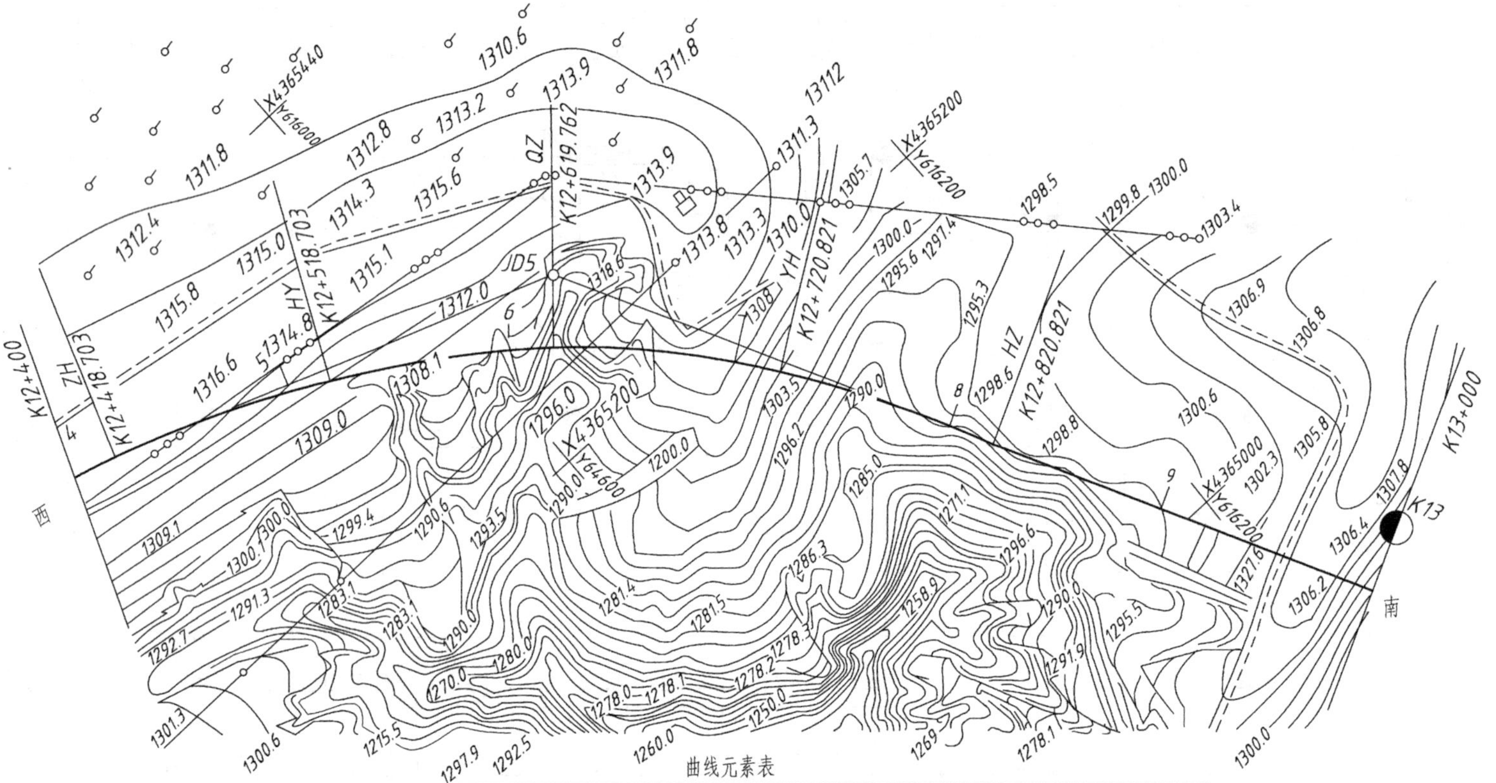

曲线元素表

交点号	交点坐标 X	交点坐标 Y	交点桩号	转角值	曲线要素值/m 半径	缓和曲线长度	切线长度	曲线长度	外距	校正值
JD5	4365265.201	616047.613	K12+627.762	43°16′30.3″(Y)	400	100	209.062	402.118	31.443	16.006

29. 公路桥隧与涵洞工程图——路线平面图（29－1）	班级		姓名		日期	

读图自测：

1. 路线走向规定________________________。
2. 里程桩号标记在路线前进方向的________侧。
3. 百米桩号标记在路线前进方向的________侧。
4. 路基断面图的地面线一律画成________线，设计线一律画成________线。
5. 路线工程图一般包括________、________、________。
6. 路线平面图中设计线用________表示；路线纵断面图中设计先用________表示，地面线用________表示。
7. 路线横断面图的形式有三种，即________、________、________。
8. 如果某道路纵断面图中横向比例为1∶1000，则纵向比例为________。
9. 阅读路线平面图（图29－1）：

1）该段路线的起点桩号为________，终点桩号为________，该段路线的大致走向是由________到________方向。

2）JD5的平曲线半径是________m，该曲线的起点ZH、中点QZ、终点HZ的桩号分别是________、________、________。

3）JD5所在位置的桩号是________，坐标为X=________，Y=________。

4）图中相邻等高线的高差是________m，沿路线前进方向，路线左右两侧________侧地势较陡，________侧地势较低。该地区西北部的植物图例是________，HZ点的地面高程在________m与________m之间。

5）指出图中的高压电力线、电信线及大车道。

29. 公路桥隧与涵洞工程图——路线纵断面图（29－2）	班级		姓名		日期	

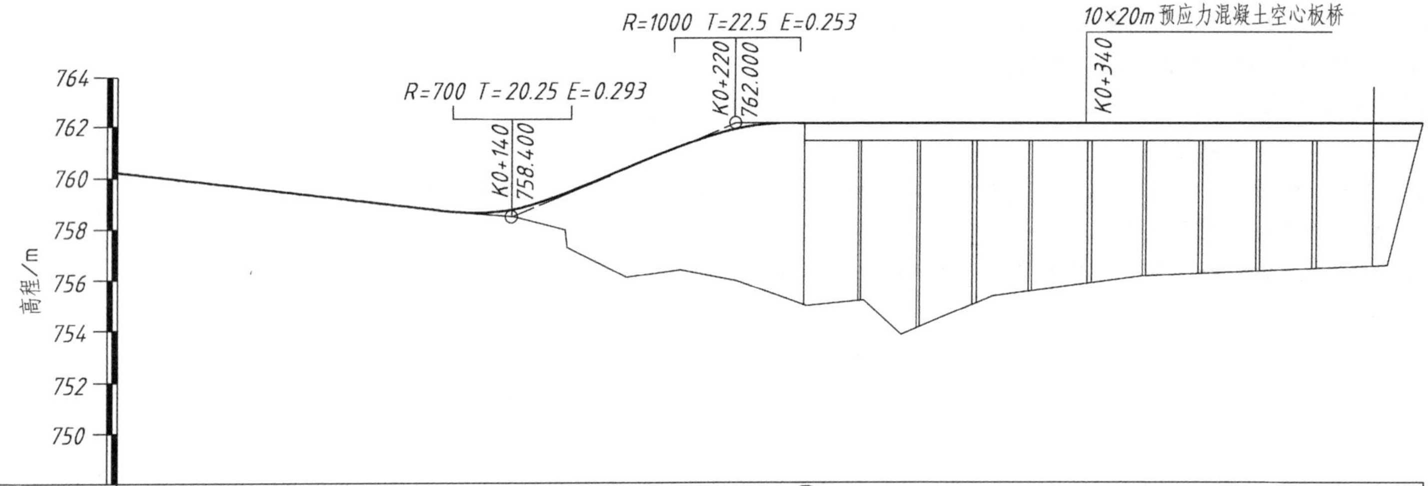

地质概况：粉质中液限黏土

里程桩号	设计高程/m	地面高程/m	填挖高/m
K0+000	760.200	760.200	0.000
+020	759.943	760.100	-0.157
+040	759.686	759.600	0.086
+060	759.429	759.270	0.159
+080	759.171	759.050	0.121
+100	758.914	758.990	-0.076
+120	758.657	758.740	-0.083
+140	758.693	758.420	0.273
+159	759.256	757.900	1.356
+180	760.200	756.050	4.150
+200	761.097	756.300	4.797
+220	761.747	755.860	5.887
+244.2(+240)	762.000	754.900	7.100
+260	762.000	755.080	6.920
+270	762.000	754.050	7.950
+300			
+306.747	762.000	755.166	6.834
+357.466	762.000	755.903	6.097
+400			
+445.201	762.000	756.333	5.667
K0+457.8	762.000	761.885	0.115

坡度 / 坡长/m	-1.29% / 140	K0+140 758.400	4.50% / 80	K0+220 762.000	0.00% / 242(246.2)

直线及平面线

29. 公路桥隧与涵洞工程图——路线纵断面图（29－2）	班级		姓名		日期	

读图自测：

1. 该路段起点桩号为________，终点桩号为________。图上有________个变坡点，变坡点高程分别为________m，________m。
2. ________段是凸曲线，曲线半径为________m，切线长度为________m，外距为________m。
3. ________段是凹曲线，曲线半径为________m，切线长度为________m，外距为________m。
4. 图上的10×20m钢筋混凝土预应力空心板桥的桩号为________，该桥梁共________跨，每跨跨径为________m。桥面________纵坡。
5. K0＋000～K0＋140段的坡度为________，K0＋140～K0＋220段的坡度为________。

29. 公路桥隧与涵洞工程图——钢筋混凝土板梁桥的总体布置图 (29-3)	班级		姓名		日期	

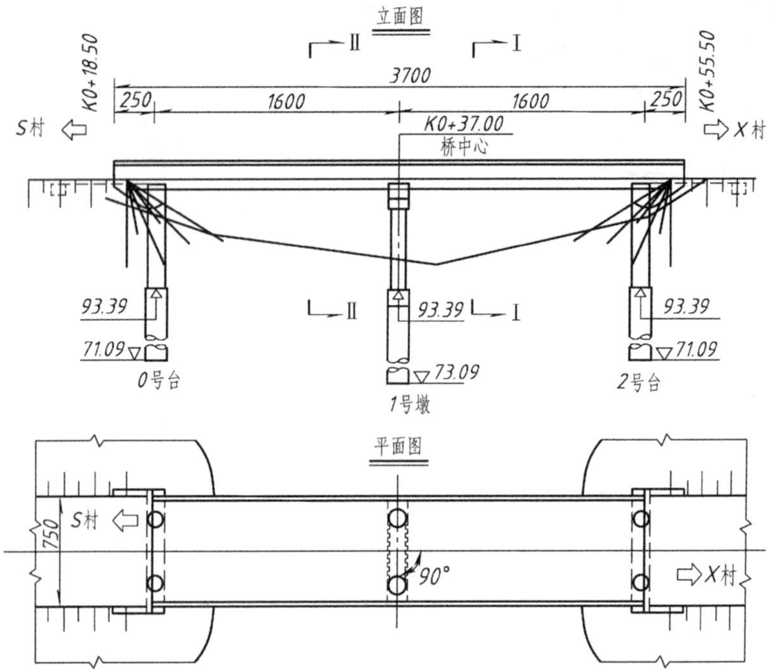

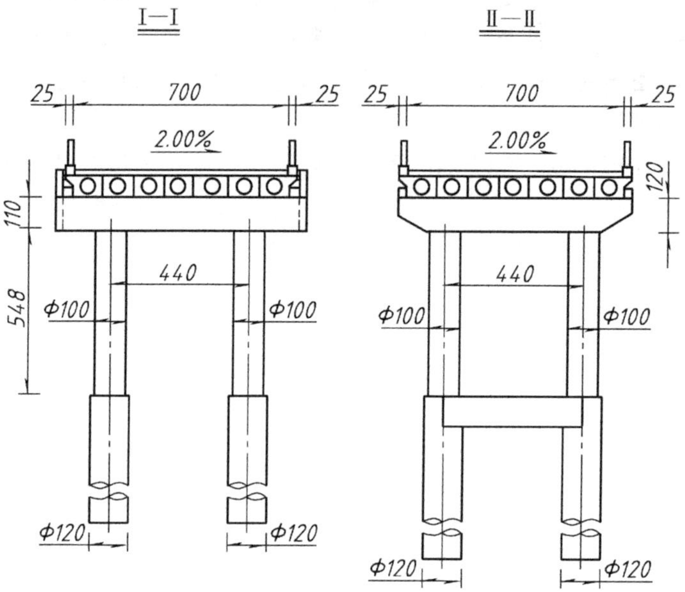

坡度(%)								
设计标高		100.080		100.080			100.080	
地面标高		100.083	96.303		94.390	96.380	99.960	100.070
桩号	K0	+20.00	+25.50		+40.00	+47.50	+54.34	+60.00

注:
1. 本图尺寸除桩号及标高以m计外，其余均以cm计。
2. 设计标准：设计荷载为公路Ⅱ级。
桥面净宽：净7.00m。
3. 本桥为2孔16m中桥。结构形式：上部为钢筋混凝土空心板，下部为柱式墩台，钻孔灌注柱基础。
4. 桥两侧各修筑护坡5m，总长25m；需M7.5浆砌片石182m^3，砂砾垫层33.8m^3，挖基土方75m^3。

29. 公路桥隧与涵洞工程图——钢筋混凝土板梁桥的总体布置图 (29-3)	班级		姓名		日期	

读图自测：

1. 该桥共________跨，每跨跨径为________m，桥梁总长为________m，桥面净宽为________m。
2. 上部结构共有________块空心板。桥墩桥台是桩柱式，侧面图为两个断面图。在侧面图中指出桥墩立柱、桥墩桩基础和桥墩系梁的投影，指出桥台盖梁、桥台基础的投影。
3. 侧面投影中看到的桥台投影是________（选择：A. 台前　B. 台后)。
4. 在正面投影中指出耳墙、锥形护坡的投影。
5. 0号桥台基础底面、基础顶面的标高分别为________m、________m。
6. 该桥起始桩至终点桩不设纵坡，该桥的设计标高为________m，桥面横坡为________。
7. 该桥中心的里程桩号为________，桥墩桩柱的直径为________cm。
8. 桥墩桩基础高度为________m。

29. 公路桥隧与涵洞工程图——钢筋混凝土空心板构造图 (29-4)	班级		姓名		日期	

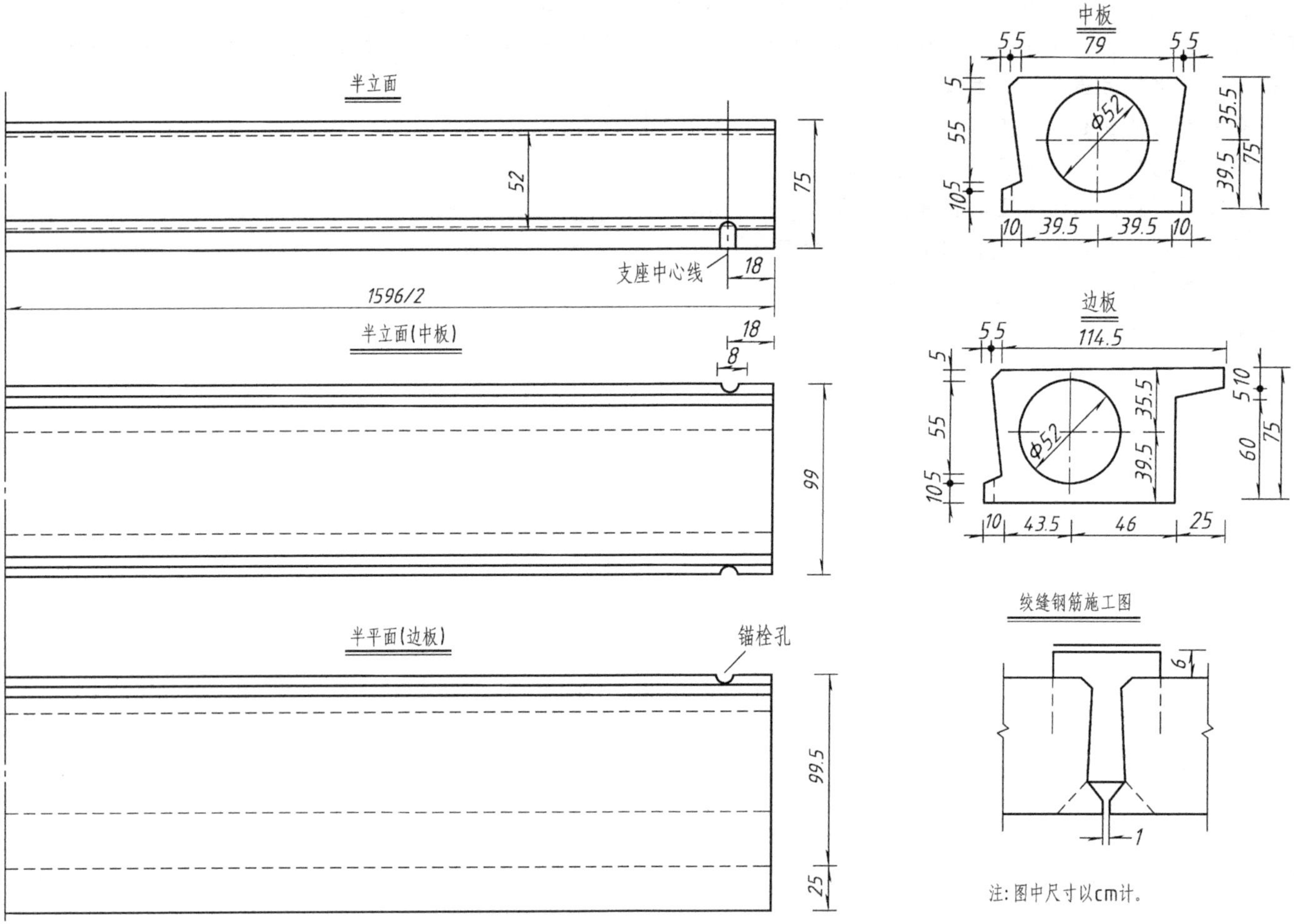

注：图中尺寸以cm计。

29. 公路桥隧与涵洞工程图——钢筋混凝土空心板构造图（29-4）	班级		姓名		日期	

读图自测：

1. 图为钢筋混凝土空心板构造图，该钢筋混凝土空心板理论长度为________cm，中板的理论宽度为________cm，边板的总宽度为________cm。
2. 制作中心线距离梁端________cm。
3. 立面图、平面图上，平行于梁长度方向的两条虚线表示________。
4. 空心板圆孔中心到空心板顶面的距离为________cm，圆孔直径为________cm。

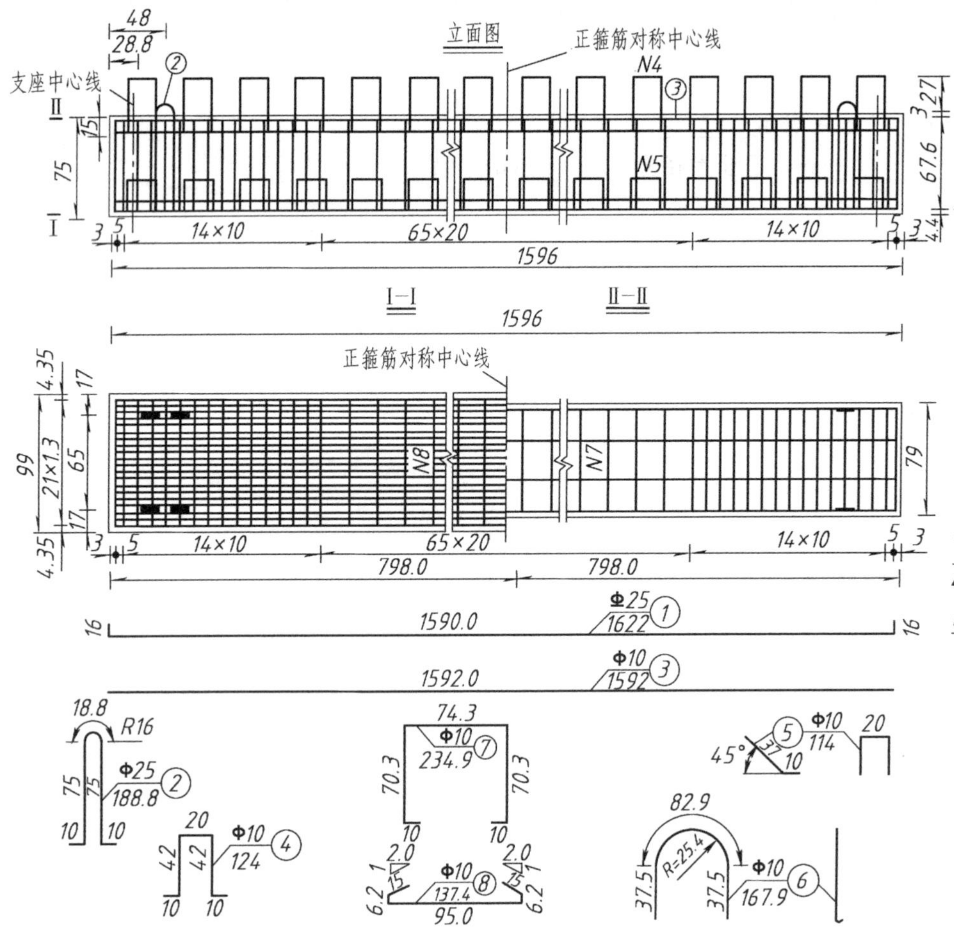

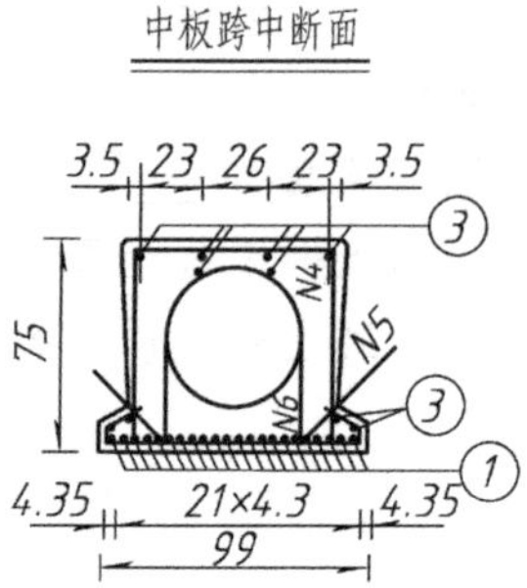

注:
1. 本图尺寸均以cm计。
2. 图中1号和3号钢筋为直线筋。
3. C20 封头混凝土工程量每块板 $0.085m^3$。
4. 5号钢筋伸出部分预制时紧贴侧模，安装时扳出。
   4号钢筋伸出部分浇筑绞缝时扳平。
5. 6号钢筋每40cm设一道，其下端钩在8号钢筋上并与之绑扎。

一块边板工程数量表

编号	直径/mm	长度/cm	根数	共重/kg	C40混凝土/m^3
1	Φ25	1622.0	22	1373.8	8.56
2	Φ25	188.8	4	29.1	
3	Φ10	1592.0	10	616.8	
4		124	80		
5		114	80		
6		164.8	40		
7		231.6	96		
8		197.0	96		

29. 公路桥隧与涵洞工程图——钢筋混凝土中板钢筋结构图（29-5）	班级		姓名		日期	

读图自测：

1. 图中共有________种钢筋，其中1号钢筋是受拉钢筋，共有________根，分布在板梁的________部，1号钢筋的中心间距为________cm。
2. 2号钢筋为吊装钢筋，分布在梁的两端，共________根。3号钢筋为________钢筋，共________根，6号钢筋每________cm设置一道，全梁共________根。
3. 4号、5号钢筋为横向连接钢筋，每________cm布置一道，各________根，其中14×10表示有________个间距，每个间距________cm。

29. 公路桥隧与涵洞工程图——桥面铺装钢筋构造图（29－6）	班级		姓名		日期	

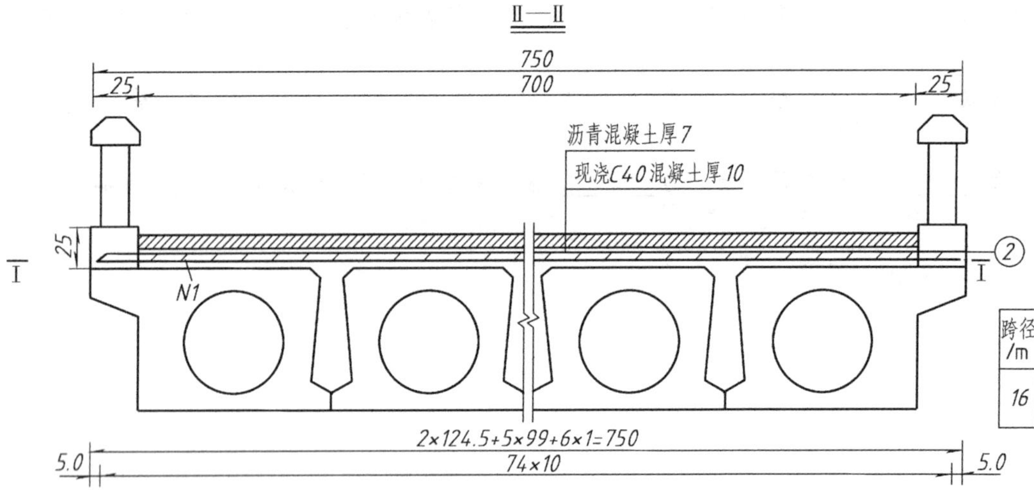

一孔桥面铺装工程数量

跨径/m	Φ(度)	编号	直径/mm	长度/cm	根数	共重/kg	C40混凝土/m³	沥青混凝土/m³
16	0	1	Φ10	745.0	160	1472.2	21.02	7.84
		2		1592.0	75			

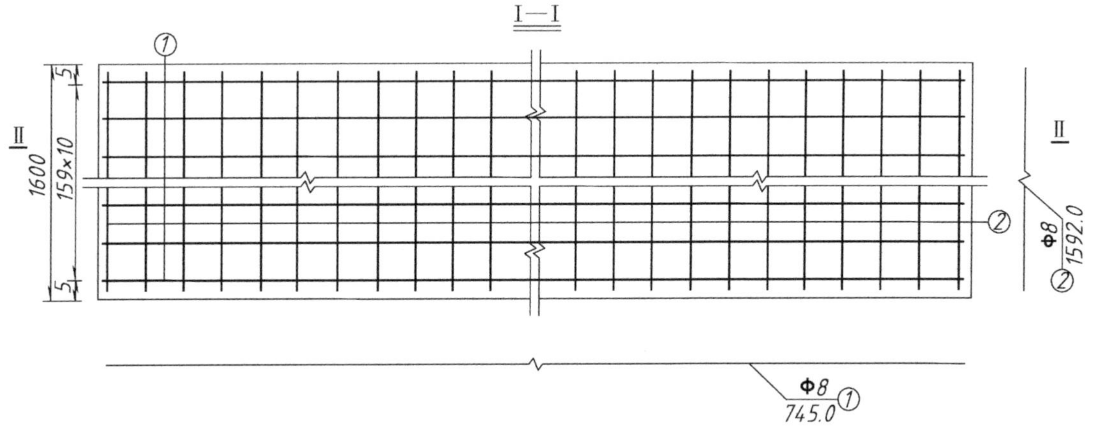

注：
1. 本图尺寸均以cm为单位。
2. 绞缝工程量已计入。
3. 一孔为6条绞缝。

29. 公路桥隧与涵洞工程图——桥面铺装钢筋构造图（29-6）	班级		姓名		日期	

读图自测：

1. 桥面铺装层由横向钢筋 1 和纵向钢筋 2 组成钢筋网，现浇 C40 混凝土厚________cm，面层厚________cm。1 号钢筋、2 号钢筋都是均匀分布的，其间距为________cm，共________根。由于面积较大所以采用了折断画法。
2. 尺寸数字 2×124.5+5×99+6×1=750 表示 2 块 124.5cm 的边板和________块________cm 的中板及 6 个 1cm 的伸缩缝共________cm，即整个桥面宽。
3. 74×10 表示 2 号钢筋间距为________cm，一孔桥面上共有________个间距，________根。
4. 159×10 表示 1 号钢筋间距为________cm，一孔桥面上共有________个间距，________根。
5. 桥面行车道宽度为________cm。

29. 公路桥隧与涵洞工程图——桥墩盖梁的钢筋结构图（29－7）

班级		姓名		日期	

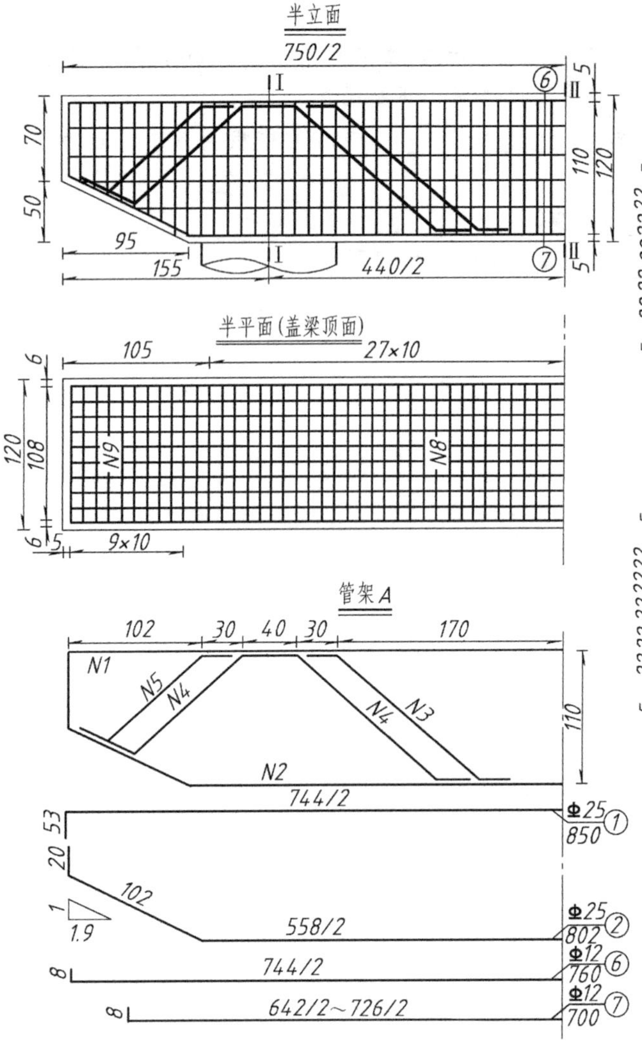

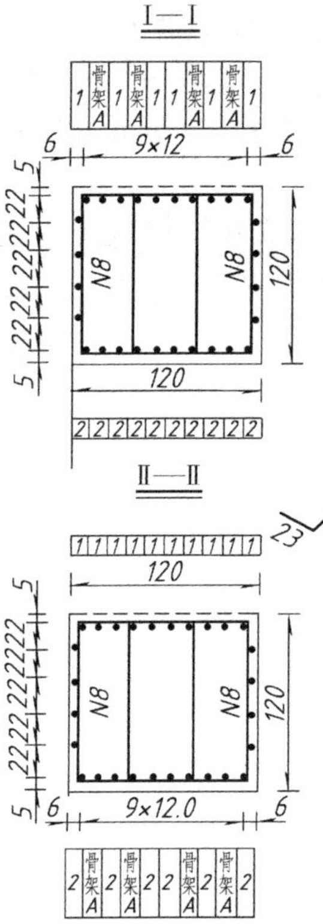

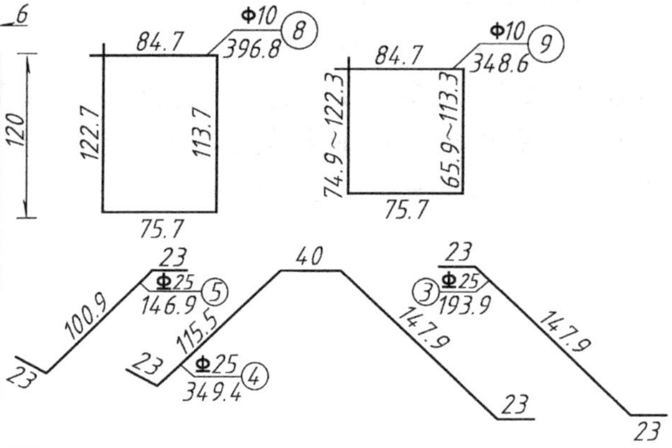

桥墩盖梁工程数量表

编号	直径/mm	长度/cm	桥墩	总重/kg	C30混凝土/m³
1	Φ25	850.0		848.6	10.23
2		802.0			
3		193.9			
4		349.4			
5		146.9			
6	Φ12	760.0		51.9	
7		700.0(平均)			
8	Φ10	396.8		355.3	
9		348.6(平均)			

注：1. 本图尺寸均以cm计。
2. 骨架焊接采用双面焊，焊接斜筋呈45°角。

29. 公路桥隧与涵洞工程图——桥墩盖梁的钢筋结构图 (29-7)	班级		姓名		日期	

读图提示：为使图面清晰，立体图中的箍筋没有全部画出，只画出一部分。

读图自测：

1. 全梁共有________种钢筋，________、________、________、________、________号钢筋均为受力筋，并且焊接成钢筋骨架A。
2. 1号钢筋主要用来承受压力，分布在梁的________面；2号钢筋分布在梁的________面，共有________根，主要用来承受拉力；3、4、5号钢筋各________根。
3. 6、7号钢筋为分布钢筋，各________根，分布在梁的两侧面。7号钢筋的长度随着截面的变化而变化。
4. 8、9号钢筋是________，间距________ cm，分布在整个梁上。8号钢筋位于中段，共55道________根；9号钢筋位于两端的变截面处，共________道40根，其长度随着截面的变化而变化。除了8、9号钢筋为HPB300（Ⅰ级）外，其余都是HRB335（Ⅱ级）钢筋。
5. 1号钢筋的长度为________ cm，2号钢筋的长度为________ cm，图中27×10表示有________个间距，每个间距________ cm。

29. 公路桥隧与涵洞工程图——钢筋混凝土圆管涵一般构造图（29－8）

班级		姓名		日期	

立面图

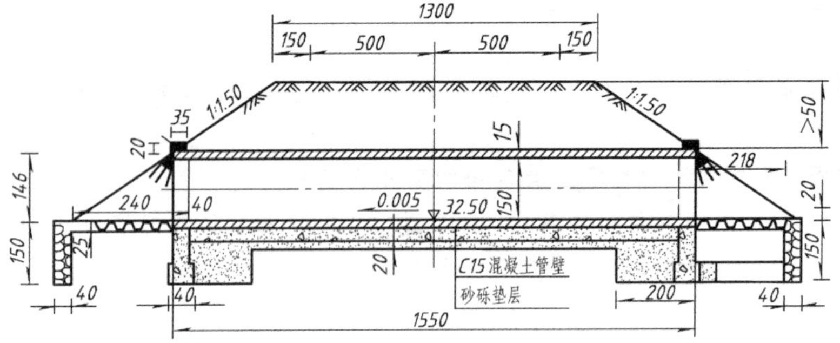

下游洞口立面图

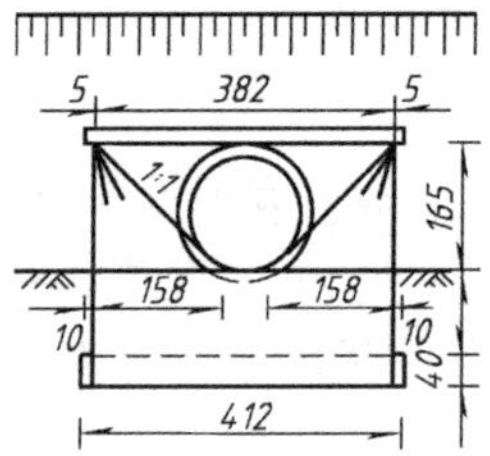

上游洞口立面图

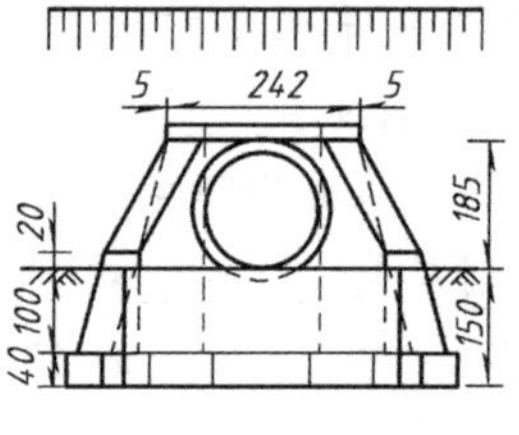

平面图

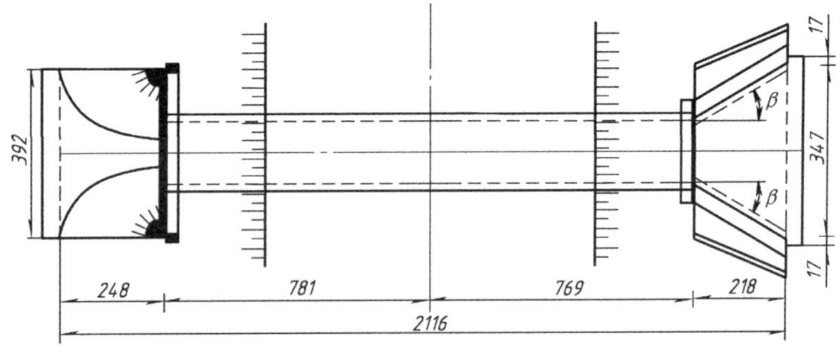

洞口八字翼墙大样图

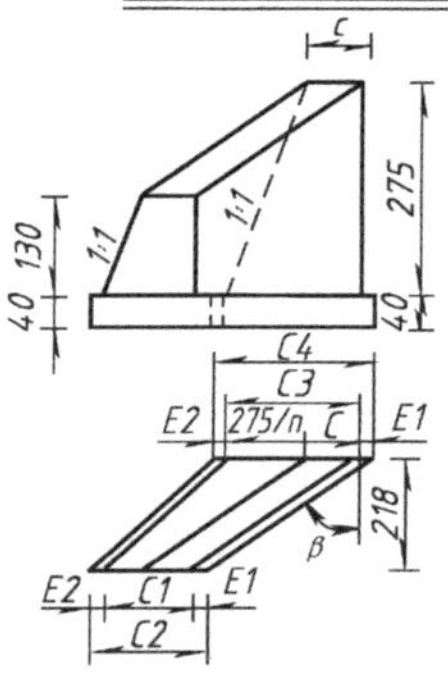

工程数量表

工程项目名称	单位	数量
C15 混凝土墙墙身	m³	4.94
C10 混凝土墙墙基础	m³	1.62
C15混凝土管基	m³	12.74
C15 混凝土缘石	m³	0.46
砂砾垫层	m³	8.96
M7.5浆砌片石洞口铺砌	m³	2.32
M7.5浆砌片石截水墙	m³	5.00
M7.5浆砌片石锥坡	m³	1.71
锥心填土	m³	1.82
C15混凝土八字翼墙墙身	m³	6.75
C10混凝土翼墙基础	m³	2.14
1m管节个数	个	15
0.5m管节个数	个	1
2个斜管节长度	cm	10

尺寸表

代号	β	N	C/cm	C1/cm	C2/cm	C3/cm	C4/cm	E1/cm	E2/cm
尺寸	30	3.75	48.2	80.8	103.8	119.5	142.5	12	11

注：
1. 本图尺寸除标高以m计外，其余均以cm计。
2. 涵洞全长范围内设沉降缝3～4道，其位置以设在路基中部和行车道外侧为宜。
3. 管基混凝土可分两次浇筑，先浇筑底下部分，待安放管节后再浇筑上部混凝土。

29. 公路桥隧与涵洞工程图——钢筋混凝土圆管涵一般构造图（29-8）	班级		姓名		日期	

读图提示：该钢筋混凝土圆管涵一般构造图的平面图中，没有画出端墙基础、圆管基础及砂砾垫层的投影，这也是工程图中常见的画法，读图时应该注意这一情况。

读图自测：

1. 混凝土圆管直径为________cm，圆管壁厚为________cm，洞口铺砌的厚度为________cm。
2. 圆管涵底部在道路中心线处的标高为________m，进洞口采用________形式的洞口，出洞口采用________形式的洞口。
3. 缘石、洞口铺砌、端墙、翼墙、截水墙各为________、________、________、________、________材料。
4. 全涵有两种长度的圆管，________m长度的有________节，________m长度的有________节。该圆管涵路基边坡的坡度为________。

29. 公路桥隧与涵洞工程图——圆管涵洞工程图（29－9）	班级		姓名		日期	

抄绘圆管涵洞工程图，并读图

纵断面

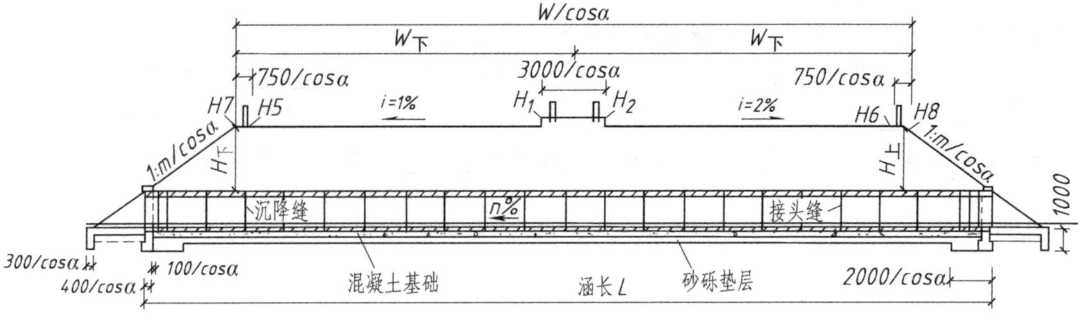

洞口立面

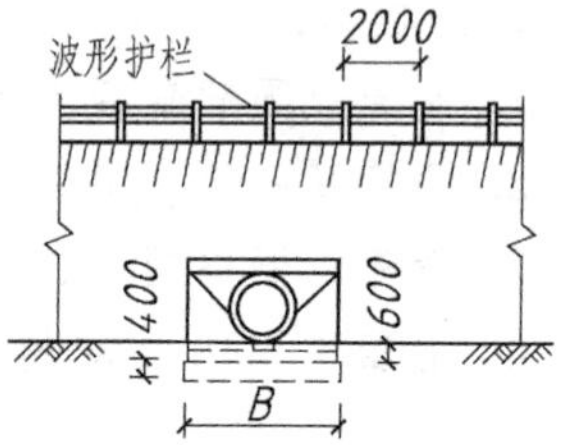

洞身端部断面

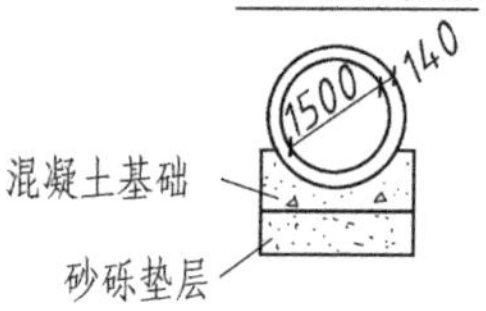

平面

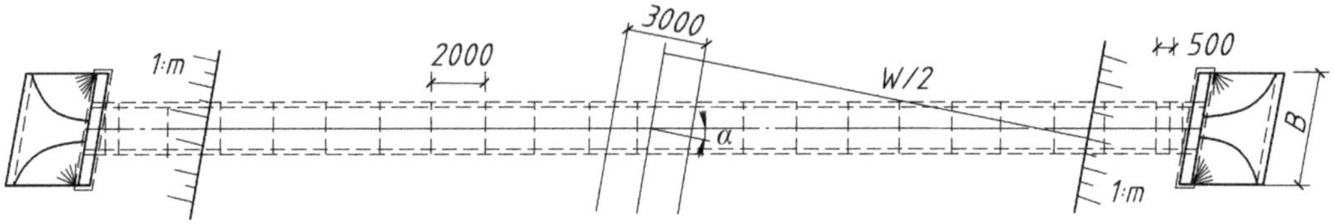

洞身中部断面

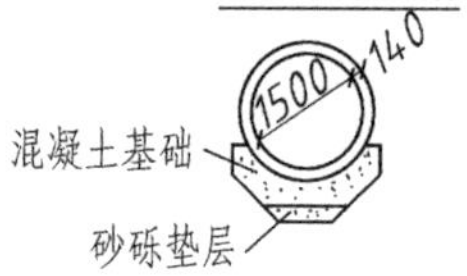

读图自测：

1. 圆管涵洞洞身断面尺寸是________，管壁厚度是________。
2. 涵洞洞底的构造做法是________、________，各部厚度________、________。
3. 洞底的坡度是________，洞身顶部的坡度是________。
4. 涵洞长________，洞底垫层宽为________。

作业要求：图的布局要合理；线型分明，符合制图规范要求；字体规范（长仿宋体字）；尺寸标注齐全。

29. 公路桥隧与涵洞工程图——石拱桥构造图（29－10）	班级		姓名		日期	

描绘并读懂石拱桥构造图

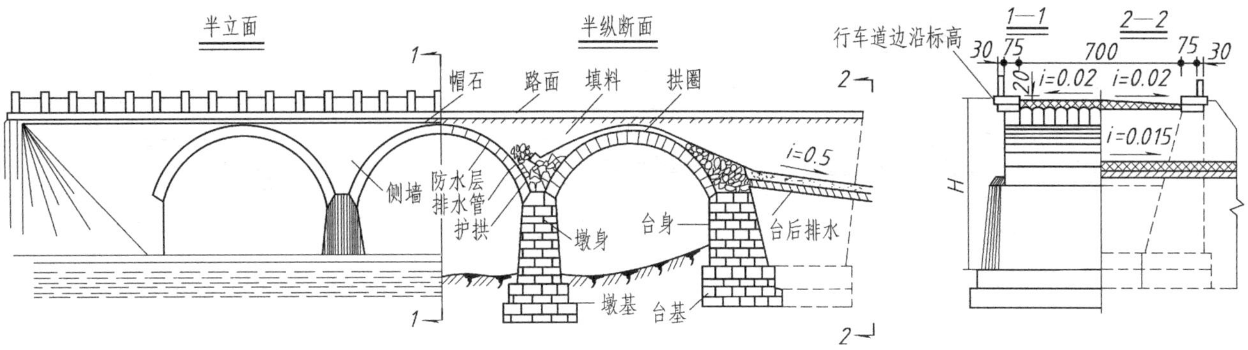

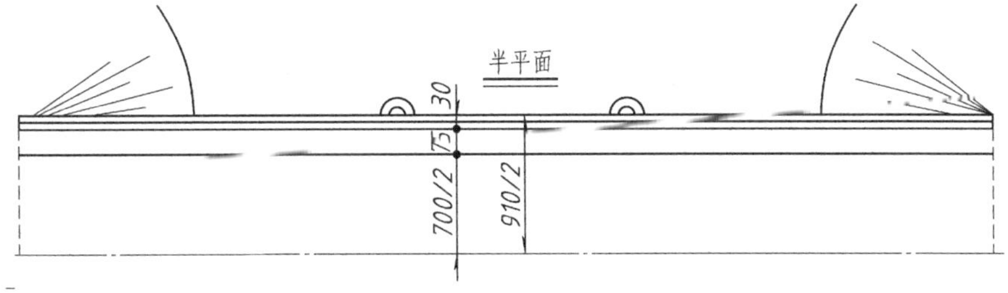

注：1. 本图尺寸均以cm计。
2. 设计荷载：汽车为20级，挂车为100级。
3. 技术标准：净为(7+2×0.75)m。

读图自测：

1. 该石拱桥的桥面宽度是____________，总宽度是____________。横向排水坡度是__________。
2. 注意观察石拱桥的墩身与台身、墩基与台基的区别。
3. 在课下观察石拱桥，注意石拱桥的组成部分及作用。

作业要求：图的布局要合理；线型分明，符合制图规范要求；字体规范（长仿宋体字）；尺寸标注齐全。

29. 公路桥隧与涵洞工程图——箱形通道布置图（29－11）	班级		姓名		日期	

抄绘箱形通道布置图，并读图

纵断面 1:210

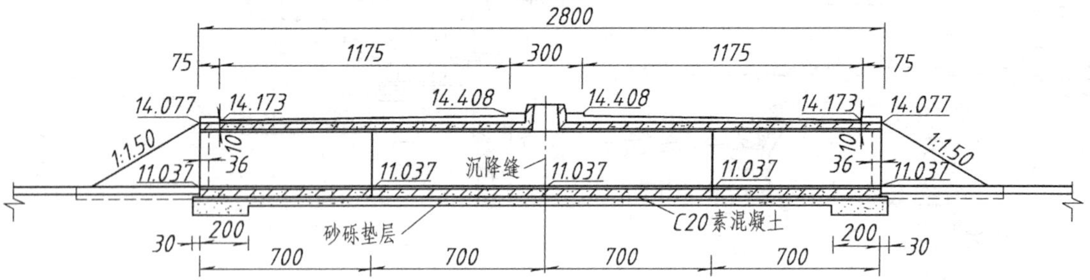

左洞口立面 1:200

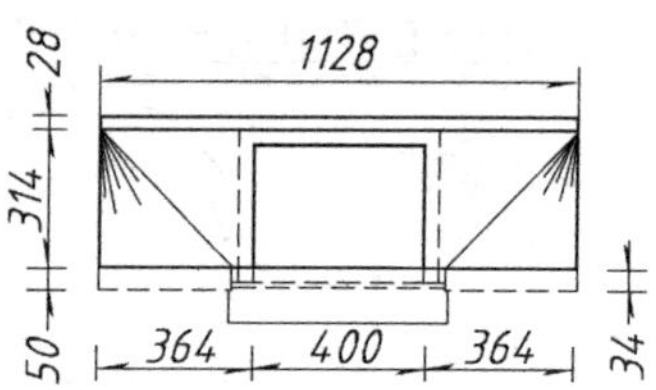

平面 1:200

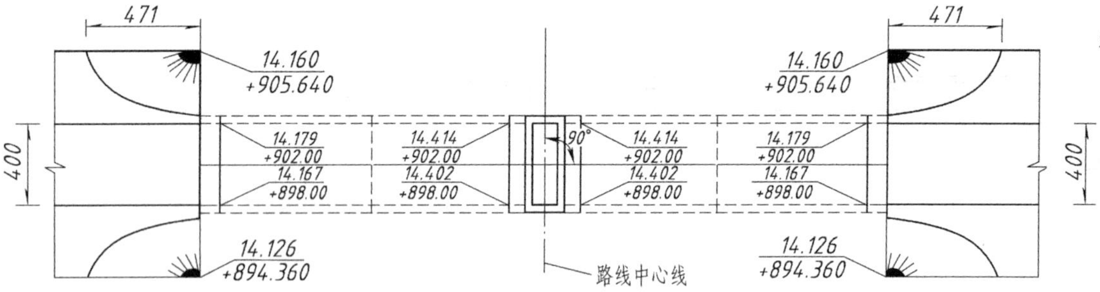

洞身断面 1:100

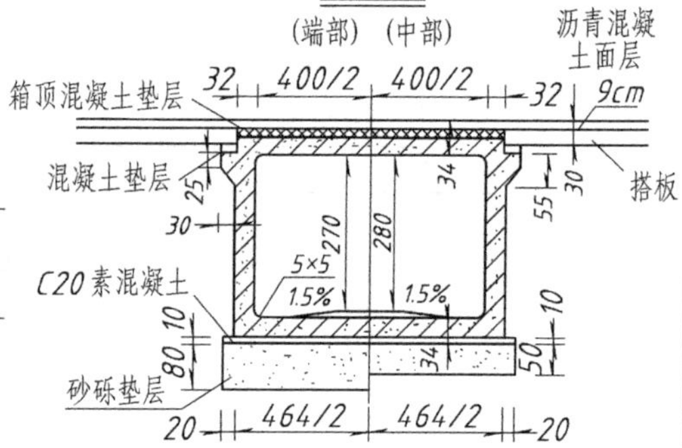

读图自测：

1. 箱形通道底的构造做法是____________________，洞顶的构造做法是________________。
2. 该箱形通道的长度是________，通道的宽度为________________。洞内高度端部________，中部____________。
3. 沉降缝的设计位置是________。
4. 箱形通道内路面的排水坡度是________。

作业要求：图的布局要合理；线型分明，符合制图规范要求；字体规范（长仿宋体字）；尺寸标注齐全。

29. 公路桥隧与涵洞工程图——桥梁总体布置图（29－12）

班级		姓名		日期	

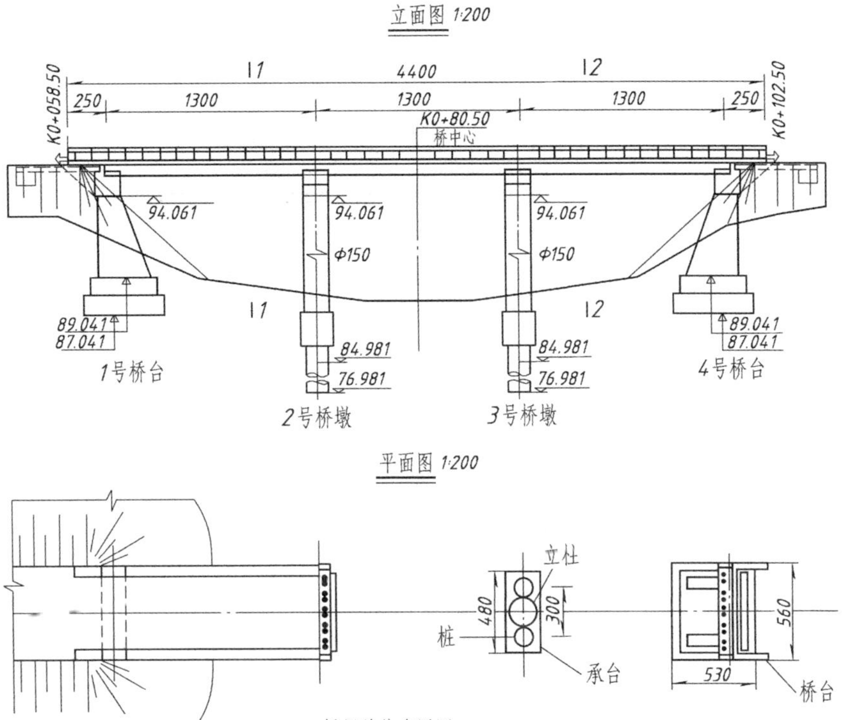

桥梁总体布置图

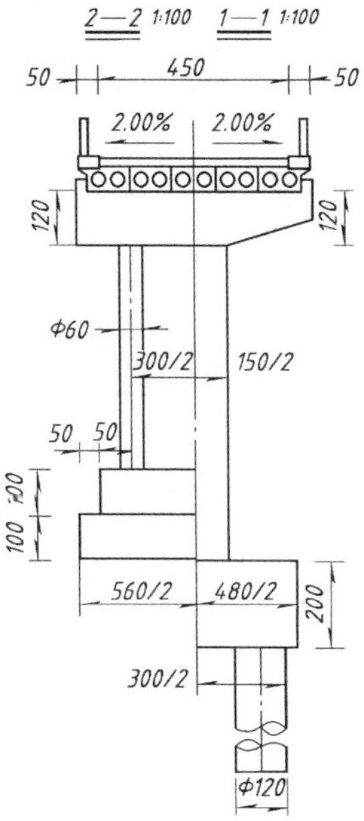

坡度(%) / 坡长/m	0.000 / 13		0.000 / 13		0.000 / 13	
设计标高	96.000		96.000	96.000		96.000
地面标高		88.000	87.000	87.000	88.000	
桩号	K0 +061.00		+074.00	+087.00		+100.00

说明：本图尺寸除标高以m为单位及标明的单位外，其余均以cm为单位。

读图自测：

1. 从图中可以看出该桥共有____孔，每个桥孔的跨度为________，桥的总长________。
2. 2号桥墩、3号桥墩台底的标高________，立柱的直径是________，承台下桩的直径为________。
3. 在桥的立面图中标注出桥梁的里程桩号，桥梁的两端里程桩号分别是________、________，桥梁中心处的里程桩号是________。
4. 桥面宽度是__________，其横向排水坡度是________。

30. 水利工程图——干地施工的水泥砂浆砌块石码头（30－1）	班级		姓名		日期	

梯形断面

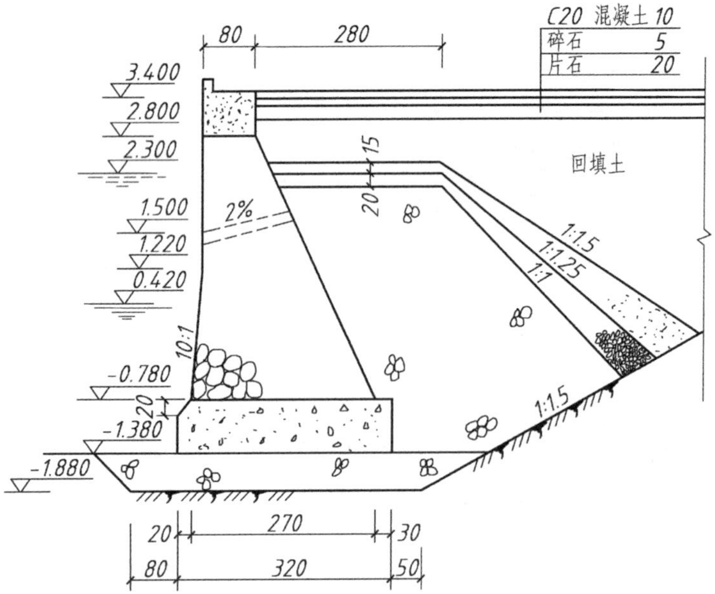

衡重式断面

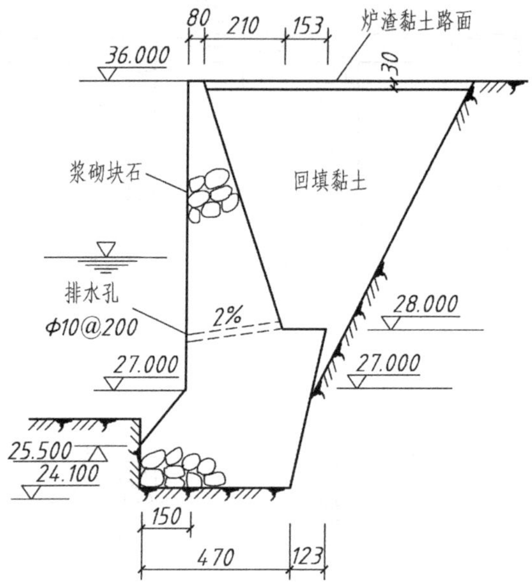

作业要求：

1. 看懂石码头的断面形状。
2. 读出码头各部分的标高、尺寸。
3. 读出码头各部分所用材料。
4. 读出水位高度、排水装置的有关情况。

30. 水利工程图——水闸设计图（30－2）

班级		姓名		日期	

纵剖视图

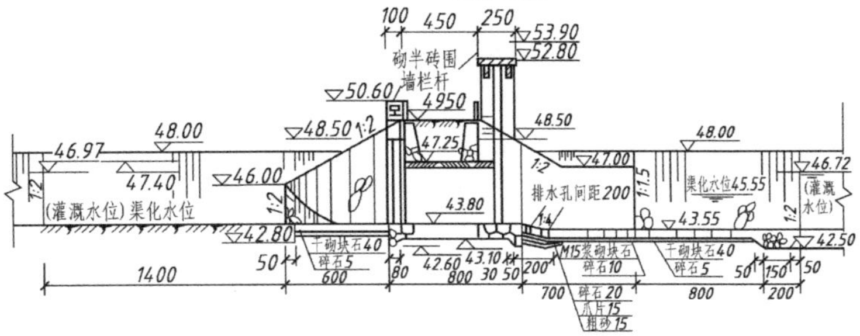

平面图

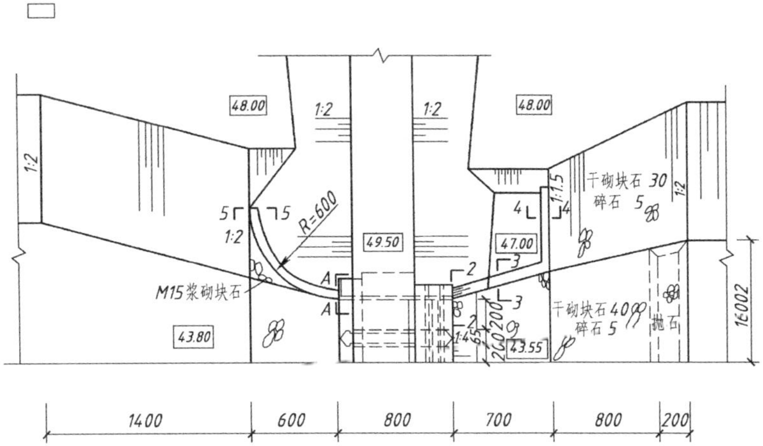

30. 水利工程图——水闸设计图（30－2）	班级		姓名		日期	

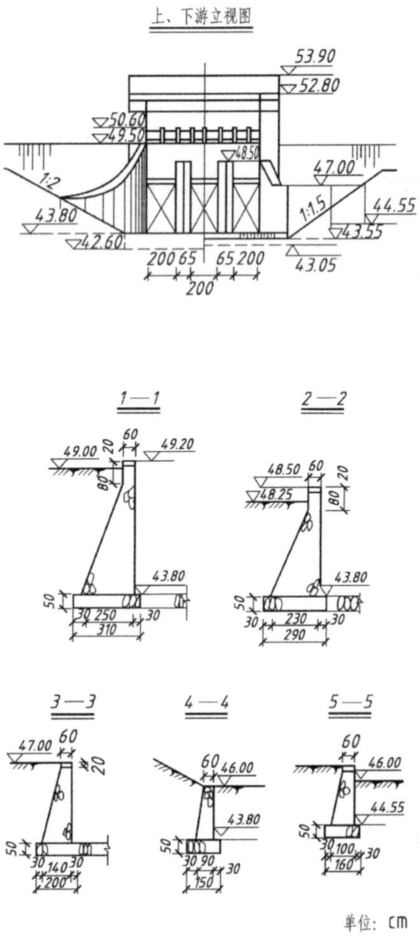

读图自测：

1. 该水闸设计图中有________个平面图，________纵剖面图，________个立面图，________断面图。
2. 上游护坡的坡度是________，下游护坡的坡度是____。
3. 工作桥的宽度是________，其桥面的标高为________，交通桥的宽度是________，其桥面的标高为________。
4. 上游的灌溉水位是____，渠化水位是________；下游的灌溉水位是________，渠化水位是____________。
5. 该水闸共____孔，每孔闸净宽________，总宽____________。
6. 海漫部分设计排水孔的作用是____________，排水的间距是____________。

30. 水利工程图——水电站枢纽布置图（30－3）

班级		姓名		日期	

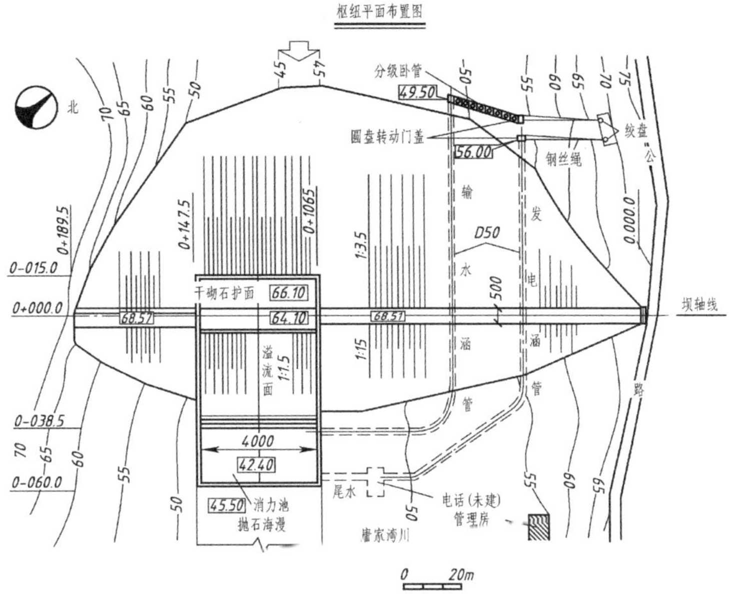

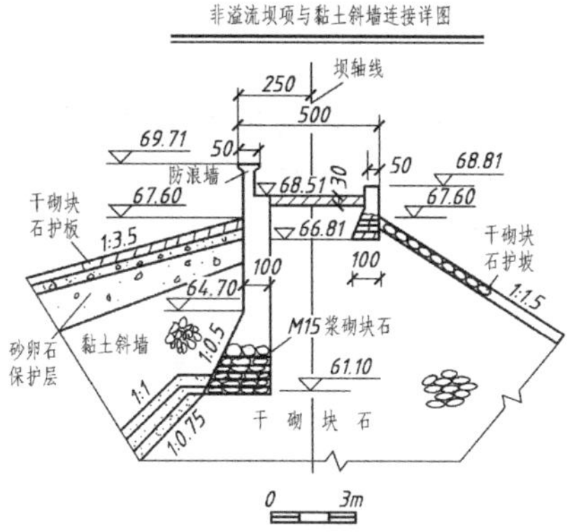

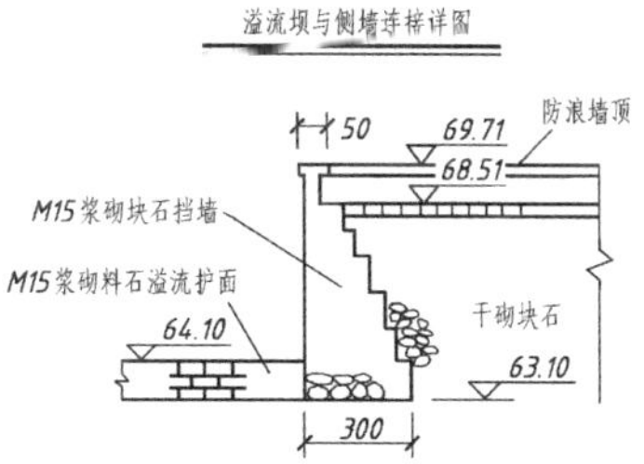

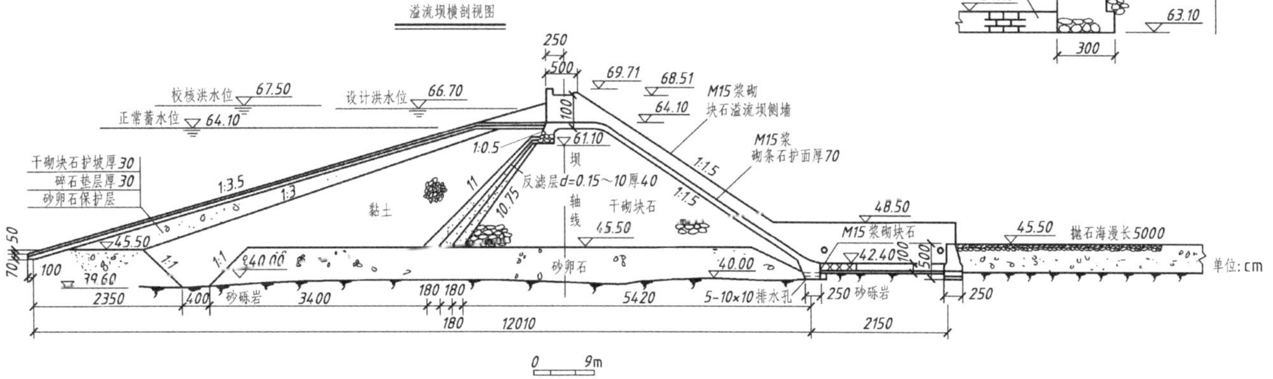

30. 水利工程图——水电站枢纽布置图（30－3）	班级		姓名		日期	

读图自测：

1. 溢流坝的溢流面的坡度是________，其溢流面侧墙的做法是____________；另一面的坡度是_________________，其构造做法是____________________。
2. 消力池底的标高是____，其底面的作法是______________。
3. 海漫长____________，其标高为____________。
4. 防浪墙顶的标高是________。
5. 该坝设计洪水位________，正常蓄水位________，校核洪水位________。
6. 注意溢流坝与黏土斜墙、溢流坝与侧墙的连接。